AI導入による バイオテクノロジーの発展

Development of Biotechnology by The Introduction of AI

《普及版／ Popular Edition》

監修 植田充美

シーエムシー出版

はじめに

コンピュータの記憶容量の高度化やクラウドシステムの進化によって，生命や生物現象の解析は，次世代シークエンサーによる研究対象生物のゲノム配列既読状態からのスタートが可能になってきている。ゲノム解析技術の進歩に加えて，モノリスなどの新材料を用いた高性能ナノ分離やイメージングを取り込んだ高度な質量分析など，多くの高度機器分析の進化もあり，生命を構成する分子を網羅的に解析する，いわゆるゲノミクス，トランスクリプトミクス，プロテオミクス，メタボロミクスを統合した「トランスオミクス」時代を迎えている。ゲノム編集技術，ライブ・イメージング，エピジェネティック解析，インターラクトーム解析やsnRNA解析も加わり，集積データは膨大になり，「ビッグデータ」解析時代の真っ只中である。これらの解析に加えて，社会では，多くの現況解析が数値データ化し，「空間」とともに，「時間」という要素の取り込みにより，これまでの「スナップショット」研究から「動態のデジタル」解析へのシフトが一段と進みつつある。まさに，このデータとあのデータを結びつけて，種々の社会現象や生命現象などを結びつけて解析できる，いわゆる「IoT」研究とそのアウトプットが検討できるデータサイエンスの世の中が出現しつつある。これまで漠然として捉えどころのなかった人間の精神的な領域として分類されていた領域にまで，分子レベルでの研究領域も広がってくると考えられる。その先には，ヒト脳機能の分子レベルでの詳細研究へとつながる。すべての分子の動態をまさに，時々刻々と「心電図」のように捉えて，AIを導入して個人個人の「ありのまま」の状態を総合解析してセルフでヘルスケアしていくことも視野に入ってきた。

生命のビッグデータの情報を，積極的に，かつ，論理的にもしっかりと整理し，それから導き出す新しい成果や概念を，産学官の医療・創薬・モノづくり・環境などの研究領域の新しい展開研究や実用的な製品にしていく時代がきていることを早く認識していくことがAI導入などを伴う新しい時代のバイオサイエンスの革新的基盤の確立に重要と考えている。

監修者が主宰する京都バイオ計測センター（http://tc-kyoto.or.jp/kist-bic/）では，データサイエンスの最新動向を整理して，産学官の研究者に提示し，活用を始めていくためのシンポジウムとして，2017年8月1日に，この分野では初めて広い領域にまたがったシンポジウムを開催した。

本著では，これらの経緯を踏まえてAI導入による期待のバイオテクノロジーの発展に携わっておられる方々に，ご執筆の依頼をさせていただきました。ご執筆いただいた先生方には，この場をお借りして深謝いたします。読者の方々には，是非，この機会に本著を利用して，データサイエンスの波のバイオサイエンス研究への活用の到来と実装に向けた体感をしていただければ幸いです。

平成30年1月

京都大学　大学院農学研究科　応用生命科学専攻
教授　植田充美

普及版の刊行にあたって

本書は2018年に『AI導入によるバイオテクノロジーの発展』として刊行されました。普及版の刊行にあたり内容は当時のままであり加筆・訂正などの手は加えておりませんので，ご了承ください。

2024年10月

シーエムシー出版　編集部

執筆者一覧（執筆順）

植田充美	京都大学　大学院農学研究科　応用生命科学専攻　教授
北野宏明	特定非営利活動法人システム・バイオロジー研究機構　会長
馬見塚拓	京都大学　化学研究所　附属バイオインフォマティクスセンター　教授
花井泰三	九州大学　大学院農学研究院　生物資源環境科学府　生命機能科学専攻　システム生物学講座　合成生物学分野　准教授
山本泰智	大学共同利用機関法人　情報・システム研究機構　データサイエンス共同利用基盤施設　ライフサイエンス統合データベースセンター　特任准教授
藤田広志	岐阜大学　工学部　電気電子・情報工学科，大学院医学系研究科　知能イメージ情報分野　併任　教授
桜田一洋	(国研)理化学研究所　医科学イノベーションハブ推進プログラム　副プログラムディレクター
城戸隆	㈱Preferred Networks　リサーチャー
三浦夏子	京都大学　大学院農学研究科　応用生命科学専攻　生体高分子化学分野　特定研究員
田中博	東京医科歯科大学　医療データ科学　特任教授，名誉教授；東北大学　東北メディカル・メガバンク機構
徳久淳師	(国研)理化学研究所　科学技術ハブ推進本部　研究員，計算科学研究機構　研究員
種石慶	(国研)理化学研究所　科学技術ハブ推進本部　テクニカルスタッフ
奥野恭史	京都大学　大学院医学研究科　人間健康科学系専攻　ビッグデータ医科学分野　教授
富井健太郎	(国研)産業技術総合研究所　人工知能研究センター　研究チーム長
関嶋政和	東京工業大学　科学技術創成研究院　スマート創薬研究ユニット　ユニットリーダー，准教授
澤芳樹	大阪大学　大学院医学系研究科　心臓血管外科学　教授，大学院医学系研究科・医学部附属病院　産学連携・クロスイノベーションイニシアティブ　代表

徳増有治	大阪大学　大学院医学系研究科　特任教授（常勤）， 大学院医学系研究科・医学部附属病院 産学連携・クロスイノベーションイニシアティブ　副代表
三宅　淳	大阪大学　国際医工情報センター　特任教授（常勤）
田川聖一	大阪大学　先導的学際研究機構　特任助教（常勤）
新岡宏彦	大阪大学　データビリティーフロンティア機構　特任准教授（常勤）
山本修也	大阪大学　大学院基礎工学研究科　機能創成専攻
大東寛典	大阪大学　基礎工学部　生物工学科
浅谷学嗣	大阪大学　基礎工学部　生物工学科
孫　光鎬	電気通信大学　大学院情報理工学研究科　助教
加藤竜司	名古屋大学　大学院創薬科学研究科　基盤創薬学専攻 創薬生物科学講座　細胞分子情報学　准教授
松田史生	大阪大学　大学院情報科学研究科　バイオ情報工学専攻　教授
油屋駿介	京都大学　大学院農学研究科　応用生命科学専攻　博士課程； 日本学術振興会　特別研究員 DC1
青木裕一	東北大学　東北メディカル・メガバンク機構 大学院情報科学研究科　助教
細川正人	早稲田大学　ナノ・ライフ創新研究機構；科学技術振興機構 さきがけ研究者
竹山春子	早稲田大学　理工学術院　教授
五條堀　孝	アブドラ国王科学技術大学　教授
山本佳宏	(地独)京都市産業技術研究所　経営企画室　研究戦略リーダー， バイオ計測センター　管理者，研究主幹
青木　航	京都大学　大学院農学研究科　応用生命科学専攻　助教； JST さきがけ
本田直樹	京都大学　大学院生命科学研究科　特定准教授
高野敏行	京都工芸繊維大学　応用生物学系／昆虫先端研究推進拠点　教授
飯間　等	京都工芸繊維大学　情報工学・人間科学系　准教授
寳珍輝尚	京都工芸繊維大学　情報工学・人間科学系　教授

執筆者の所属表記は，2018年当時のものを使用しております。

目　次

第1章　AIと生命科学

第2章　医療への展開

第3章　医薬への展開

第4章 大阪大学医学部・病院における人工知能応用の取り組み

第5章 ヘルスケアへの展開

第６章　ものづくりへの展開

第7章 今後の期待する展開

第1章　AIと生命科学

1　人工知能駆動生命科学の始まりからノーベル・チューリング・チャレンジまで

北野宏明*

1.1　生命科学と人間の認知限界

生命科学・システム医科学の困難さの多くは，その対象が余りに複雑であり，かつ，個別性に富んでいるということに起因している。また，この問題を解決するために開発された網羅的かつ高精度な測定機器群が，我々が扱い得ないほどの大量のデータを生成するという事態に陥っている。特に，システムバイオロジーが定着してからは，膨大なデータを基にモデル構築や統計的処理を行うことが，日常化している。

確かに，高性能なオミックス測定装置群の登場で，我々が利用できるデータ量は膨大となり，従来ではできない研究が可能となった。しかし，いろいろなデータとその解析結果を解釈する，またはそれ以前にどのような解析を行うべきかなどの段階で，我々が，依然，頭を悩ます状態は変わっていない。その理由の一つに，我々の認知的限界があると考えている。その代表的なものが，以下の五つの問題である（詳細は，文献1）ならびに2）などを参照のこと）。

①情報地平線問題：大量の論文やデータが産出され，各々の研究者が関連情報すべてにアクセスし理解することが不可能な問題

②情報ギャップ問題：自然言語で記述されている論文などに情報の不完全性・不正確性が存在し，常に自らの知識で補完するか曖昧な状態で推論せざるを得ない問題

③記述不安定性問題：高次元非線形である生命現象を，我々が理解できる範囲の特徴量群と粒度で記述を行うために引き起こされる誤差の発生の問題

④認知バイアス問題：我々の認知的バイアスや恣意的解釈が現象の理解をミスリードする問題

⑤マイノリティー・レポート問題：膨大な論文の中に，ごく少数の大勢とは逆の報告が存在するときに，この少数の報告を発見し，適切にその内容を評価することができるかという問題

これらの問題は，人間の認知的能力に内在しているのであり，単純には解決できない。同時に，これらの問題を放置したままでは，我々の科学的発見のプロセスは，産業革命以前の状態にあるともいえる。これを解決するには，人間の認知限界を克服する「科学的発見のエンジン」を開発することが必要になるのである。

＊　Hiroaki Kitano　特定非営利活動法人システム・バイオロジー研究機構　会長

1.2 ノーベル・チューリング・チャレンジ

科学的発見のプロセスに関しては，いろいろな研究がなされている。科学史・科学哲学の文脈におけるトマス・クーンのパラダイム・シフト[3]やカール・ポーパーの反証可能性の議論[4]から始まり，人工知能の一分野としての Machine Discovery としての一連の研究などがある。しかし，計算機上に実装可能な理論は，限定的である。Pat Langley らによる一連の研究も，データから法則を導出するアルゴリズムの研究である[5]。

これらの研究は，重要なパイオニア的な研究ではあるものの，それは，大きな科学的発見に展開しているわけではない。その理由の一つは，このようなプロセスは，科学的発見の中でごく一部に過ぎず，実際には，より多くのプロセスの総体として科学的発見が成し遂げられているということである。

また，従来の研究は，科学的発見のプロセスの理解をその目標に設定しており，実際に，大きな科学的発見をマシンによって成し遂げようという研究ではなかった。具体的に，マシンによる科学的発見を実装した先駆的事例は，Ross King による Robot Scientist などごくわずかにとどまる。Robot Scientist の場合，出芽酵母の遺伝学という特定の領域に特化したシステムである[6]。

では，実際に「科学的発見のエンジン」を作るにはどうしたらよいのであろうか？ まず，いつまでに，どの程度の科学的発見を可能とするシステムを構築しようかという，具体的な目標が必要であろう。これに関して，著者は，できるだけ大きな目標を設定するべきであると考えており，「ノーベル・チューリング・チャレンジ」というグランドチャレンジを提唱している[1,2]。

ノーベル・チューリング・チャレンジは，「2050年までに，ノーベル賞級かそれ以上の科学的発見を行うことができる人工知能システムを構築する」という部分と，「人工知能システムが，人間の研究者と区別がつかないレベルの研究者コミュニティーとインタラクションを実現し，ノーベル賞選考委員会が，人工知能とは気がつかずに授賞を決定する」という部分によって構成されている。

このチャレンジの初期においては，個別の研究活動の自動化や深層機械学習の導入など，個別タスクの人工知能化が推し進められるであろう。その結果，人間の研究者の強力なサポートとなる知的研究ツール群やプラットフォームが構築されていく。この段階では，どのような研究を行うべきかや解くべき問題は，人間の研究者が決定し，人工知能システムは，人間では容易に解けないような大規模組み合わせ問題や大規模情報処理を必要とする問題などを中心に研究を加速するツールとして爆発的に普及するであろう。

その次の段階は，よりチャレンジングであり，どのような問題を解くべきかを自律的に同定し，それを実行する広範な手段を確保する部分も含まれる。科学研究の重要な要素に，「正しい問いを問う」というものがあるが，まさに，人工知能システムが重要な問題を自ら同定することができるのかのチャレンジでもある。このチャレンジは，高度知能化と自律性の確保という二つの軸での進展が重要となる（図１）。

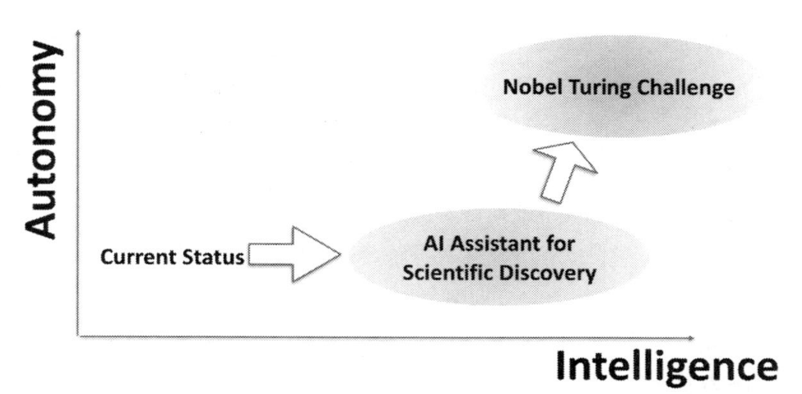

図1　ノーベル・チューリング・チャレンジにおける知能の高度化と自律性

1.3　科学的発見のエンジンを作る

次に，このようなシステムを構築する戦略について議論したい。このようなグランドチャレンジは，所謂ムーンショットであり，その成功には，①ビジョンとリーダーシップ，②理論的基盤，③プラットフォーム，④マネージメントが，適切に構成されていることが必須である。ビジョンは，グランドチャレンジの目標とその意味するところに明確になっている。では，背後の理論的基盤はどこにあるのであろうか？

ここで提案するチャレンジにおける作業仮説は，「科学的発見は，膨大な仮説空間の網羅的探索と検証によってなされる」というものであり，高速に網羅的に仮説生成し，それらの仮説を検証することで，一連の発見がなされるであろうというものである。これは，人間の研究者が行う科学的発見のプロセスとは別のプロセスとなる。ここで注意したいことは，このグランドチャレンジの目標は，科学的発見を可能とする人工知能システムの開発であり，人間の科学的発見の過程の理解ではないのである。よって，そのプロセスは，人間のそれとは違うものとなるであろう。しかし，別の科学的発見のアプローチにはなり得，おそらくより強力であり，一部には相互補完的なものとなるであろう。

また，このような力ずくのアプローチに対しては，「我々の科学的発見のプロセスでは，科学的直感が重要であり，いかに正しい問いを立てるかが重要であるが，これは計算機で実現はできないのではないか？」という議論も当然なされるであろう。この問いに真っ向から答えるのであれば，人工知能に，科学的直感と正しい問いの立て方を組み込む必要がある。しかし，「正しい問い」を立てるのが重要なのは，資源制約があるからである。例えば，研究者がそのキャリアを成功させるなどの理由で，一定時間内で科学的な発見を行いたいと考えている場合，つまり時間という制限制約がある場合である。しかし，このような制約がない場合や，より多くの資源が使える場合には，状況は変わってくる。仮に，資源制約が全くない場合には，正しい問いを立てることは重要ではなく，「すべての問いを立て」，しらみつぶしに仮説検証を行えば，「正しい問い」はその中に入っているであろうということがいえる。しかし，実際には，いかに人工知能システムであろうが，資源制約から解放されるわけではない。計算機資源という制約はつきまとうし，実証実験を行うなら，ロボットや試薬，対象となる細胞やモデル動物などにまつわる制約は厳しいものになるであろう。こうなると，問題は，どれだけ有効な仮説を生成することができて，どれだけ効率的な反証・検証プロセスを構築できるかである。この問題を追及する過程で，「正しい問いを問う」ということの再定義が期待できる。

正しい問いを問うということから考えると，このチャレンジで追及される「科学的問い」は，「科学的発見の本質とは何か？」という問題であろう。そして，その本質に関する仮説を基盤として，我々が営んでいる形態の科学的発見とは，別の形態の科学的発見のありかたを再構成するチャレンジとなるのではないだろうかと思う。

ここで提示した作業仮説に対して，何故このような一見強引に見えるアプローチを提案するのかと疑問を持つ読者もいるだろう。それには，人工知能のグランドチャレンジの歴史がある。人工知能のグランドチャレンジの代表例に，コンピュータ・チェスがある。コンピュータ・チェスでは，当初は力ずくの方法には限界があり，人間の知的行為の背後のヒューリスティックを獲得し，コンピュータに実装する必要があると考えられた。しかし，実際に起きたことは，全く逆であった。コンピュータ・チェスでは，過去の対局の大規模データを大規模計算によって解析し，適切な学習アルゴリズムで，盤面評価や先読み制御を行うという手法によって人間のグランドマスターに勝利するまでになった（Hsu 2004）。この過程で，人間のトッププレーヤーの知識を加えることで，さらに強いシステムができるのではないかという実験も行われた。しかし，人間の知識を加えられたシステムは，加えられていないシステムよりも弱くなることがほとんどであった。結局は，大規模計算，大規模データ，機械学習を軸とした手法が勝ったのである。これは，コンピュータ将棋でも同様であった。コンピュータ将棋においては，コンピュータ・チェスの進化系の部分が多いが，複数のアルゴリズムからのコンセンサスで次の手を決定するなどの手法も導入されている。IBM が Jeopardy! チャレンジ向けに開発した WATSON を見てみると，そこでは，オープンデータアクセス，分散リアルタイム推論，ヘテロ学習戦略などが決め手となっている[7]。Jeopardy! チャレンジが研究面で面白いのは，それがオープンエンドの問題であるという点である。つまり，クイズショーなどという舞台設定の制約はあるものの，何が聞かれるかわからないという問題である。このような課題に対して，従来であるならば，大規模知識ベースを長い年月をかけて構築するというアプローチをとったであろう。しかし，この問題が，オープンデータアクセスを基盤としたアプローチで人間のチャンピオンを上回るレベルに到達したということは，極めて示唆的である。そしてその背後には，一つの高性能アルゴリズムを開発するのではなく，極めて多くの多様な推論アルゴリズムを同時並行に走らせ，その中から最も確度の高い答えを動的に同定するという技術を使っている。これはある意味で，クイズの質問に対して，できるだけ大きな解空間を探索しているともいえるのである。

また，コンピュータ囲碁においても，大規模データを基盤とした深層学習と強化学習がキーポイントである[8]。この google DeepMind による AlphaGo の成果は注目に値する。AlphaGo は，大量の棋譜から盤面状態を認識し，次の手を予測する深層学習と，AlphaGo同士で対局し，その盤面から打つべき手を学習する強化学習と，この自己対局の際に多様な盤面を生成するモンテカルロ木探索の組み合わせで成り立っている。この手法では，自己対局の過程で，過去に打たれたことのない盤面が膨大に生成され，その局面での有効な打ち手が学習されていった。人間同士の対局が，隅や端の陣地を確保する局面が多いのに対し，AlphaGo同士の対局では，人間があまり打つことのない中央での戦いなどが相当量生成されていたと推定される。これが，AlphaGoの強さの源泉であった。つまり，いわゆるビッグデータを超え，見たことのない局面を大規模に生成してその局面での有効手を学習していたのである。

しかし，google DeepMindは，過去の棋譜すら利用しないAlphaGo Zeroを発表した[8)]。これは，過去の棋譜データを一切利用せずに，ランダムプロセスから始めて，３日間でAlphaGoのレベルに到達し，さらに遙かに強いレベルに到達したのである。ここから読み取れることは，過去に棋譜という人間の知識の蓄積が，囲碁の最も強い打ち方の探索の邪魔をしていた可能性である。つまり，我々の認知能力で打てる手は，囲碁というゲームにおいては，そもそも最も有効な打ち手ではなく，それを学習したがために，探索空間が偏ってしまったということが推定されるのである（図２）。

もちろんこのような手法は，ゲームというよく定義されている世界であるから取り得る手法であるという議論がある。生命科学の場合，仮に多くの仮説が生成されたとして，それをどのように評価し，検証するのかという問題が残る。もちろん，この問題に対する答えはまだない。生命科学は，本質的に実験科学であり，実験結果を用いての検証が必須である。しかし，生成された仮説をすべて実験で検証する必要はなく，既存知識との整合性や数理モデルを用いたシミュレーションなどで，相当数は棄却できるであろう。数理モデルを使った研究では，データとモデルか

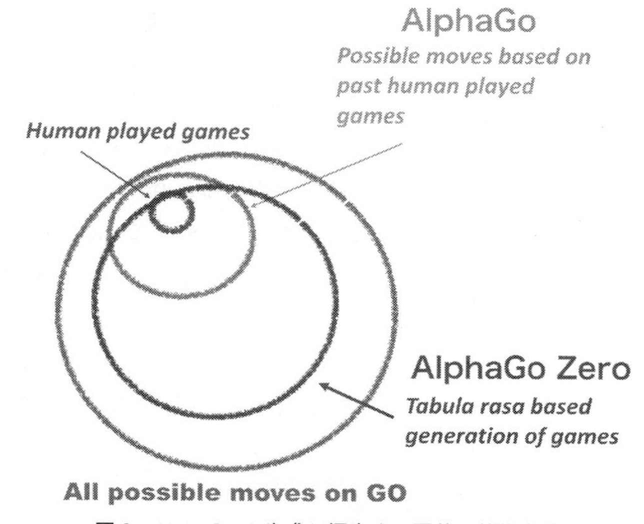

図２　AlphaGoの生成し探索する囲碁の状態空間

ら，どの分子機構が実際に存在して，その現象を担っているかという問いに関しては，複数の可能性が残存し，一意に絞り込めないなどの問題が指摘されていた。しかし，あり得ない仮説の棄却には非常に強力である。人工知能とシミュレーション技術の融合は，仮説検証において非常に重要な手法となるであろう。このようなアプローチをはじめとして，オープン・エンドな問題に対する仮説生成と検証に関する研究は，今後加速し，遠くない将来に強力な手法が登場すると思われる。

さらに，我々が留意するべきことは，現在は，少数の仮説（多くは，一定の論理的考察の末に直感的に選択している）を支持するデータが論文やデータベースで公表され，このプロセスに生成された圧倒的に多くの，しかし，仮説の支持に直接貢献していないデータは公表されていない。これは，誰にもアクセスできない状態で保存されるか破棄されている。このようなデータは，ダークデータと呼ばれている。人工知能による科学的発見のプロセスでは，大量の仮説が生成され，大量に破棄されるプロセスが構築される。そこでは，いかに仮説を破棄するかが重要になる。このプロセスでは，従来ダークデータと思われていたデータが極めて重要なデータとなる。生成された仮説の網羅性とその棄却の正当性を検証するために，すべてのデータは，公開するべきデータとなる可能性が高い。このようなダークデータが，表舞台に登場すると，我々の有しているデータセットやそこから得られる情報量は全く違う次元に到達する。

同時に，これらのチャレンジを成し遂げた人工知能側の方法論が，人間が同じ問題に対して行っている知的活動のプロセスとは，同じものではないであろうことも注意しておく必要がある。つまり，このグランドチャレンジを成し遂げた時に実現する科学的発見のプロセスは，いままでの人間の科学的発見とは，別の形態になる可能性があるということである。

1.4 プラットフォームの構築

このチャレンジを推進するには，現在より遙かに統合された研究基盤が構築される必要がある。何故なら，グランドチャレンジを達成するには，人工知能システムが，データ，文献，データベース，解析手法へのシームレスなアクセスと，動的な解析パイプライン構築が可能な環境にあることが必須だからである。このような環境は，我々，研究者にも有用であることは明白である。これは情報世界と物理世界の双方で実現する必要がある。著者らは，数年前から生命科学領域でのオープンイノベーションを促進するプラットフォームとしてGaruda Platformの開発を進め，国内外の製薬企業などを中心に普及し始めており[9)]，最近では，Gandhara AI Frameworkも構築されている。これは，一つの基盤となるであろう（図3）。実験系は，物理世界での作業となるので，当然，ロボットが大量に導入されることになる。このシステムで必要とされる実験の数は，膨大になると思われる。さらに，実験手法も極めて広範であり，それを迅速かつ正確に遂行するには，大規模なロボット実験設備が必要である。このチャレンジでは，仮説生成から検証過程を自動化する必要があり，あらゆる実験機器を接続・制御しデータ連動する必要がある。また，ロボットも含めた実験の全プロセスの自動化は，そこから産出されるデータを自動的に適

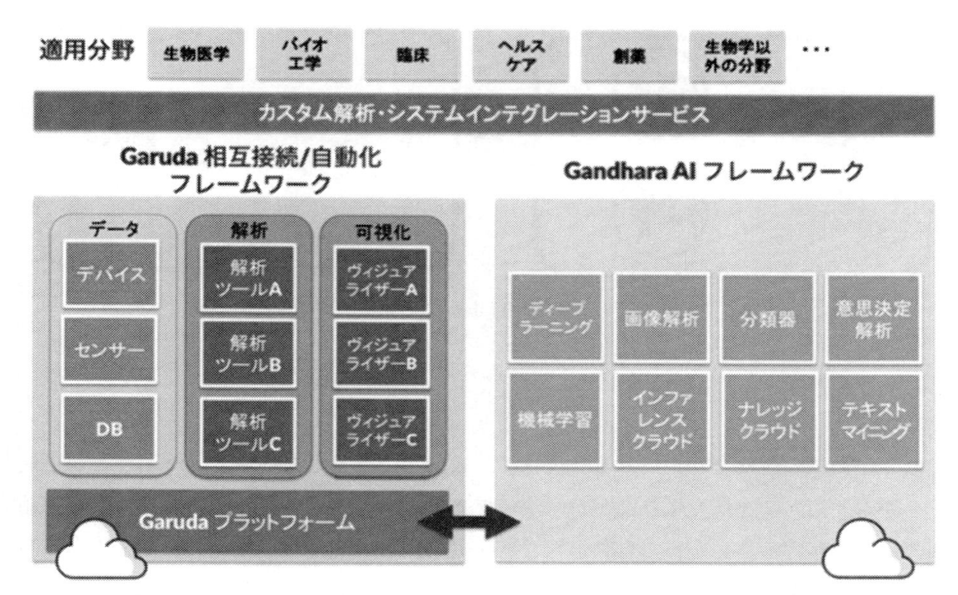

図3　Garuda Connectivity Platform と Gandhara AI Framework の概念図

切な方法で全量蓄積させることが可能であり，ダークデータ問題の解決や，さらにBlockChainなどと組み合わせることで，捏造問題の根本的な解決策となり得る。この分野は，ロボティックス，データサイエンス，人工知能が融合する部分であり，非常に早い段階で多くの応用が生み出される部分である。

より重要なのは，この上に構築されるコア・エンジンと一連の機能モジュールである。ここでコア・エンジンは，すでに議論した科学的発見に関する仮説を表現した構成となる必要があり，各々の機能モジュールは，仮説の生成と検証の限界に挑むべく，常にベストのものが利用できる構造にしておく必要がある。そして，このモジュール群の基本階層には，非常に多くのスキルのレパートリーを備えておく必要がある。例えば，ウエスタン・ブロットをとってみても，サンプルの調製を確実に行えるロボットの動作やそのパターンの認識，品質の評価なども必要となる。これらの一つ一つのスキルの組み合わせが成立して，初めてウエスタン・ブロットという基本的な実験手法が自動化できる。さらに，実験手法は，常に増え続けるのである。

しかし，フレキシブルなロボットシステムも含めた人工知能システムが実現し，各々の実験手法を高品位に実行するモジュールが構築されれば，そのモジュールは，それを実行する人工知能システムを有しているラボならば，どこでも同じ品質の実験が可能となる[10)]。

1.5　科学的発見のもたらす革命：人類の能力の拡張と能力のコモディティー化

人工知能システムの本質的な価値の一つに，能力のコモディティー化がある[11)]。つまり，ある能力を実現するAIモジュールが実現すれば，その能力は，コモディティー化し，流通するとい

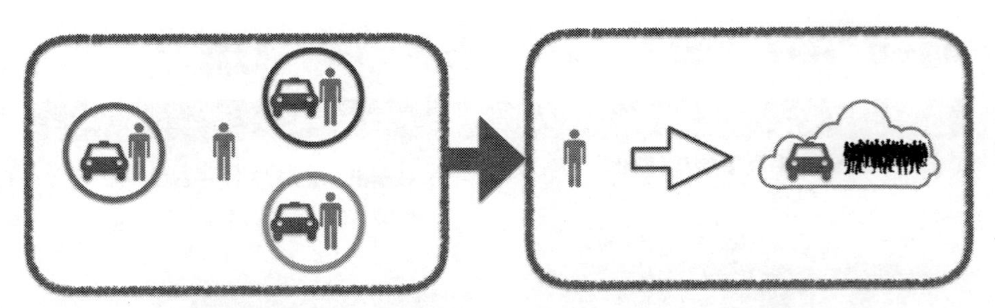

図4　運転能力の人工知能化によるマーケットプレイスの形成

うことである。

例えば，自動車の運転を考えてみる。現状で，自分が運転をしない場合，呼ぶことが可能なタクシーを呼ぶ，知人に運転を頼むなどが解決策であり，そのときの運転能力は，自分が依頼できる範囲の人に依存する。しかし，自動走行などが実用化し，高度な運転能力を備える車が開発されれば，自分がアクセスできる運転能力は，自分の依頼できる範囲に限定されず，そのときに形成されているであろう「能力のマーケットプレイス」から適切な運転能力を選択することが可能となる（図4）。それを，我々の科学研究に当てはめて考えてみることは重要である。

人工知能システムとロボットが連動する実験環境では，手技やノウハウが流通し，再現性の劇的向上と，実験能力のマーケットプレイスの形成が行われる可能性がある。

ノーベル・チューリング・チャレンジというグランドチャレンジを達成するために開発される，これらの一連の技術開発の意味するところは，極めて大きな研究手法の変革が起きることである。人工知能がノーベル賞をとるかということ以前に，現在の我々の研究手法やそのインフラストラクチャーに関して抜本的な変革が押し寄せる可能性を意味している。しかしそれによって，生命科学の研究は，かつてないスピードで加速されていくであろう。

文　　献

1) H. Kitano, *AI Mag.*, **37**, 39 (2016)
2) 北野宏明，人工知能学会誌，**31**，275 (2016)
3) T. S. Kuhn, The structure of scientific revolutions, **57**, No. 1 (1996)
4) K. R. Popper, The logic of scientific discovery. 1959, London: Hutchinson, **268**, 244 (2002)
5) J. M. Z. Pat Langley, Herbert A. Simon, Gary L. Bradshaw, Scientific discovery: Computational explorations of the creative processes, Cambridge: The MIT Press (1987)
6) R. D. King *et al.*, *Science (80-.)*, **324**, 85 (2009)
7) D. Ferrucci *et al.*, *AI Mag.*, **31**, 59 (2010)

8) D. Silver *et al.*, *Nature*, **529**, 484 (2016)
9) S. Ghosh, Y. Matsuoka, Y. Asai, K.-Y. Hsin, H. Kitano, *Nat. Rev. Genet.*, **12**, 821 (2011)
10) N. Yachie *et al.*, *Nat. Biotechnol.*, **35**, 310 (2017)
11) 北野宏明, “能力のコモディティ化が切り拓く新市場―ブロックチェーンの活路は人工知能との連携にあり”, Diam., ハーバード・ビジネス・レビュー, no. 8 (2017)

2 機械学習・データマイニングの生命科学への応用

馬見塚 拓*

2.1 はじめに

機械学習は，1980年代に始まり1990年代に大きく前進し2000年代に成熟した。当初の応用は，自然言語処理，音声認識，画像処理，ロボティクス，医用工学等だが，データの爆発的な増大に伴い，科学や工学を始め多様な分野で現在応用されている。本稿では，生命科学への応用に絞る。

応用動機を述べておく。まず，生命科学の実験技術が急速に発展しデータが爆発的に増大した。例えば，遺伝子配列のシークエンシング技術が大幅に進歩し，ゲノム全体を容易に決定できるようになった。また，生命科学のデータベースが整備されてきた。例えば，米国NCBI NLMが提供する生命医科学の文献データベースMEDLINEは，2016年現在で約2,350万件の文献が収集されている。さらに，多様なデータが得られる。例えば，遺伝子は，塩基配列（文字列），細胞内の遺伝子発現（実数値ベクトル），遺伝子ネットワーク（ノード）等で表現される。これらを背景に，生命科学データの解析は，機械学習を使わざるを得ない。

生命科学の機械学習応用は非常に多岐に渡り，本稿で全てをカバーできない。行列，配列，グラフと適用事例を説明し，最後に生命科学に有効な（あるいは特有の）機械学習技術を2つ紹介する。

2.2 行列の学習

機械学習で最も一般的なデータは行列であり，各行が事例（instance，example，sample），各列が特徴量（特徴，feature）である（行と列は入れ替え可）。生命科学の典型例は，事例が遺伝子，特徴量は様々な実験条件で要素は発現値。行列に対する機械学習手法は既に成熟している。事例にクラスがない「教師なし学習」と事例に離散あるいは実数値のラベルが付けられている「教師あり学習」，さらに「特徴量選択」について説明する。

2.2.1 教師なし学習（クラスタリング）

クラスタリングは事例を似通った事例にグルーピングする（グループをクラスタと呼ぶ）。代表的手法は「k-means」であり，クラスタを確率分布で表わす「混合分布の推定」が拡張で，事例が複数のクラスタへ確率的に入ることが長所である。

一方，生命科学で最も使われるクラスタリングは「階層型クラスタリング」である。クラスタリング過程が木として視覚的に分かりやすいが，似通った事例が必ずしも木の中で近くに来ないという欠点がある。生命科学では，事例と特徴量も同時にクラスタリングする「バイクラスタリング」がやはり視覚的な理由で，よく使われる（図1[1]）。階層型クラスタリングの入力は，事例

＊ Hiroshi Mamitsuka　京都大学　化学研究所　附属バイオインフォマティクスセンター　教授

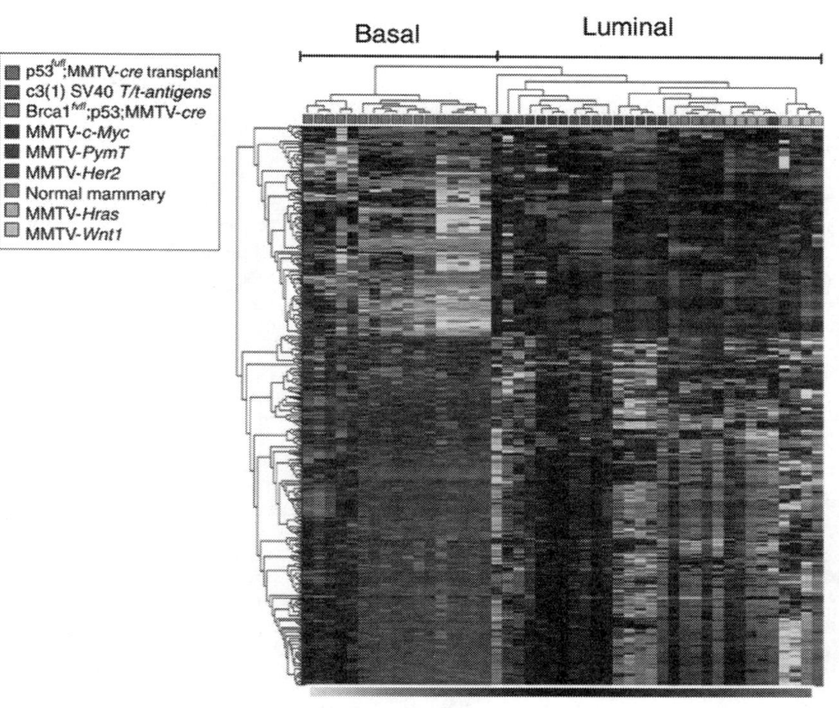

図1　遺伝子発現データの例

の特徴量を必要とせず，事例間の相同性さえあればよい。

他にも，因子分解（行列分解）が重要な教師なし学習手法だが，分量の関係で省略する。

2.2.2　教師あり学習（分類・回帰）

ラベルが離散であれば分類，実数値であれば回帰と呼ばれる。分類のラベルは正例と負例の2値が多い。目的は，特徴量の組み合わせ等で規則（モデル）を作り，ラベル未知事例のラベルを規則により予測することである。手法は，機械学習で最も豊富で，「サポートベクトルマシン」，「決定木」，「ロジスティック回帰」，「階層型ニューラルネットワーク（深層学習）」等がある。生命科学ではラベルを得るには実験が必要で高価であり，数多く得られない（そもそも正例自体が生命科学の発見であり，一方，負例はランダムデータがよく使われる）。従って，生命科学への適用は，事例が豊富に得られる2つの場合に限られる。

① 遺伝子発現等ハイスループットデータ。例えば，正例がある疾患の患者，負例が健常者。さらに，乳がん患者のようにサブタイプがある場合には，サブタイプを分けるという問題設定もある[2]（図2）。

② 遺伝子やアミノ酸配列で，古典的な「タンパク質二次構造予測」[3]，「タンパク質細胞内局在化予測」[4]，「MHC結合ペプチド予測」[5]，近年では「基質切断部位予測（図3）」[6] 等が挙げられる。配列を行列にする必要があるが説明は省略する。

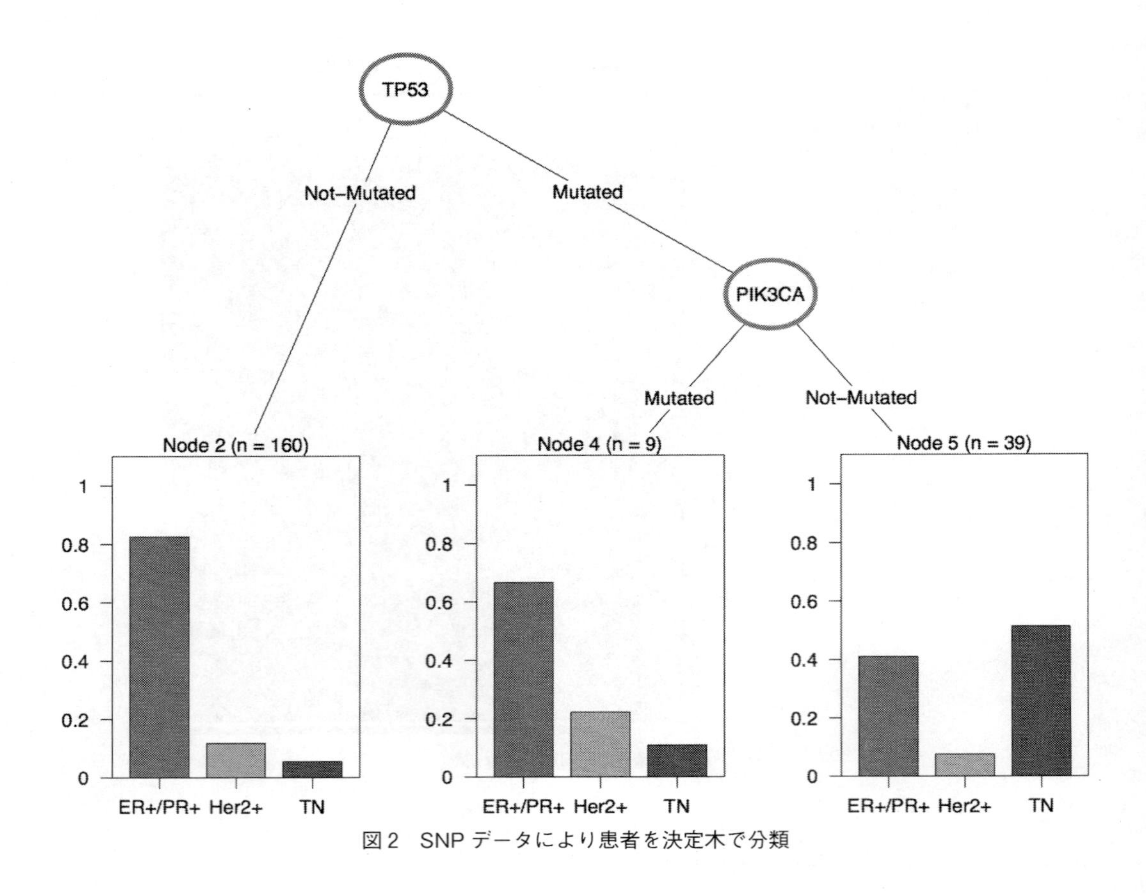

図2　SNP データにより患者を決定木で分類

事例数が限られる場合，最適化する目的関数に正則化項の付加，決定木における枝刈り等，学習データへのオーバーフィットを避けることが重要となる。

2.2.3　特徴量選択

2種類の考え方がある。

① 上記学習の前処理として重要な特徴量だけをまず抽出する。目的は，重要な属性を見つけるという知識発見と特徴量が非常に多い場合に学習の計算効率を良くするためである。教師なし学習での典型例は「主成分分析」である[7]。教師あり学習でもラベルと変数の相関から属性選択が頻繁に行われるが，スペースの都合から詳細は省略する（例えば文献8)）。

② 学習をしながら特徴量を絞り込む。決定木はそもそも特徴量の再帰選択である（図2）。線形回帰は，特徴量に重みをかけ，線形和でラベルの値を推測するが，なるたけ少数の重みのみを非ゼロとして学習し，非ゼロの重みにあたる，予測に重要な特徴量を自動的に学習できる[9]。このように少数の特徴量による学習を一般にスパース学習と呼び，知識発見がしやすいため特に生命科学では幅広く利用されている[10]。

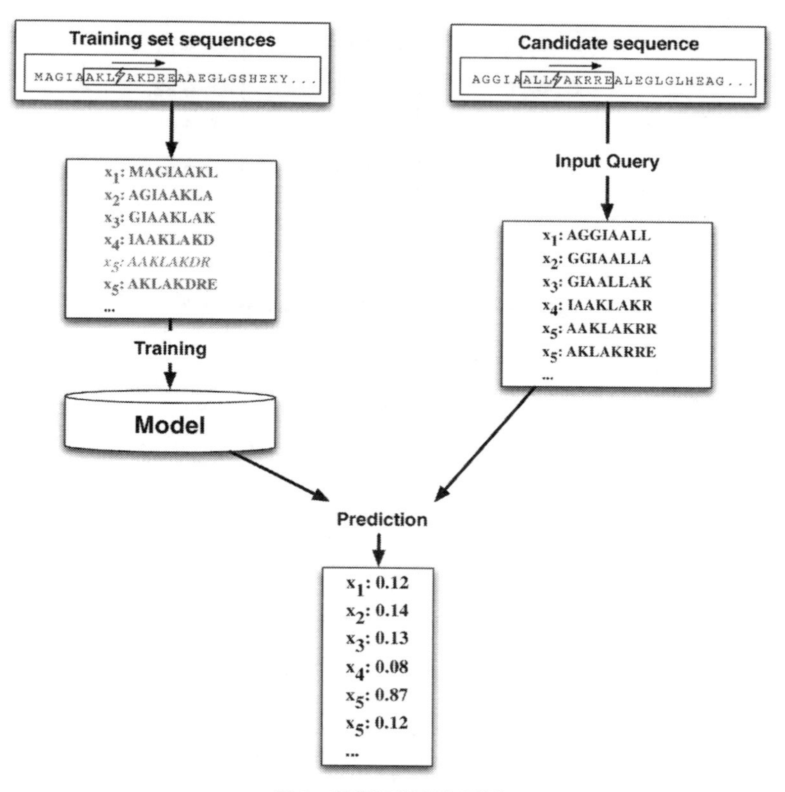

図3　基質切断部位予測

2.3　バスケットデータ，文字列，時系列データの学習

特徴量が1つで有限の離散値を取り，各事例は離散値の集合を持つデータを考えよう。例えば，遺伝子発現データで，閾値を設定し，各患者（事例）の発現量が閾値より大きな遺伝子の集合を考えればよい。さらに，例えば，離散値が4つの塩基で複数回出現可能で順番があれば，文字列（配列）となる（行列にせず配列のままここでは扱う）。これらのデータには頻出パタンマイニングの適用が理にかなっている。

2.3.1　頻出パタンマイニング

頻出パタンマイニングは，データマイニングの礎の概念である。具体的に，まず，各患者の発現量の大きな遺伝子集合を1つの事例とすれば，ある遺伝子を持つ患者の数をサポートと呼ぶ。さらに，最小サポート（閾値）以上のサポートを持つパタン（遺伝子の組み合わせ）を頻出パタンとして列挙する[11]。ここで，頻出パタンを持つ患者の集合を考えた場合は，頻出パタン自身が遺伝子の組み合わせなので，バイクラスタリングと同じになる[12]。

文字列は順序がある離散値の集合であるため，頻出パタンマイニングにより，例えば，タンパク質ファミリーのモチーフ検出ができる[13]。

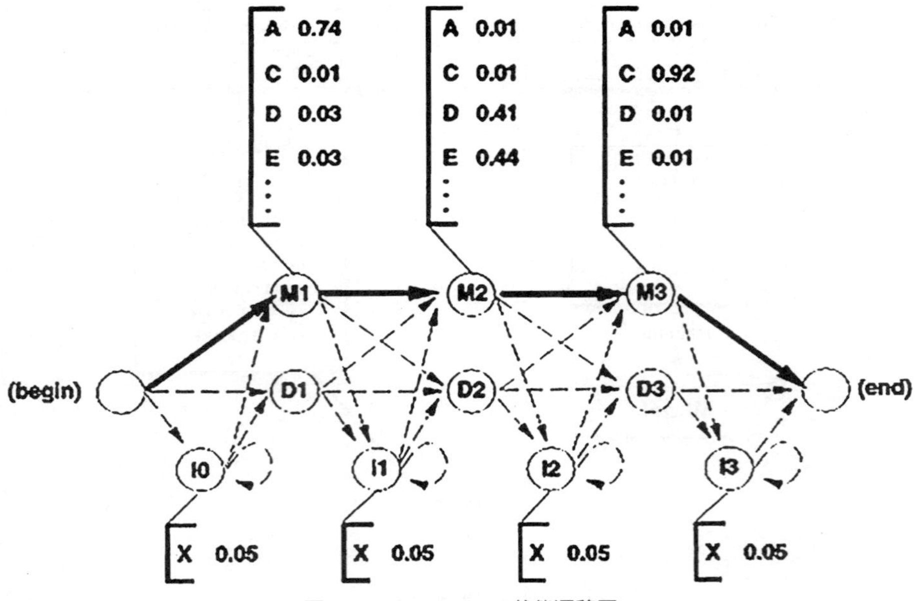

図4　Profile HMMの状態遷移図

2.3.2　確率モデル

頻出パタンマイニングは閾値を決める必要があるが，現実的に容易に決められない。そのため，確率モデル，具体的には，隠れマルコフモデル（HMM）が生命科学の（遺伝子，アミノ酸）配列データの多重配列アライメント[14]やファミリー同定[15]に使われてきた。特にProfile HMMと呼ばれる特殊な状態遷移図を持つHMMが使われる（図4）。

2.4　グラフ／ネットワーク／相同性の学習

21世紀に生命科学のグラフが飛躍的に増えた。グラフは，ノード集合とそれを結ぶリンクの集合である。生命科学でのグラフは主に以下の2つに大別される。

① 生体分子の相互作用のグラフ。ノードを生体分子（例えば遺伝子），リンクが相互作用。例えば，タンパク質間相互作用や遺伝子ネットワーク（図5[16]）。ノードはユニークな事例であり相同性行列とみなせる。

② 化合物の化学構造を表現する分子グラフ。ノードは必ずしもユニークではないが，ラベル（元素種類）が付いており，ラベルの種類は離散かつ有限である。

同時にグラフの機械学習技術も飛躍的に進んだ。すべての問題設定を網羅することは不可能なので，3つの問題設定を紹介する。最初の2つは生体分子の相互作用のグラフ，最後は分子グラフである。

2.4.1　ノードクラスタリング

リンクで結合されているノードをなるたけ同じクラスタに入れるようノードをグループ化す

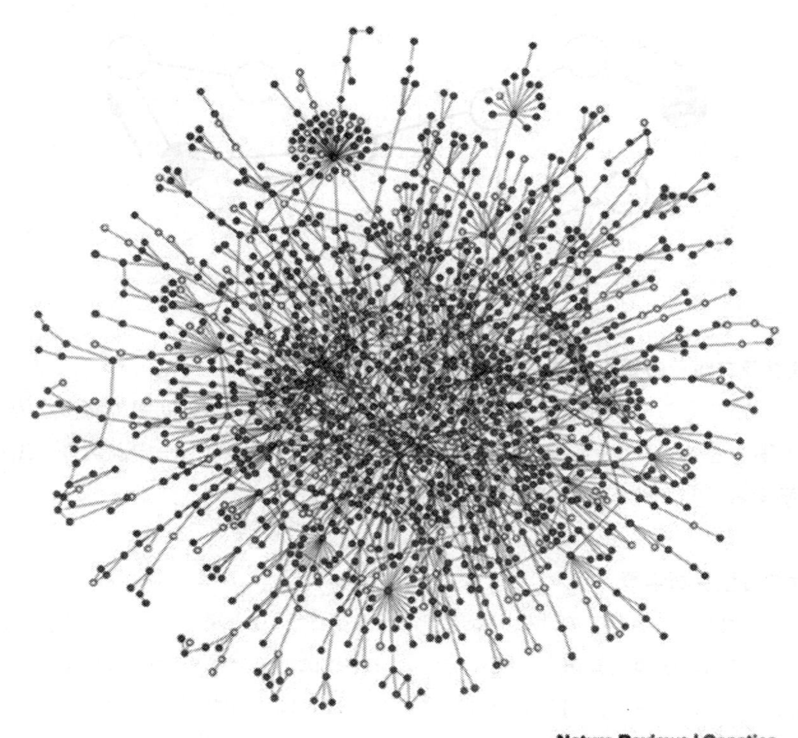

図5　遺伝子ネットワークの例

る。スペクトラルクラスタリングが最も典型的な手法である[17]。例えば，配列類似性によるグラフから，配列が類似している遺伝子のクラスタが得られ，クラスタ内に機能未知の遺伝子を既知の遺伝子の機能から推定できる。

同じ遺伝子に，配列類似性や発現の相関等様々なグラフが作れる場合がある。複数グラフが入力の場合は仮定により定式化が異なる。例えば，複数グラフに最も一致したクラスタを選択する，各グラフの局在クラスタを保持するクラスタリングもあり得る[18]。

2.4.2　半教師あり学習

「半教師あり学習」は，行列では一部の事例にのみラベルがあるが，グラフではクラスタリングと分類の2種類がある。つまり，グラフでは，「教師なし学習」と「教師あり学習」の変形の2種類がある。教師なし学習からの変形は，データ統合型学習の項で述べる。一方，教師あり学習からの変形は，行列と同じで一部のノードにラベルが付き，「ラベルプロパゲーション」とも呼ばれる（図6）。生命科学では，例えば，遺伝子ネットワークにおいて，ラベル（機能）未知の遺伝子のラベルを機能既知の遺伝子群から推定する[19]。複数グラフでは様々な仮定が可能である[20,21]。

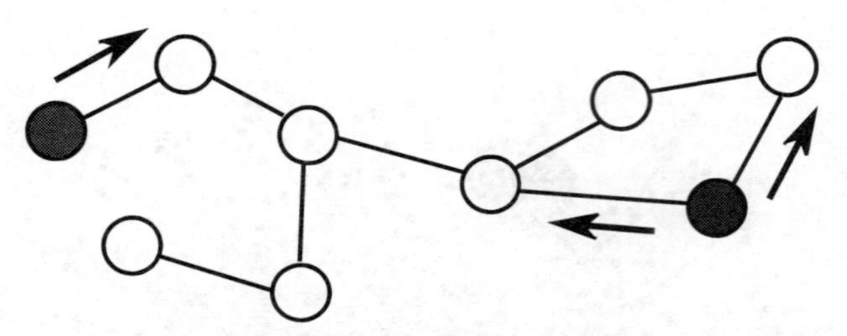

図6　グラフのラベルプロパゲーションのイメージ図

2.4.3　複数グラフからの頻出サブグラフマイニング

複数のグラフが与えられ，閾値以上出現するサブグラフを列挙する問題である。例えば，ある疾病に効果があると知られている複数の薬物分子の分子グラフから，一定回数以上出現するサブグラフを列挙する。冗長性を省けばデータの特徴がわかる[22]。

2.5　データ統合型機械学習

グラフの「半教師あり学習」の「教師なし学習」から変形した場合に戻る。これは，クラスタリングだが，次の制約が事前知識として与えられ「半教師あり学習」と呼ばれる[23]。

①　must link：2つのノードが同じクラスタに入らなければいけない

②　cannot link：2つのノードが同じクラスタに入ってはいけない

ここで，グラフではなく行列がデータと仮定する。さらに，上記制約をグラフのリンクの有無と置き換えれば，行列の事例を特徴量でクラスタリングしつつ，事例（ノード）をリンクによりクラスタリングし，2つのデータの統合型機械学習と考えられる。安直な学習方法は，行列をグラフに変形し，2つのグラフを重ね合わせる。しかし，この方法では本来行列が持っていた重要な情報を失う可能性がある。分量の都合で詳細は省くが，目的関数のレベルで統合する[24]。図7

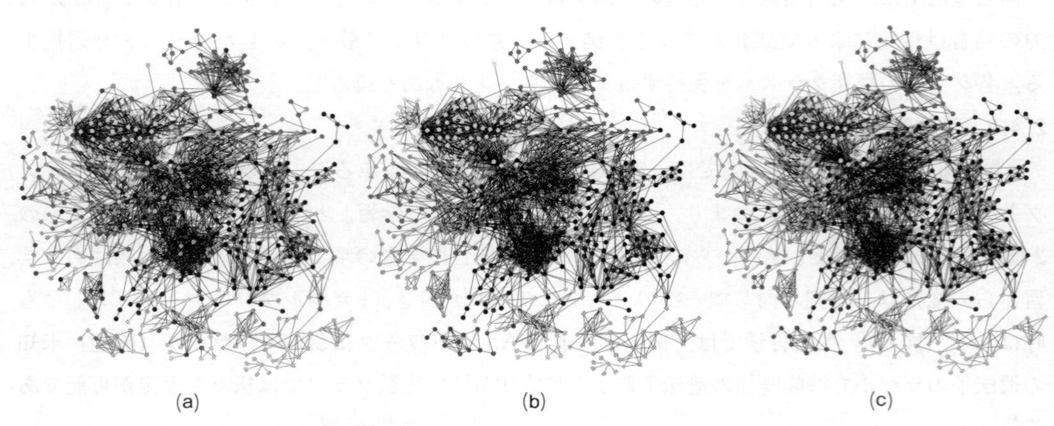

図7　遺伝子発現行列と遺伝子ネットワークによるノードクラスタリング
(a)行列のみ，(b)行列＋ネットワーク，(c)ネットワークのみ

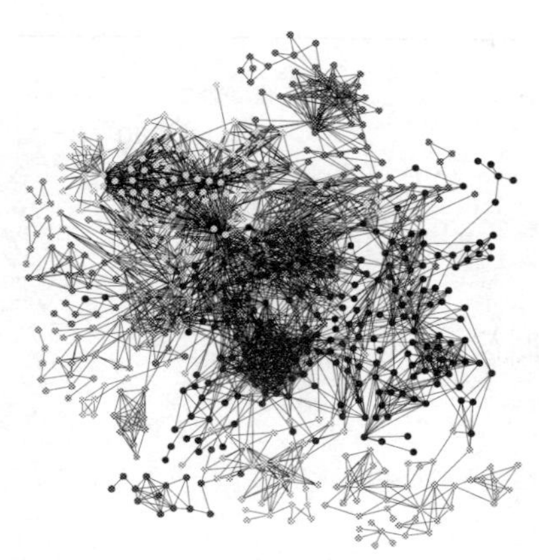

図8　Gene Ontologyによる遺伝子ネットワークノードのラベル付け（真のクラスタリング）
図7の中で(b)が図8に最も合致している。

は，遺伝子発現行列と遺伝子ネットワークを統合した事例で，左が行列のみ，右がグラフのみ，中央が両方を使った場合で，図8は遺伝子のGene Ontologyで言わば正解で，明らかに図7の真ん中が一番近い。

これは，データ統合型機械学習の1例だが，生命科学では，同じ事例にデータが複数しかも異なる形式で得られることが多い。データから知識を最大限に抽出するために，データ統合型機械学習は非常に重要である。

2.6　能動学習：実験計画

生命科学では，ラベルを実験で得る必要があり，実験が非常に高価である。通常のデータからの学習・予測は受動学習である。一方，学習者がデータ空間の未知事例を「何らかの基準で選択」し生命科学の実験を行いラベルを得ることを繰り返し，データ空間のラベルの分布を受動学習より早く学習できる可能性がある。これを能動学習と呼ぶ。

能動学習の検証として，大規模データベースからランダムに事例を抽出した場合と，ある基準で事例を選択的に得た場合の学習曲線を図9に示す[25]。ランダムではなだらかに精度が上昇し収束し切れない。一方，能動学習では比較的すぐに収束し有効性がわかる。さらに，MHC（Major histocompatibility complex）結合ペプチド予測問題に能動学習を適用し，選択的サンプリングと実験のサイクルを7回繰り返した結果を図10に示す[26]。能動学習（Qbag）が受動学習結果（Lib）を凌駕している。このように，能動学習は生命科学の実験効率を飛躍的に改善可能な重要な機械学習技術である。

2.7　おわりに

機械学習・データマイニングの生命科学応用を非常に駆け足で説明した。生命情報科学の最も

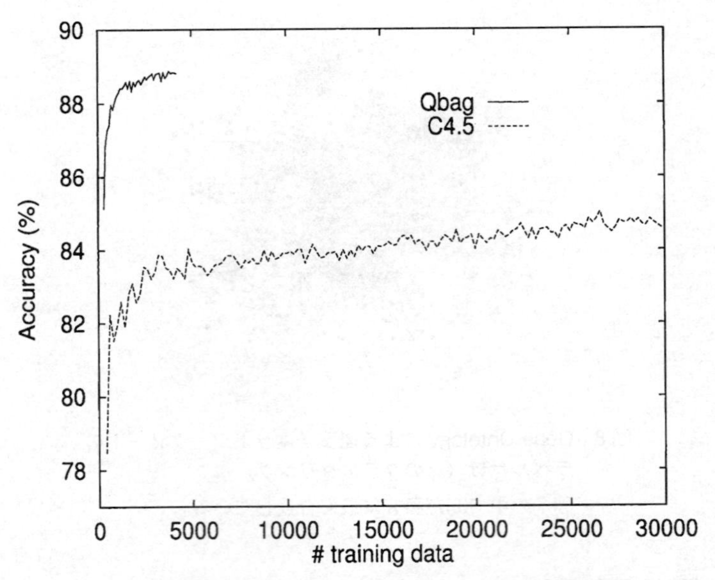

図9　能動学習（Qbag）と受動学習（C4.5）の学習曲線
能動学習は少量の学習データで既に高い精度に収束している。

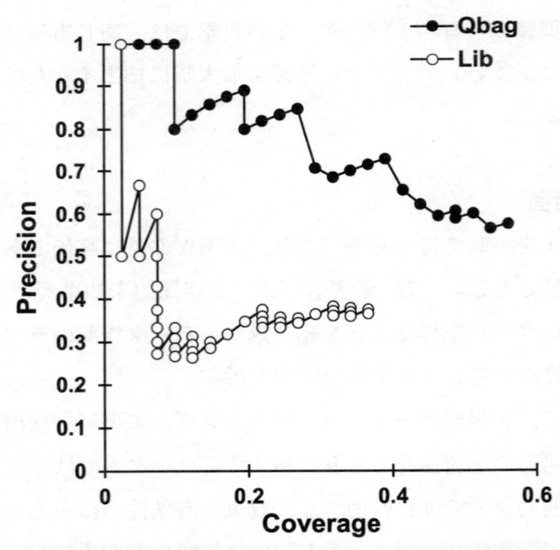

図10　能動学習（Qbag）と受動学習（Lib）の予測結果
能動学習は同じカヴァー率で常に受動学習より精度が高い。

重要な側面であり，本稿が読者の理解に役に立てば幸甚である。また，比較的最近の同様のレビューも挙げておく[27]。合わせて読むと理解がより深まるだろう。最後に，本稿は限られた分量のため，表面的な説明となった。より掘り下げた説明のため，本稿とほぼ同名の著書を刊行予定であり，興味のある読者は読んでいただきたい。

謝辞

筆者自身の研究を一部紹介しており，以下の方々のお世話になった。この場を借りて深く感謝したい。安倍直樹，David duVerle，Timothy Hancock，烏山昌幸，Hao Canh Nguyen，小野弥子，志賀元紀，反町洋之，高橋圭一郎，瀧川一学，津田宏治，宇高恵子，四倉聡妃弥，Shanfeng Zhu（敬称略）。

文　　献

1) M. Zhu *et al.*, *Genome Biol.*, **12**, R77 (2011)
2) S. Yotsukura *et al.*, *Brief. Bioinformatics*, **18**, 619 (2017)
3) A. Drozdetskiy *et al.*, *Nucleic Acids Res.*, **43**, W389 (2015)
4) P. Horton *et al.*, *Nucleic Acids Res.*, **35** (Web Server issue), W585 (2007)
5) L. Zhang *et al.*, *Brief. Bioinformatics*, **13**, 350 (2012)
6) D. A. duVerle *et al.*, *Brief. Bioinformatics*, **13**, 337 (2012)
7) K. Y. Yeung *et al.*, *Bioinformatics*, **17**, 763 (2001)
8) H. Mamitsuka, *Pattern Recognition*, **39**, 2393 (2006)
9) R. Tibshirani, *Journal of the Royal Statistical Society, Series B: Methodological*, **58**, 267 (1996)
10) X. Cai *et al.*, *PLoS Computational Biology*, **9**, 1 (2013)
11) R. Alves *et al.*, *Brief. Bioinformatics*, **11**, 210 (2010)
12) K. Takahashi *et al.*, *PLoS ONE*, **8**, e82890 (2013)
13) I. Rigoutsos *et al.*, *Bioinformatics*, **14**, 55 (1998)
14) S. R. Eddy, *Proc. Int. Conf. Intell. Syst. Mol. Biol.*, **3**, 114 (1995)
15) R. D. Finn *et al.*, *Nucleic Acids Res.*, **44**, D279 (2016)
16) A. L. Barabasi *et al.*, *Nat. Rev. Genet.*, **5**, 101 (2004)
17) U. Luxburg, *Statistics and Computing*, **17**, 395 (2007)
18) M. Shiga *et al.*, *IEEE Transactions on Knowledge and Data Engineering*, **24**, 577 (2012)
19) C. H. Nguyen *et al.*, *IEEE Transactions on Neural Networks*, **22**, 1395 (2011)
20) M. Karasuyama *et al.*, *IEEE Transactions on Neural Networks and Learning Systems*, **24**, 1999 (2013)
21) M. Shiga *et al.*, *Pattern Recognition*, **45**, 1035 (2012)
22) I. Takigawa *et al.*, *Machine Learning*, **82**, 95 (2011)
23) S. Basu, *Semi-supervised Clustering: Probabilistic Models, Algorithms and Experiments*, Ph.D. thesis, Austin, TX, USA (2005)
24) M. Shiga *et al.*, in *Proceedings of the 13th ACM SIGKDD International Conference on Knowledge Discovery and Data Mining*, KDD, pp. 647-656, New York, NY, USA, ACM (2007)
25) H. Mamitsuka *et al.*, *Systems and Computers in Japan*, **38**, 100 (2007)
26) K. Udaka *et al.*, *The Journal of Immunology*, **169**, 5744 (2002)
27) M. W. Libbrecht *et al.*, *Nat. Rev. Genet.*, **16**, 321 (2015)

3　システム生物学と合成生物学への AI の利用と展開

花井泰三*

3.1　はじめに

実験装置の開発および実験技法の改良により，メタボローム，プロテオーム，トランスクリプトームなど，一度の実験で数千から数万種類のデータを，比較的容易に得られるようになった。しかし，これらのデータを有効に利用し，現象を理解することや新たな事実を発見することはヒトの能力では不可能に近く，人工知能（AI）など情報科学分野で開発された技術を利用することが，必要不可欠である。このような研究分野は，生物情報科学（バイオインフォマティクス）と呼ばれ，生物科学，医学および生物工学などの様々な分野で応用されている。メタボローム，プロテオーム，トランスクリプトームで得られた情報をうまく融合させ，総合的に解析することができれば，「対象とする生物におけるすべての生命現象の理解」など，夢のようなことが将来には可能になるのかもしれない。

上記のデータのうち，メタボロームおよびプロテオームに関しては，細胞内のすべての代謝物質およびタンパク質を一括して測定することは，現状では難しいと考えられるが，トランスクリプトームは，細胞内のほぼすべての遺伝子の発現を一度の実験で観測できる。本稿では，トランスクリプトームで得られたデータに対する AI などの情報科学手法に関する研究を，我々の研究結果を中心に紹介したい。

3.2　トランスクリプトームデータに対するクラスタリング解析

トランスクリプトームデータを得るために行う，mRNA を一度に網羅的に測定する技術は DNA マイクロアレイまたは DNA チップと呼ばれており，1990 年代中頃に開発され，現在では広く利用されている。また，近年では，次世代シークエンサーを用いた RNA-seq 解析によっても同様のデータが得られる。

トランスクリプトームデータの解析で，最も基本的で広く利用されているものの一つが，クラスタリング解析である。この解析は，サンプル（細胞）あるいは項目（遺伝子）相互で似ているものを，いくつかのグループ（クラスター）に分類する方法である。例えば，多くのがん患者から採取した様々ながん細胞を DNA マイクロアレイで遺伝子発現量を測定し，遺伝子の発現パターンがよく似ている細胞同士をグループ化することとなる。また，抗がん剤を加えたがん細胞を，一定時間間隔でサンプリングし，DNA マイクロアレイで，遺伝子発現量の時系列変化を測定したデータに適用する場合，時系列変化がよく似た遺伝子同士にグループ分けすることとなる。この場合，機能既知の遺伝子と同じグループに分類された機能未知遺伝子は，機能既知遺伝子と同じ転写制御関係にある可能性があるか，機能そのものも類似である可能性があると考えら

---

*　Taizo Hanai　九州大学　大学院農学研究院　生物資源環境科学府　生命機能科学専攻
システム生物学講座　合成生物学分野　准教授

れる。クラスタリング解析には，統計学の分野で利用される階層的クラスタリング，*k*–means クラスタリングなどの方法がよく利用される。ここでは，*k*–means クラスタリングにおける問題点と，この方法の改良法であるFuzzy *k*–means クラスタリングの紹介を行う。また，時系列で採取したトランスクリプトームデータのクラスタリングに適したデータの前処理法についても紹介したい。

3.3　Fuzzy *k*-means クラスタリングによるトランスクリプトームデータのクラスタリング解析[1)]

上記の例のように，発現パターンが類似の遺伝子同士にグループ分けを行う場合，階層的クラスタリングおよび *k*–means クラスタリングでは，ある遺伝子1は100%の割合でグループAに属し，遺伝子2は100%の割合でグループBに属することとなる（図1）。一般的に，トランスクリプトームデータには，実験誤差に起因するノイズが多く含まれており，このノイズによってクラスタリング結果が左右されることが問題となる。つまり，グループAとグループBの境界近くの遺伝子1は，100%の割合でグループAに属していたとしても，ノイズの影響で100%の割合でグループBに属してしまうことがある。そのため，グループに分けられた遺伝子を見ても，全く共通性のない遺伝子が選ばれる可能性がある。また，これらのクラスタリング手法では1つのデータは1つのグループに属することしかできないが，遺伝子は複数の転写調節を受けることもあり，1つのデータが複数のグループに属することもある。通常のクラスタリング手法とは異なり，情報科学分野で開発されたFuzzy *k*–means クラスタリングは，*k*–means クラスタリングにファジィ理論を組み合わせた解析方法であり，遺伝子は各グループにどの程度属するのかを示す「帰属度」を持つ。このため，ノイズの影響を受けにくいグループの中心にある遺伝子はグループに高い帰属度で属し，ノイズの影響を受けやすい，グループとグループの境界近くの遺伝子は様々なグループに低い帰属度で属すこととなる（図2）。よって，帰属度の高い遺伝子の

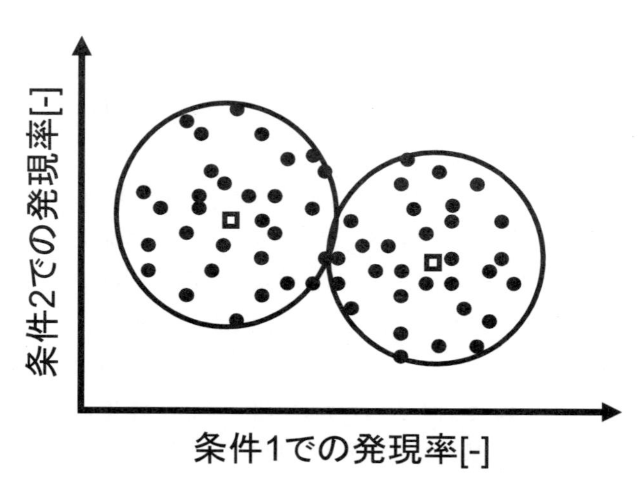

図1　*k*–means クラスタリング

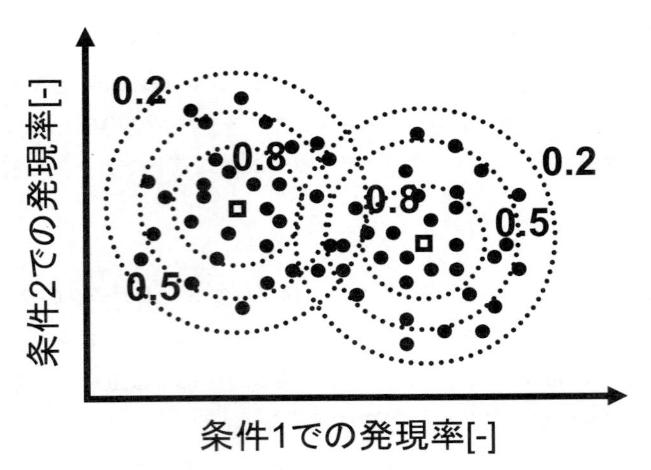

図 2　Fuzzy *k*-means クラスタリング

みに注目すれば，実験誤差などの影響も受けにくいと考えられる。我々は，これらの特徴から Fuzzy *k*–means クラスタリングはトランスクリプトームデータの解析に有効であると考え，いくつかの研究を行った。

Saccharomyces cerevisiae の胞子形成時の遺伝子発現データ[2)]を用いて，Fuzzy *k*–means クラスタリングの有効性を確認した。測定された遺伝子発現データのうち，mRNA の発現レベルが著しく増加した遺伝子を抽出し，さらに，生物学的に胞子形成に関連付けられた機能を持つ 45 の遺伝子を選択し，解析データとした。Chu らは，発現時期に基づいて *S. cerevisiae* の遺伝子を 7 つの特徴ラベルに分類した。選別した 45 遺伝子には，Chu らの特徴ラベルのうち，6 つの特徴ラベルを持つ遺伝子が存在した。

選別された 45 遺伝子の発現データをノイズの含まれていないデータ，このデータに人工的なノイズを付加したデータをノイズ付加データとし，ノイズなしデータとノイズ付加データの解析結果がどの程度一致するのかを示す再現率を計算した。ここで，より高い再現性を有するクラスタリング手法は，よりノイズ耐性があると考えた。この再現率を利用して *k*–means と Fuzzy *k*–means クラスタリングのノイズ耐性の比較を行った。

ノイズは正規分布に従って生成し，その最大値はトランスクリプトームデータ値の 50％および 100％の値とした。このノイズをトランスクリプトームデータに加え，ノイズ付加データとした。Fuzzy *k*–means クラスタリングにおいては，帰属度に閾値を設けて，閾値以上の帰属度を持つ遺伝子の再現率の計算も行った。*k*–means と Fuzzy *k*–means クラスタリングで解析に用いたクラスタ数は，45 遺伝子についての Chu らの遺伝子分類数と同様に 6 とした。なお，Fuzzy *k*–means クラスタリングで帰属度に閾値を設けない場合では，各遺伝子は最大帰属度を持つクラスタに属するとした。その結果を表 1 に示す。閾値を設定しない場合，*k*–means と Fuzzy *k*–means クラスタリングの再現率は同程度であった。一方，Fuzzy *k*–means クラスタリングで

表1　*S. cerevisiae* のマイクロアレイデータにおける *k*-means クラスタリングと Fuzzy *k*-means クラスタリングの再現率の比較

	帰属度の閾値［−］＼最大ノイズの大きさ［%］	50	100
k-means	—	0.942	0.873
Fuzzy *k*-means	—	0.953	0.878
	0.5	0.987	0.987
	0.6	0.995	0.993
	0.7	0.993	1.000
	0.8	1.000	1.000

は，帰属度の閾値を0.5から0.8まで0.1刻みで上昇させたところ，帰属度の閾値の上昇に従い再現率が上昇することが明らかとなった。特に，帰属度の閾値を0.6以上とすると，ノイズが大きな場合でも99%以上の遺伝子がノイズなしの場合と同じ解析結果となった。このことから，Fuzzy *k*-means クラスタリングは，帰属度の閾値を利用することでノイズ耐性が高くなり，実験誤差が大きいトランスクリプトームデータ解析に有効であることが示された。

3.4　トランスクリプトームの時系列データに対する微分方程式を用いた前処理法[3)]

時系列データをクラスタリングする際，全サンプリングのデータ点を用いて遺伝子発現パターンの類似性に基づいて分類することが一般的である。しかし，生物学的に考えると，遺伝子発現データは，パターンの類似性よりその発現のオンオフのタイミングが重要であると考えられる。

そこで，時系列データに一致するように，図3に示す微分方程式モデルのパラメータフィッティングを行い，遺伝子発現開始時間（t_1），遺伝子発現終了時間（t_2），mRNAの合成係数（S_i），mRNAの分解係数を求め，これらのパラメータを用いたクラスタリングを試みた。我々によって提案されたこの方法は，全く新しい方法で，数理モデルに基づいたクラスタリング（Mathematical model based clustering：MMBC）と呼ぶこととした。上記の *S. cerevisiae* の胞子形成時の45遺伝子に関する発現データを用いて，微分方程式モデルのパラメータを求め，t_1 および t_2 を図示したのが図4である。一部，経験に基づいてつけられたラベルと異なる遺伝子も存在するが，この図面を見るだけで遺伝子発現時期に関して，容易に理解でき，様々な知見を得ることができる。次に，微分方程式モデルの4つのパラメータをそれぞれ単独で用いた場合，2から4つの組み合わせを用いて，クラスタリングを行い，その結果を評価することとした。クラスタリングには，上記で説明したFuzzy *k*-means クラスタリングなど，様々な方法を用いることが可能だが，ここでは，*k*-means クラスタリングを用いることとした。クラスタリング結果の評価は，統計的な評価法であるシルエット値と同じグループ内のラベルの一致度を基に行った。その結果，驚いたことに，t_1 のみを用いた場合が，最もシルエット値，ラベルの一致度も高くなった。時系列データのすべての値を用いた *k*-means クラスタリング結果と比較した場合，

$$A_i(t)=\begin{cases}0 & t\leq t_1\\ \dfrac{S_i}{\gamma_i}\left(1-e^{-\gamma_i\left(t-t_1^i\right)}\right) & t_1<t\leq t_2\\ \dfrac{S_i}{\gamma_i}\left(1-e^{-\gamma_i\left(t_2^i-t_1^i\right)}\right)e^{-\gamma_i\left(t-t_1^i\right)} & t_2<t\end{cases}$$

t：**時間**　　i：i **番目の** mRNA
t_1：mRNA **合成が優勢になる時間**
t_2：mRNA **分解が優勢になる時間**

S_i：mRNA **の合成係数**
γ_i：mRNA **の分解係数**
$A_i(t)$：**時間** t **における** mRNA **の推定発現量**

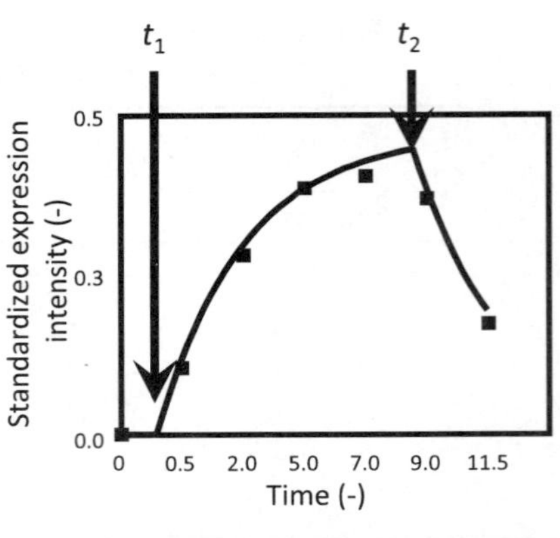

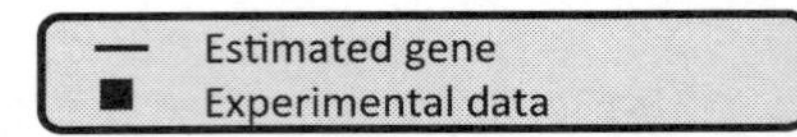

図 3　遺伝子発現の微分方程式モデル

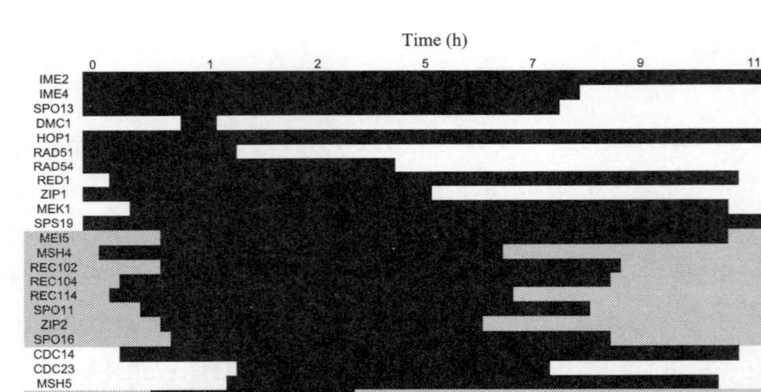

図 4　微分方程式モデルで予想された遺伝子発現時間

ラベルの一致度はほぼ同じであったが，シルエット値では MMBC がよりよい値を示した。また，データに人工的にノイズを加えた場合でも，MMBC は，時系列データをすべて用いたクラスタリングより，高い再現性を示し，トランスクリプトームの時系列データに適した手法であることが明らかとなった。

3.5 トランスクリプトームデータに対する判別分析

判別分析は，クラスタリング解析より応用研究，特に医学での応用研究に利用される場合が多い。判別分析では，サンプルに関する情報（ラベルと呼ばれる）が与えられており，これを利用して解析を行う。例えば，事前に「このサンプルはがん細胞で，このサンプルは正常細胞である」というラベルと，トランスクリプトームデータがある場合，判別モデルと呼ばれる式またはアルゴリズムに，「この発現パターンはがん細胞，この発現パターンは正常細胞」と学習させる。その後，この判別モデルを利用すれば，トランスクリプトームデータがあれば，がん細胞であるか正常細胞であるかが予測できることになる。このため，この解析は医学な応用を考えると大変重要だと考えられる。判別モデルとしては様々な方法が提案されているが，統計の分野で利用されている線形判別分析，情報科学分野で開発された人工ニューラルネットワーク（ANN）[4] またはファジィニューラルネットワーク（FNN）[5]，サポートベクターマシン（SVM）[6] などが一般的に利用されている。我々は，これらすべての解析を行ってきているが，本稿では，SVMを使ったトランスクリプトームデータの判別分析について紹介する。

3.6 サポートベクターマシンによるトランスクリプトームデータの判別分析[6]

SVMは，未知のデータに対する推定精度の高さ（汎化能力と呼ばれる）から，様々な分野で応用されている判別モデル化手法である。汎化能力を高めるために，マージン最大化という手法を用いている。図5に示すように，2つのグループを分ける際，グループ内で境界線に近いと考えられる数点のデータを選ぶ。これらのデータをサポートベクターと呼び，グループ同士を分離する直線とグループの端までの距離をマージンと呼ぶ。SVMでは，マージンを最大化するようにパラメータを決定することで汎化能力が上がることが数学的に証明されている。

現在のところ，1つの症例に対するトランスクリプトームデータは，コストなどの問題点から数十例（サンプル）から百例程度収集する程度である。このため，測定される数百から数万種類の遺伝子の種類数に比べ，症例数は大変少ないものとなる。測定した全種類の遺伝子発現量値を利用して線形判別関数を作成しようとした場合を考えると，パラメータ（各遺伝子発現量の前に乗じられる係数と切片）の数よりパラメータを決めるために与えるサンプルデータの数が非常に少ないこととなる。これは，どの判別分析の手法を用いる場合でも，数学上問題となるため，判別に利用する遺伝子種類の数を絞り込む必要が出てくる。また，判別モデルに利用する遺伝子の種類が減れば，少ない遺伝子がこの症例と健常者を分ける重要なキーであることがわかり，新薬開発やこの症例専用のカスタムマイクロアレイを作成するために利用できるであろう。どの遺伝子を用いて判別モデルを作成するかで大きく結果が異なるため，どの遺伝子を残せばいいかを選択する方法（特徴選択，変数選択と呼ばれる）はモデルを作成する際に重要となる。

我々は，びまん性大細胞型B細胞リンパ腫（DLBCL）患者40例の4,026遺伝子の発現量デー

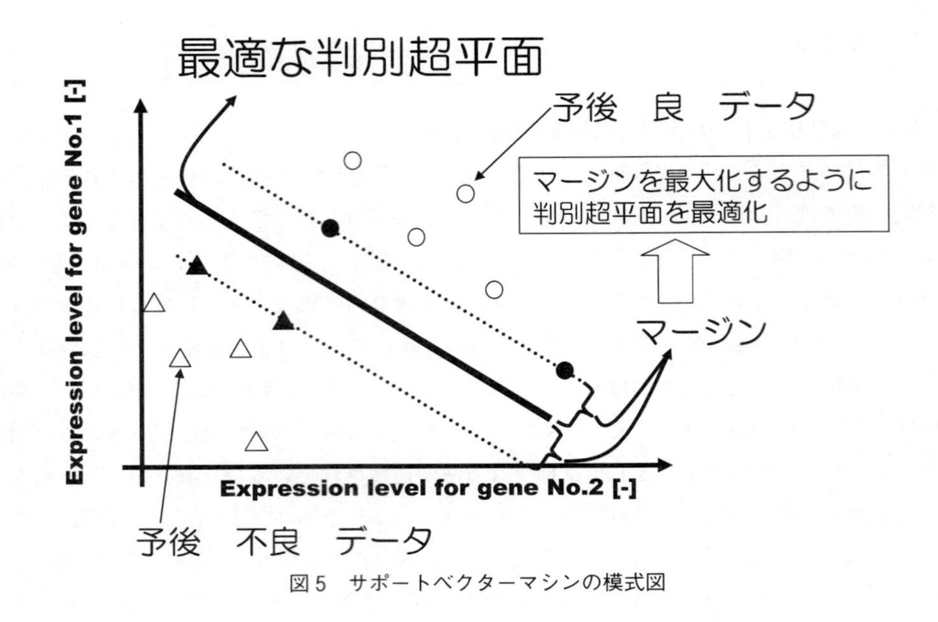

図5　サポートベクターマシンの模式図

タ[7]を，SVMと遺伝子選択手法を組み合わせることにより解析し，患者の一定期間（4年）経過後の生存の可・否の推定を行った[3]。このような推定は予後推定と呼ばれる。

遺伝子選択法としては，まず，Fisher criterionを用いて重要と考えられる上位100遺伝子まで絞り込んだ後，変数増加法を用いることとした。Fisher criterionは，各遺伝子の発現値について，4年後生存患者の平均値と分散値および4年後死亡患者の平均値と分散値を求め，これらの平均値の差の絶対値／分散の和を計算する。計算された値が大きいほど，判別に重要な遺伝子と考えられる。変数増加法は，多変量分析で広く行われている方法であり，判別モデルの評価値（後述）に基づいて，遺伝子を1つずつ増やしていく方法である。判別モデルの評価は，Leave-one-out交差検証法で行った。40サンプルすべてを利用して判別モデルを作成すると，それらのデータに対しては高い判別正答率を示しても，未知のデータに対してはほとんど正解を出せない場合が多い。このため交差検証法と呼ばれる未知データに対する汎化能力をテストする方法が広く用いられている。この中で，Leave-one-out交差検証法では，以下のような方法で汎化能力を調べる。まず，40サンプルを1番目のサンプルを除いた39サンプルで判別モデルを作成し，1番目のサンプルを未知サンプルとして判別を行う。続いて，2番目のサンプルを除いた39サンプルで判別モデルを作成し，2番目のサンプルの判別を行う。以下同様にして，すべてのサンプルを各々未知サンプルとした場合の判別正解率を求める。

このような方法で解析を行ったところ，5つの遺伝子の情報だけで，40人の患者のうち38人について正解（95%の推定精度）を推定できることが明らかとなった。選ばれた5つの遺伝子は，2つの未知遺伝子と，JNK3，E2F-3，fvt-1と呼ばれる遺伝子であった。JNK3はアポトーシス関連，E2F-3は細胞周期関連，fvt-1はリンパ腫に関連した遺伝子であった。

文　　献

1) Arima C., Hakamada K., Okamoto M., Hanai T., *J. Biosci. Bioeng.*, **105**, 273 (2008)
2) Chu S., DeRisi J., Eisen M., Mulholland J., Botstein D., Brown P. O., Herskowitz I., *Science*, **282**, 699 (1998)
3) Hakamada K., Okamoto M., Hanai T., *Bioinformatics*, **22**, 843 (2006)
4) Hanai H., Yatabe Y., Nakayama Y., Takahashi T., Honda H., Mitsudomi T., Kobayashi T., *Cancer Science*, **94**, 473 (2003)
5) Ando T., Hanai T., Kobayashi T., Honda H., Seto M., *J. J. Cancer Res.*, **93**, 1207 (2002)
6) Tago C., Hanai T., Okamoto M., *Genome Informatics*, **14**, 324 (2003)
7) Alizadeh A. A., Eisen M. B., Davis R. E., Ma C., Lossos I. S., Rosenwald A., Boldrick J. C., Sabet H., Tran T., Yu X., Powell J. I., Yang L., Marti G. E., Moore T., Hudson J. Jr., Lu L., Lewis D. B., Tibshirani R., Sherlock G., Chan W. C., Greiner T. C., Weisenburger D. D., Armitage J. O., Warnke R., Levy R., Wilson W., Greverss M. R., Byrd J. C., Bostein D., Brown O. P., Staudt L. M., *Nature*, **403**, 503 (2000)

4　生命科学における Linked Open Data（LOD）を用いた知識共有

山本泰智*

4.1　生物学と知識共有

45 億 6 千万年前に地球が誕生してから 4 億年ほど経った 41 億年前，地球で最初の生命が誕生したといわれている。まだ細胞といえるようなものではなく，原子生命体と呼ばれる。その後しばらくして原核生物と呼ばれる単細胞生物が生まれるに至る。このようにして始まった地球上の生物は全球凍結や隕石の衝突などの幾多の大きな環境変化を経ながらも途絶えることなく脈々と次世代を残し進化してきた。現在，地球上の生物は非常に多様であり，我々人間からすると想像もできないような過酷な環境，すなわち，海底火山近くという高温，高圧環境や地下 300 メートルの地底で生育する生物もいて，いまだ全生物を見つけることはできていないほどである。

このような生物を研究対象とする生物学はその歴史も古く，記録に残る中で最も古い研究はギリシャの Alcmaion による目の神経に関する記述が紀元前 500 年ころに行われている。同時代には，アリストテレスにより体系的な生物学が生まれるなどギリシャにおいて学術研究が勃興したが，その後しばらくの間は大きな進展が記録されていない。しかし生物に対する関心の高まり，そして顕微鏡の登場などの実験器具の開発・発展により，それまでは観察が困難であった生命活動が次々と明らかになることで生物に対する研究は再び進展していく。

生物学の対象はこの多様な生物の分類や，それらを構成する遺伝子やタンパク質などの分子レベルから器官や組織，さらには行動レベルまで，非常に多岐にわたる。そしてこのような研究活動を通じて，生命を生命たらしめている仕組みを解き明かすことを目指している。

この流れの中で，一つ重要な点は，いかにして時間を超えて知識を共有できるかということである。例えば，Aristotle の研究成果は論文としてまとめられ，ギリシャ語からアラビア語，そしてラテン語に翻訳された結果，のちの生物学の進展に大きく寄与している。

このように，論文による知識共有は学問の発展に欠かせない。実際，生物学では遺伝学の誕生につながるメンデルの法則が広く研究者の間で共有されていなかったために同じ現象がのちの複数の研究者により再発見されることが起きている。特に高度に研究が発達し，その結果として研究者が増え，研究領域が細分化している現在においては，いかに効率良く研究成果を広く共有できるかが問題になる。

現在，生命科学分野では論文情報データベースとして PubMed/MEDLINE が世界的に広く利用されているが，本データベースに収録される論文数は急増している。主に 1945 年以降に発表された論文が収録対象であるが，合計収録数はすでに 2,700 万件を遥かに超えている。毎年追加される論文数も指数関数的に増えており，2014 年以降では毎年 100 万件を超える論文が新たに

---

* Yasunori Yamamoto　大学共同利用機関法人　情報・システム研究機構
データサイエンス共同利用基盤施設
ライフサイエンス統合データベースセンター　特任准教授

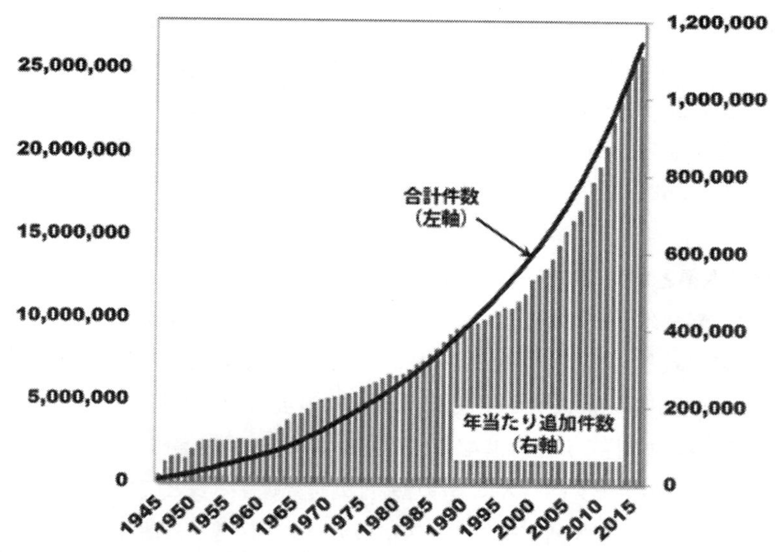

図1　PubMed/MEDLINE書誌情報総数および年当たり追加件数の1945年以降の推移

追加されている（図1）。物理学や化学のような学問領域とは異なり，生命活動を統一的に説明するような，いわゆる基本法則による記述が困難であるため，様々な実験結果に基づいて得られた知見を自然言語で記述することが特に重要な学問である。従って，論文に記述されている知見の機械可読性を高くして，効果的かつ効率的な検索を実現することが，研究成果を効率良く共有するためには必須である。この目的を実現するためにこれまで行われてきた活動としては，特定の観点で論文に書かれている内容を抽出し，構造化されたデータベースに収めることである。例えば，タンパク質に着目して構築されているデータベースにUniProtがある。そこには，生物種横断的にタンパク質を軸として様々な情報，すなわち，アミノ酸配列や当該タンパク質を産生する遺伝子，機能，関連する他のデータベースへのリンクなどが含まれている。そしてそれらの事項の根拠が書かれている論文の情報も含まれている。同様にして，遺伝子に関するデータベースとしてGene，タンパク質の立体的な構造に関するデータベースとしてPDBなどがある。

このように生物学に関するデータベースは，学問の発展と共に増え続けており，論文として報告されているものだけでも1,500を超えている。これらは全てインターネットを経由して誰でも自由にアクセスでき，多くはウェブページでの情報提供がなされているため，上記のUniProtと同様に，互いに関連する他のデータベースの関連エントリへのリンクも多い。まさにワールド・ワイド・ウェブ（以下ウェブ）技術の利点を活用した生物学の知識共有基盤となっている。

しかし，これだけ多くのデータベースがあると，どこに必要な情報があるのか分からない，必要な情報を取得する方法が分からない，あるいは，各データベースでアクセス方法が異なる，などの問題が起きる。高度に複雑な生命活動を理解するためには様々な観点で行われてきた研究成果を，新たな視点で整理することが必須になると考えられる。その理由として，Walter Sutton

の事例がある。すなわち，先述のメンデルの法則と，生殖における細胞分裂についての知見を併せてみることで，遺伝的な機序と，減数分裂および配偶子形成という細胞に着目した現象が一致し，染色体が遺伝の担い手であるという生命現象の新たな理解が進んだのである。現代では各研究分野で得られた知見をまとめた様々なデータベースに様々な視点から横断的にアクセスしやすくする環境が重要となる。

4.2 関連知識の取得とオントロジーによる解決策

生物学におけるデータベースは大きく分けて，上述のように，論文から特定の観点で抽出した知見を構造化して収めるものと，DNA シーケンサーのような実験装置から出力されるデータを収めるものの二種類がある。後者としては，ゲノムの塩基配列を収める GenBank や DDBJ，ENA などがある。実験で得られた塩基配列に関連する研究成果を論文にまとめて投稿する際には，これらのいずれかのデータベースに当該塩基配列を登録することで付与される識別子が必要になる。このようにして塩基配列データベース中のデータと関連する研究論文が互いにつながる仕組みが整えられている。従って，いずれの種類のデータベースも，論文に書かれている知見とデータとの関連が得られる。ゆえに，論文情報を軸として様々な関連データベースから特定のデータを抽出することは可能であるが，論文中には様々な概念が含まれており，論文という単位では粗すぎる。その一方で，塩基配列やタンパク質の配列などの配列データは，同じ配列や生物学的に関連のある可能性が高い類似配列を高速に検索することが可能になっている。従って分子レベルの配列という観点では分野横断的，あるいは生物横断的な整理が可能である。他にも分子間相互作用や遺伝子の発現場所と強度の関係などで関連性を探索する取り組みがなされている。

しかし，より概念的な，生物学的現象の機序の関連性に基づく横断的な検索を行うためには，それらの概念に対する言語表現を厳密に定義し，それを分野横断的，あるいはデータベース横断的に利用する必要がある。すなわちオントロジーの定義が必要になる。このため，最初に遺伝子の機能を生物種横断的に記述しようと Gene Ontology（GO）が提案された。1995 年ころから特に医学に関する研究において用語の整理を目的としたオントロジーに関する論文が発表され，その後に分子生物学におけるオントロジーの必要性が 1997 年に提起された。これは 1990 年から始められたヒトゲノム計画に代表されるように，塩基配列解析技術の発展に伴い分子レベルでの生物学的機能を解明する研究が興隆し，従い遺伝子の機能を探る試みが活発に行われたことによる。そして，利用者数や対象生物種数などの観点から最も成功を収めた GO が 2000 年に Michael Ashburner らにより発表される。これは，それぞれ異なる研究コミュニティで様々な生物種のゲノム配列を解析し，そこに含まれている遺伝情報を見つけたときに，共通の語彙を用いてそれらを記述できるようにしたものである。生物種横断的に共通の特徴，例えば，代謝に関する機能などをこの語彙で記述できるため，各生物種固有の特徴と，生物種横断的な特徴を明確に区別して記述したり比較したりできるなどの利点が得られる。

GO は多くの生物学研究コミュニティにおいて利用されており，1998 年のプロジェクト開始時にはショウジョウバエ，イースト，そしてマウスのモデル生物3種の研究コミュニティが参加しているに過ぎなかったが，ほぼ20年を経たのちの2017年の執筆時点では40の生物種あるいはデータベースがGOの統制語彙であるGOタームを用いて概念を記述している。これらはGOアノテーションと呼ばれ，誰でも自由にダウンロードして自身の研究に用いることができる（図2）。

このように生物学の研究において広く利用されるようになったGOの成功により，遺伝子に関する概念だけでなく，他の生物学の観点，例えば，化合物や疾患，配列情報などに対するオントロジーも次々に編纂される結果となった。それはやがて，オントロジー間の相互運用性が問題になる事態を生じさせることとなり，この問題に対処するためにOpen Biomedical Ontologies（OBO）FoundryがBarry Smithらにより2010年に発表された。この活動は，論理的および科学的に適切であり，相互運用性が確保されたオントロジーを開発することを目的としている。科学雑誌における投稿論文に対する審査処理と同様にオントロジーを複数の専門家が審査することで上記目的を達成しようとしている。OBO Foundryのサイトにアクセスすると多くのオントロジーが一覧表示され，それぞれについてライセンスやダウンロードサイト，詳細情報へのリンクなどが書かれている。

そしてGOアノテーションと同様に，各種オントロジーで定義された統制語を用いて様々な生物学関連データベースのデータに対して，人手による，あるいは機械的な自動アノテーションが盛んに行われている。これらは，複雑な生物の仕組みを少しでも理解するために行われる研究において，統制語に基づく横断検索を有益なものとするために欠かせない活動である。なお，現時点では人手によるアノテーション，すなわちマニュアル・アノテーションの信頼性が高いことから，全てのデータにマニュアル・アノテーションが付けられると理想的であるが，データの増加

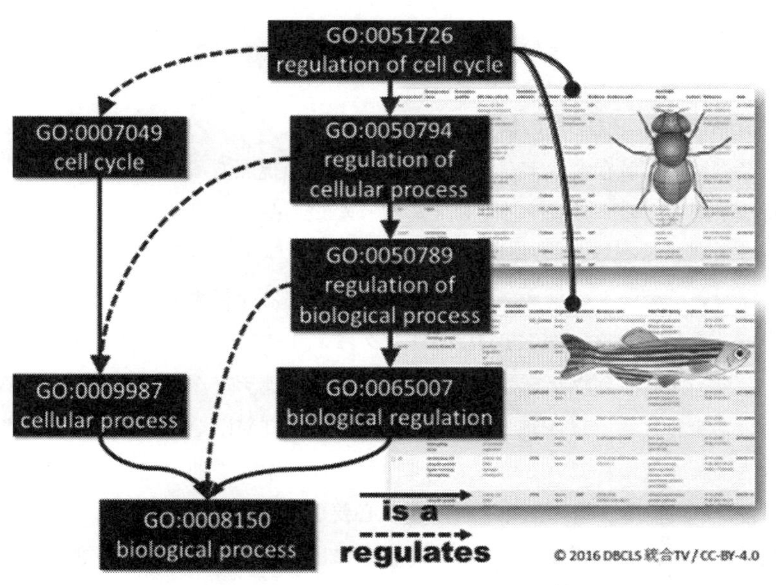

図2　Gene Ontology Annotationの例

速度が非常に速いために追いついていないという課題がある。また，全てのアノテーションには来歴情報として関連論文情報を含めることが信頼性を担保するための要件である。

以上まとめると，各研究コミュニティの成果をデータベースにしてまとめる際には，他のコミュニティの成果との関連性を明確にして効果的な横断検索を実現するために，オントロジーで定義された統制語を用いてアノテーションを行うことが大事となる。さらにアノテーションを行う際にはその根拠となる論文情報を含めることが信頼性を確保するために必須である。

4.3 効果的な知識共有を実現するための技術基盤

さて，生物学におけるデータベースの発展とアノテーション，オントロジーについて説明してきたが，続いてこれらのデータベースに対するアクセス方法の問題について説明する。これまでに多くのデータベースがMySQLやPostgreSQLなどに代表される関係データベースシステムに格納され，データベース毎にウェブサイトを通じたアクセス手段が提供されている。所望のデータを取得するためにはそれぞれのウェブサイト設置者が決めたアクセス方法と格納形式を知る必要があり，また多くの場合は人がIEなどのウェブ・ブラウザに対して検索語を入力して結果をHTMLで記述された文書として取得することを想定している。これらのデータベース間においては，互いに関連するデータを収めていることも多く，対応するデータの識別子をHTMLでの他文書へのリンクの手法を用いて参照しあっている。このため，必要な情報が複数のデータベースに散在していても，このリンク情報を辿ることで効率良く取得できる。しかし，必要な情報が大量にあり，例えば，ある特定の研究課題に関連する論文と対応する遺伝子およびタンパク質の一覧を効率良く取得したい，というような場合には手作業では限界があるため，機械的な作業が必要になるが，上述の通り，データベース毎に取得方法が異なることが多く，それぞれに特化したプログラムを開発しなくてはならない。

4.4 Linked Open Data（LOD）の構築

様々なデータベースに散在するデータに対して，特定の視点あるいは検索条件が与えられた際に有益な横断検索が行えるようにするにはどのような技術基盤が必要であるか？　それにはウェブを発明したTim Berners-Leeの提案が一つの解決策を与えている。すなわち，すでに成功しているウェブに習い，データのウェブを実現することである。従来のウェブはインターネットを経由して取得できる様々な文書がHTMLのリンクにより結びつくウェブ・オブ・ドキュメントの世界である。ウェブ・ブラウザを利用して人は簡単に関連データにアクセスできるが，機械的に上述の横断検索を行うことは困難である。なぜならばHTMLで書かれている文書はその内容が基本的に自然言語で書かれているからであり，適切にリンクを辿って必要なデータを取得するには，そこに書かれている文書の意味を理解する必要がある。

機械的な処理で効率良く必要なデータを取得するには自然言語ではなく，より構造化された表現が必要になる。そこで，データのウェブを実現するためにResource Description Framework

(RDF）が開発された。RDFでは全てのデータを主語，述語，目的語の三つ組みを最小単位として表現する。さらに，データのウェブであることから，インターネット上でデータの各要素を統一的に識別可能とするため，Uniform Resource Locator（URL）を拡張して定められたUniform Resource Identifier（URI）を利用すると共に，具体的な文字列表現や数値は目的語として利用可能にしている（図3）。この結果として，同じ概念を表すには同じURIを用いればよいことになり，複数のデータベースに散在していてもURIをキーとする横断検索が可能になる。なお，URIは，見かけ上はURLと変わらない記法で表現できるが，物理的な資源だけでなく，抽象的な資源の識別子としても定義されているために，あるURIにウェブ・ブラウザでアクセスしても何も得られない場合がある。それでも仕様上は問題ないが，ウェブ・オブ・データという考え方に立てば，特定のURIにアクセスすると，当該URIに関するデータが得られることが望ましく，このようなURIは参照解決可能であると定義される。さらに，得られたデータには，他のデータセットに関するURIが含まれていると，関連データをウェブ・オブ・ドキュメントと同様に，しかもより関係性が明確にされた形で辿ることができる。Tim Berners-Leeはこれらの特徴を持つデータをLinked Dataと呼ぼうと提唱した。さらに当該データが誰でも再利用しやすいライセンスで提供されているときにLinked Open Data（LOD）と呼ぶこととした。

一元的に統一的なアクセス方法で必要なデータを取得できるようにするためにLODを利用したデータベースの統合化が進められている。前述のPubMed/MEDLINEの検索サービスで「Linked Open Data」を検索してみると，執筆時点（2017年9月28日）で45件ヒットした。最

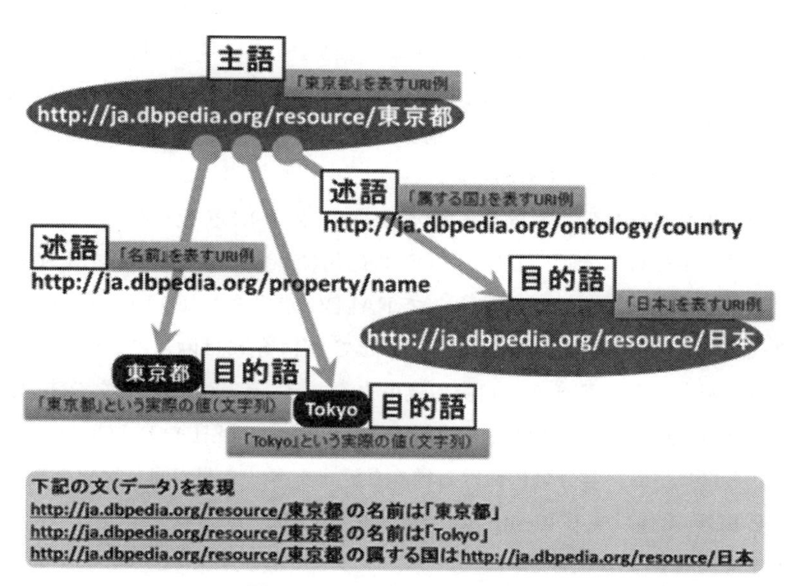

図3　RDFでデータを表現する

ここで，http://ja.dbpedia.org/resource/東京都は東京都を表す概念のURIで，その概念を「東京都」や「Tokyo」と記述することを表現している他，http://ja.dbpedia.org/resource/日本という，日本国を表す概念に属していることを表現している。

初に使われたのは2010年であり，LOD Cloudサイトが開設された2007年から3年で論文が発表されていることになる。初出論文での研究目的は，関連データベースのLOD化により，漢方薬で利用されている植物の成分の中から抗鬱剤として利用可能なものを探すことだった。LOD化する過程で，関連する概念の意味や関係がより明確になることがLODを採用する理由としている。翌年の2011年には，創薬に関係する様々なデータベースのRDF化とLOD化が行われたプロジェクト，Linked Open Drug Data（LODD）が発表される。このプロジェクトでは関連する11のデータセットとそこからリンクする13のデータセットを主に利用して創薬へのLOD利用の可能性を検証している。

4.5 データベースのRDF化

このように生命科学分野においてLODを利用する取り組みが早くからなされていた背景としては複数のデータベースを統合的に利用するニーズがあるにもかかわらず，共通語彙が欠如しているなどの理由で相互運用性が低くなる事態が生じていたことが大きい。その一方で，それが実現しやすい環境が整えられていたことも大きいと考えられる。まず，様々な公共データベースの第三者によるRDF化を行うプロジェクトBio2RDFが2008年に発表され，多くのRDF化されたデータベースが公開された。続いて，タンパク質のデータベースUniProtのRDFによるデータ提供が2009年に開始されている。さらに，先述の通り，生命科学分野における様々な概念がGOをはじめとして2000年代初頭からオントロジーとして構築されていたが，それらをインターネット上でオントロジーを扱うための記述言語であるWeb Ontology Language（OWL）で提供するポータルサイト，BioPortalが2008年から運用されている。なお，前出のLODDはRDFを用いて関連データを表現するRDF化と，含まれるURIを参照解決可能にするなどのLOD構築を同時に行う事例であるが，一方で，LOD構築に伴うサーバー設定などの作業負担から，データベースをRDF化するだけの活動もある。

以上の背景から生命科学分野における各種データベースのRDF化やそれを利用した研究も活発になり，例えば，生命科学分野におけるLODの応用につながる基盤整備として遺伝子やタンパク質の配列情報を表現するための語彙としてFALDOが提案され，UniProtやEnsemblなど主要なデータベース運用主体が採用している。そして2014年には欧州におけるバイオインフォマティクスの研究拠点であるEBIが，自身の運用する主要なデータベースをRDFで提供し始めた他，GenBankやPubMed/MEDLINEを運用するNCBIもMeSHやPubChemをRDFでも提供している。さらに，生命科学分野における様々なデータベース間で同じ対象を表現する異なる識別子の関係をLODで提供するIdentifiers.orgが運用を開始している。

国内ではライフサイエンス統合データベースセンター（DBCLS）とバイオサイエンスデータベースセンター（NBDC）が共同で様々なデータベースのRDF化を推進するプロジェクトを，関連データベースを開発もしくは維持管理する研究機関と共に2014年から進めている。またDBCLSではそれに先立ち，国内外の研究開発者が集まり議論しながら適宜開発を行うバイオ

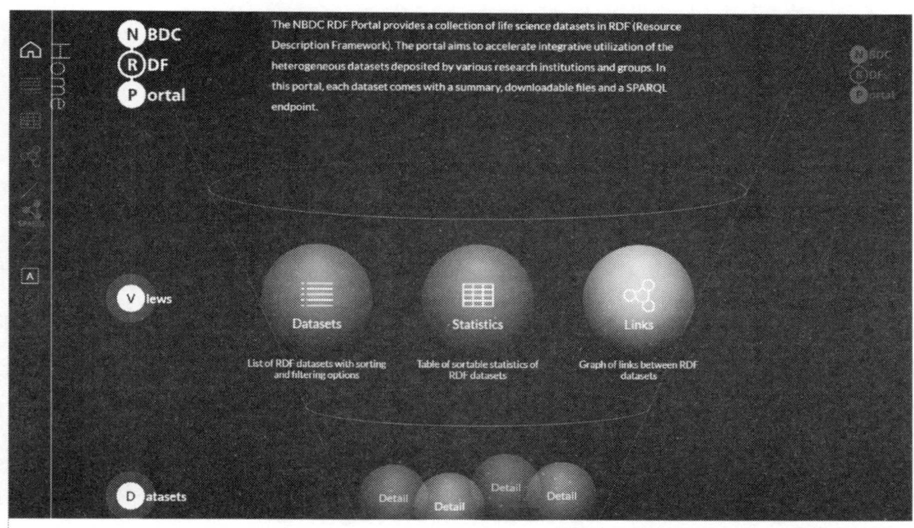

図4　RDF ポータルのトップページイメージ
アドレスは https://integbio.jp/rdf/

ハッカソンやSPARQLthonを通じてRDF化に資する技術開発を2010年から進めている。これらの活動の成果の一つとして生命科学分野のデータベース開発者が自身のデータのRDF化を行う際に参照して頂くことを目的としたガイドライン注を発表している。また，すでにRDFデータを公開しているデータベース群に関する情報をまとめたRDFポータルサイトを立ち上げている（図4）。

以上，生物学におけるデータのRDF化に関する状況やDBCLSにおけるLOD関連サービスの提供について述べてきた。上述の通り，生命の機能を理解するために，これまで得られている膨大な知見を効果的に参照できる環境が必須であり，Linked Data技術はそのための基盤技術の一つとして有望である。依然として不明な点が多い生命現象について，過去には顕微鏡の出現が，近年では塩基配列を大量かつ高速に読み取るシーケンサーの出現が新たな知見を得るブレークスルーをもたらしており，今後も新たな実験技術が開発されるのに伴い今では考えられないような知見が得られるだろう。これに伴い，新たな概念が現れたり，それまでの概念体系が修正されたりする。これは既存オントロジーの構造が変わることであり，常にデータベース間の相互運用性と過去の知見との関連づけは問題になり続けると思われる。Linked Data技術の有用性は，このような作業が常に行われることを想定して研究活動の効率化に資するような環境を提供し続けられるときに認められると思われる。

注　http://wiki.lifesciencedb.jp/mw/RDFizingDatabaseGuideline

第2章　医療への展開

1　AIのコンピュータ支援診断（CAD）への展開

藤田広志*

1.1　はじめに

米Google傘下の英DeepMind社が開発した囲碁AI（人工知能）「AlphaGo」が，2017年5月に人間の最強の棋士との3番勝負で3連勝を成し遂げ，Googleは完全勝利を果たした。全人類の知能を超えるシンギュラリティ（技術的特異点，2045年と予想される）が，チェス，将棋，囲碁のゲームの世界で次々と起きている。いまAIの第3次ブームが到来し，医療分野，とりわけ医用画像を取り扱う放射線医学領域におけるAIへの期待も大きい。しかしながら，放射線科医にとっては，「近い将来，医師の仕事がAIに取って代わられてしまうのでは」との不安の声も聞こえてくる。実際，ディープラーニング（深層学習）で一躍有名になったトロント大学のHintonは，「It is just completely obvious that within five years, deep learning is going to do better than radiologists」と，2016年の講演で述べている[1)]。

2016年末にシカゴで開催された，世界最大規模（約6万人）の北米医学放射線学会（RSNA2016）でも，AIに関する大々的な各種イベントが実施された（詳細は文献2）参照）。このような現状で，AIの影響を受けやすい医用画像を対象とする「コンピュータ支援診断（computer-aided diagnosis，以下CAD）」領域への普及・影響の現状はどうであろうか。本稿では，「AIのコンピュータ支援診断（CAD）への展開」と題して概説する[3)]。

1.2　これまでのCAD

CADの開発の歴史は古く[4,5)]，AIの歴史も概観しながら，以下のように簡単にまとめることができる。

1.2.1　黎明期（1960年代～1970年代）

デジタルコンピュータの発明は1940年代である。その後およそ20年を経て，1960年のLusted論文のコンピュータによる画像解析の必要性や胸部X線写真における正常・異常画像の自動分類の提案を始まりとして[6)]，CADの始まりといえる研究が1960年代にいろいろ出現している。なお，CADという用語を用い，CADとして書かれた最初の出版物は，1966年のLodwickによるものであったと思われる[7)]。この論文では，CADの具体的な開発アプローチを8つのステップで示している。ただし，この時代のCAD研究の多くは，画像の“支援診断”では

*　Hiroshi Fujita　岐阜大学　工学部　電気電子・情報工学科，
大学院医学系研究科　知能イメージ情報分野　併任　教授

なく“自動診断”を目指していた。

AIという言葉が誕生したのは，1956年に米国のダートマスで開催された会議（ダートマス会議）においてである。直後の1958年には，生物の脳の神経ネットワークをモデルとしたコンピュータ処理の仕組み（ニューラルネットワーク）の基礎となるパーセプトロン（人工ニューロンを2層に繋いだ構造）が登場している。もっとも，ニューラルネットワークに関する研究は，すでに1940年代から始まっていたが。1960年代にゲームでの探索による課題解決によって，「第1次AIブーム」を迎える。しかし，「トイ・プロブレム（おもちゃの問題）」は解けても，現実に遭遇する複雑な問題は解けないことが分かり，1970年代にはAIは「冬の時代」を迎えた。

1.2.2　成長期（1980年代～1990年代）

一連のCADの研究は，その後も疾患の対象領域が広がりつつ，工学系研究者らが中心となりさらに続けられた[8]。そして，支援診断を全面に打ち出してCADという概念・発想でシステムを開発する研究は，1980年代前半にシカゴ大学のDoiらにより本格的に始まった[9]。

AI領域では，この1980年代は，コンピュータに「知識」を入れて賢くしようという時代であり，エキスパートシステムとして開発され，「第2次AIブーム」が起きている。中でも，1970年代初めにスタンフォード大学で開発されたマイシン（Mycin）が有名であり，これは伝染性の血液疾患を診断し，抗生物質を推奨することができた。

1986年には，階層構造のニューラルネットワークの学習法としてバックプロパゲーション（誤差逆伝播法）が提案され，ニューラルネットワークは，「学習するコンピュータ」として大きな話題を呼んだ。また，この頃に，福島らがネオコグニトロンという生物の視覚神経路を模倣したニューラルネットワークを発表しており，これはディープラーニングの元祖となる。そして，1990年頃から，多くのCADシステムに，この3層構造のニューラルネットワークが取り入れられ，性能向上に一役を担っている[10]。

しかし，このような第2次ブームは，知識を記述し管理することの難しさが次第に明らかになると，1995年頃から，また「冬の時代」を迎えてしまう。

1.2.3　実用期（1998年：CAD元年～2010年代前半）

1998年は「CAD元年」の年であるといわれる。その理由は，米国のベンチャー企業R2 Technology社（現ホロジック社）の開発した検診マンモグラフィ専用のCADシステム「ImageChecker System」が，米国のFDA（食品医薬品局）の認可をこの年に得ており，米国内で商品として販売することに成功したからである（世界初の商用CADシステムの実現）[11]。また，米国では，マンモグラフィCADの利用に対して，2001年4月から保険の適用が可能になり，CADの普及に拍車がかかる大きな要因となった。その後，マンモグラフィ（乳がん検出）以外にも，乳房超音波画像（乳がん検出），胸部X線写真やCT画像（肺がん検出），大腸CT画像（大腸ポリープ検出）などのいくつかの画像診断領域のCADも，順次，商用化に成功し，現在に至っている。

これらのCADの利用方法の定義は，まず，①医師が画像をCADなしで最初に読影し，その後，②コンピュータの解析結果を「第二の意見」として利用するものであり，最終診断は必ず医師が行うことと厳格に決められており，これは今も変わっていない（“second reader” 型 CAD)。

これらはすべて CAD の「第 1 世代機」と呼べるが，マンモグラフィ CAD 以外の商用機の普及は，思ったより進展していない。特に，本邦では，薬機法の承認を得た CAD システムは，マンモグラフィのみに留まっているという，厳しい現実がある。

AI の観点からは，この時代には，ニューラルネットワークの限界も分かってきており，次にはサポートベクターマシン（SVM）やランダムフォレストなどの新しい機械学習（コンピュータのプログラム自身が学習する仕組み）の方法も出現して，CAD の開発に利用されるようになっている。

1.3 第 3 次 AI ブーム時代の CAD

現在は，コンピュータが自律的に学習できるようになったことにより，「第 3 次 AI ブーム」の時代へと突入している。停滞していた AI 研究の分野に，ビッグデータの時代に広がった機械学習と，機械学習の一種であるディープラーニング（ニューラルネットワークの新しい機械学習の方法）の 2 つの大波が襲う。もちろん，このブームの背景には，計算機の能力向上も相まっている。2012 年の世界的な画像認識のコンペティション ILSVRC（imagenet large scale visual recognition challenge）において，Hinton らが開発したディープラーニングが，画期的な画像認識率の改善を示したことに端を発している。IBM 社のワトソンがクイズ番組で人間のチャンピオンに勝利したり，将棋はもちろん，囲碁においても AI が次々と勝利するなど，AI やディープラーニングに関する話題は尽きない。また，車の自動運転の開発も，実用化に向けて急激に進んでいる。

これまで，画像の中の認識対象の特徴量を，設計者（人間）が苦労して考案・作成してシステムを開発してきたのに対して，ディープラーニングの利点は自ら特徴量を作り出す（すなわち学習する）ことができる点にある（図 1）。ディープラーニングは，層が 4 層以上のニューラルネットワークの総称である。特に，畳み込みニューラルネットワーク（convolutional neural network：CNN）と呼ばれるディープラーニングが良く使われており，上述の 2012 年のコンペティションでもこれが使われた。ディープラーニングは音声認識や自然言語処理，画像認識，さらにビッグデータ解析と幅広く応用分野が広がりつつある。画像認識分野では，分類問題（対象物かそれ以外の領域かの検出，あるいは対象物かその背景かのセグメンテーション，対象物の分類ができる）や回帰問題（確率などの数値で出力できる）という研究課題に盛んに使われている。

筆者の研究室では，例えば，図 2 に示すように，三次元体幹部 CT 画像から各種臓器・組織を同時に完全自動抽出（セグメンテーション）する研究に応用し，成功を収めている[12,13]。

このような中，前述の RSNA2016 では，急激な AI ブーム，ディープラーニングブームが見られ[2,14]，CAD システムへの応用例が前年の約 10 倍増となった。多くの応用例は，CAD の一部の機能に利用して（例えば，偽陽性候補の削除処理）検出，あるいは分類の性能を改善している

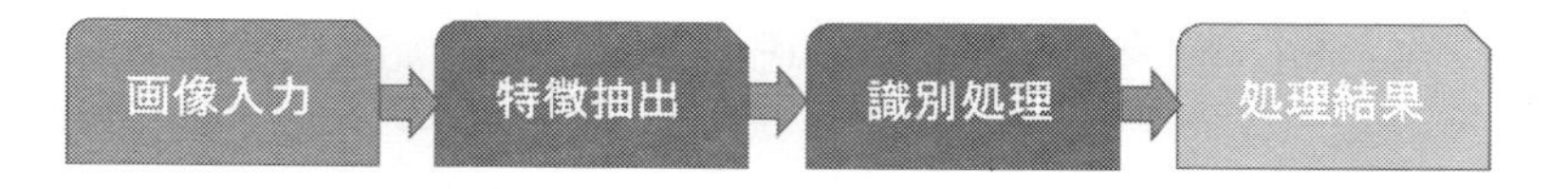

(a) 従来型の機械学習による CAD

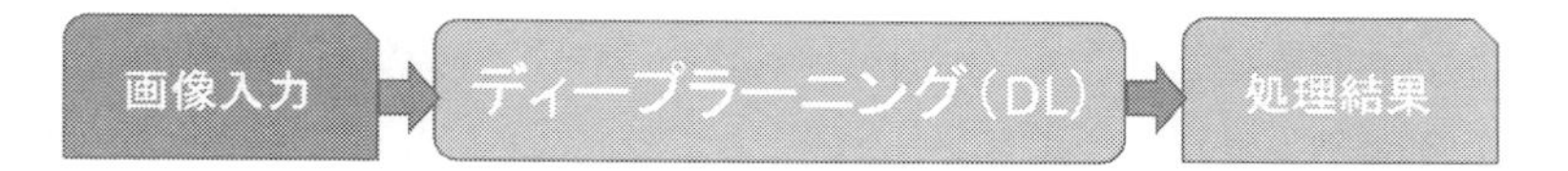

(b) ディープラーニングによる CAD

図1　従来型学習とディープラーニングによる学習の比較

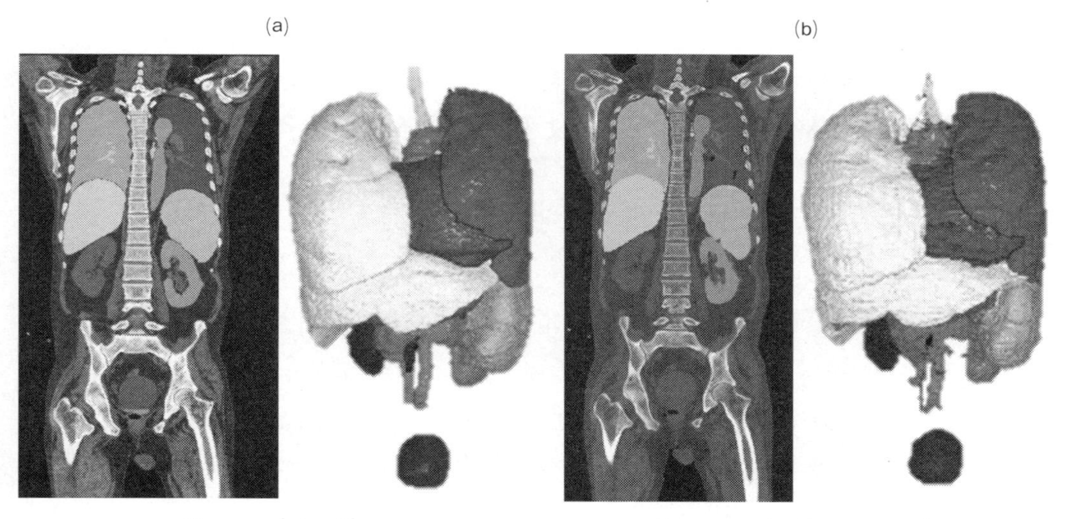

図2　ディープラーニングによる臓器自動抽出の例[12)]

ディープラーニングの入力には，各種臓器の輪郭を手動で抽出した画像（ラベル画像＝ground truth：(a)）が入り，その出力からは各種臓器が自動抽出された画像（segmentation results：(b)）が出る。ラベル付きCT スキャン 240 症例から，ディープラーニングの学習用に 230 症例を用いている。左右の各図の左は，CT のあるスライス面の表示，右はサーフェスレンダリングによる 3D 表示。

ものが多い。ある特定の領域（例えば，胸椎・腰椎，乳房）を領域分割（セグメンテーション）するツールとして利用するものもある。なお，医用画像は，一般画像のように正解ラベル付きの大量のデータを収集することは困難であるため，一般画像でディープラーニングを学習したものを目的の医用画像に適用する転移学習（transfer learning）と呼ばれる手法を検討したものも見られる。また，画像をディープラーニングで取り扱うのみならず，自動で読影レポートも作成する機能をも有するシステムもあり，これは興味深い。

中には「完全ディープラーニング型」と呼べる，ディープラーニングへの画像入力とその病変の有無のみの情報付与で，システムを構築しようとするタイプの CAD もいくつか見られる。韓国の Lunit 社や米国の Enlitic 社が，そのような例の展示発表を行っており，1 万例を超す医療画像データを使っている。特に，後者の企業では，その目指すところは，最初にコンピュータが病変の検出処理を行い（“first reader”），医師が読影すべき異常がありそうな画像をふるいわけし，これにより医師の負担を減らそうというものであるという。この CAD 読影方法は，現状の「すべての画像を医師は診（見）なければならない」という原則を外れることになる。果たして，それが可能なだけの性能を出すことができるのかどうか，今後の展開が楽しみである。

新しいタイプの CAD として注目できるのは，2016 年 11 月，QView Medical 社が開発した全乳房超音波画像（3D automated breast ultrasound: ABUS）のための CAD システム「QVCAD」が，米国食品医薬品局（FDA）の承認（premarket approval：PMA）を得ている。特徴は，“second reader” ではなく “concurrent（同時）reader” で，“同時読影型の CAD” として，初めて FDA の認可を得ている点である。ここでもディープラーニング技術が使われている。今後，同様に多量の画像の読影が迫られる乳房トモシンセシス画像を対象とした CAD の FDA 承認に対しても，大きな影響を与えるであろう。同時 CAD は，CAD の「第 2 世代機」とも呼べる。よって，もし上記の “first reader” の CAD が出現すれば，これはスクリーニング現場で，真に期待されている読影を軽減できるものであり，このようなシステムは，CAD の「第 3 世代機」と呼べそうである。

これらの CAD は，すべてコンピュータ支援検出型の CAD（computer-aided detection：CADe）として分類されるものである。一方，検出領域が良性であるのか悪性であるのかなどのさらに一歩踏み込んだ画像診断支援は，CADx（computer-aided diagnosis：CADx）として区別されるが，FDA 承認を得た商品はこれまで皆無であった。ところが，2017 年 7 月に，Quantitative Insights, Inc（QI）というアメリカのベンチャー企業が，乳房画像解析の CADx として，アメリカ最初の CADx の FDA 認可取得に成功している。ここでも，ディープラーニング技術が使われているという。

現状の CAD 開発の流れを，CAD の利用方法に応じて分類すると（進化形態でもある），図 3 のようになるであろう。まだ商用化は実現していないが，上述の “first reader” 型 CAD，さらには自身でどんどん賢くなる “事後学習機能付 CAD” が出現するであろうと予想される。その先には，いよいよ “自動診断” が見えてくる。

1.4 次世代型 CAD の開発に向けて

AI の段階には，レベル 1 から 5 まである[15,16]（図 4）。レベル 1 の AI は，AI 搭載を謳った家電製品で（単純な制御プログラム），レベル 2 は質問応答システム，お掃除ロボットや一般的な将棋ソフトウェアのレベルである（「知識」を使った AI で，推論・探索が可能）。レベル 3 にな

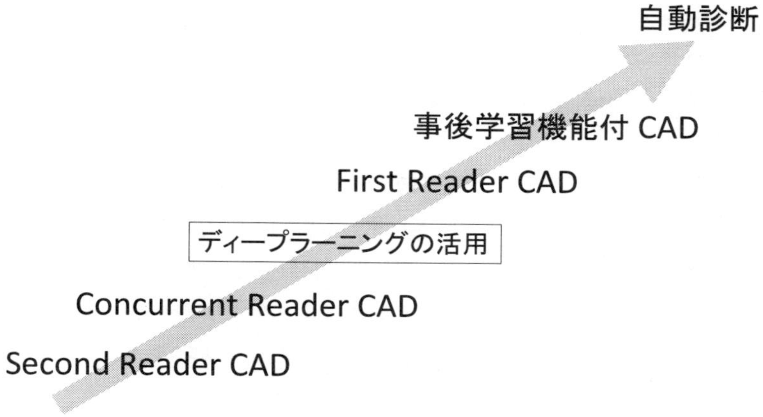

自動診断
事後学習機能付 CAD
First Reader CAD
ディープラーニングの活用
Concurrent Reader CAD
Second Reader CAD

図 3　CAD の利用形態・進化形態による分類

レベル5
汎用 AI
レベル4
ディープラーニング
レベル3
機械学習
レベル2
推論
レベル1
制御
特化型 AI

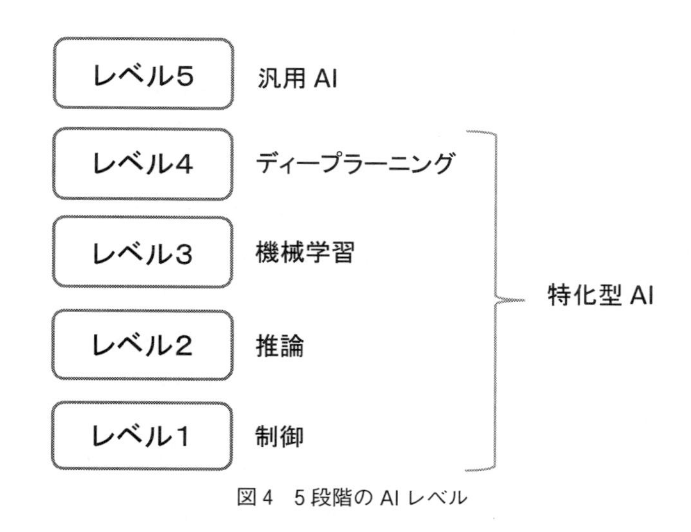

図 4　5 段階の AI レベル

ると，検索エンジンやビッグデータ分析に活用されるもので，機械学習が行われるようになり，人間から特徴量を教えられて学習する。レベル 4 では，さらに高度な分析が可能になり，ディープラーニングが取り入れられ，人間が特徴量を教えなくても自力で獲得（学習）する。車の自動運転や，昨今の囲碁 AI などはこれに該当する。しかし，これらのレベルの AI は，特定の目的に限定されたもので，「特化型 AI」と分類される。そして，レベル 5 になると，人間のように（あるいはそれ以上に）何でもできる AI で（例：鉄腕アトム！），「汎用 AI」（artificial general intelligence：AGI）と呼ばれるが，これはまだ実現されていない。レベル 5 の AI は「強い AI」とも呼ばれ，それ以外は「弱い AI」とも呼ばれることがある。

これまでの商用化されている CAD はすべてレベル 3 であり，いま開発が進められている CAD はレベル 4 である。

さて，このように新しいAI技術（特に，ディープラーニング）がCADに取り入れられてきており，second readerからconcurrent reader，そして，first reader CADの方向に向かっており，ゆくゆくは“事後学習機能付CAD”も出現すると考えられるが，いくつかの解決すべき問題がある。

CADを開発する際には，前述のように（図1），従来型の機械学習では，医師の読影過程をコンピュータのアルゴリズムに書き込んで実行するには，「入力画像＞特徴抽出＞識別処理＞識別結果」のプロセス（手順）に従っている。すなわち，マニュアルによって特徴量を設計するため，相当な時間を要した。また，アルゴリズムが複雑にもなった。一方，機械学習の代表格としてのディープラーニングでは，入力画像とその正解（病変の有無あるいは位置，良悪性の判定結果，検出対象の輪郭図など）をペアで用意すれば，それだけで良い。

有名な「Googleの猫」の実験では，猫の概念をディープラーニングで抽出・表示化して話題になったが，YouTubeから取り出した1,000万枚の画像と，1万6,000個ものコンピュータプロセッサをつないだ大規模なディープラーニングを構築している。ここに2点の重要なポイントがある。すなわち，計算機のパワーと学習に使うデータ量である。計算機の問題は，GPU（graphics processing unit）と呼ばれる専用のプロセッサで，並列演算を高速で行える。また，量子コンピュータの開発などで，今後もどんどん速くなるので，解決されるであろう。しかし，data-hungryとしばしば呼ばれるディープラーニングを学習するための大量の画像データを収集することは，医学領域では必ずしもそれほど簡単な話ではない（注1）。個人情報保護の観点からの問題があり，そもそも病変の画像データは「スモールデータ」である。よって，この問題解決には，国家レベルのプロジェクトでデータ収集を行うなどの枠組みが必要である。また，技術的には，正解ラベルがない医療データに対しても精度を上げるための方法や，少数データを使って精度を上げる「半教師あり学習」による方法なども提案されている[20]。

また，従来の米国FDAや本邦の薬機法のCAD承認では，コンピュータアルゴリズムのパラメータを勝手に変更することは許されず，修正申請する必要がある。すなわち，コンピュータが自己学習して，臨床現場でどんどん賢くなるようなCADの枠組みは現状では許されない，ということになる。AI，特にディープラーニングでは，どのような処理がディープラーニング内で行われているのかは完全にブラックボックスであり，なぜそのような判断が下されたのか，正確には分からない。よって，この対応も重要な検討課題であり，“説明責任を伴うAI”の研究が進められている。

注1　そのような中でも，最近，一般画像に比べると大規模とはまだ呼べないが，10万枚を超える規模の医用画像データを利用した，ディープラーニングによる成果を出している研究事例が出てきている（眼底画像[17]，胸部X線画像[18]，皮膚がん検査画像[19]において）。

注2　AIやディープラーニング関連の文献は，たくさん出版されている。本稿では文献15，16，21）などを参考にした。また，各種学会の論文誌[22,23]や商業誌[24,25]でもAI特集号が企画されている。

1.5　おわりに

1998年のCADの商用化が始まって以来，すでに20年の歳月が流れているが，CADは最近まで休眠中のような状態が続いていた。ところが，昨今のAIブーム，とりわけディープラーニング技術は，CADのさらなる飛躍の救世主に成り得るであろうとの期待が大きい。

厚生労働省の「保健医療分野におけるAI活用推進懇談会」は，2017年6月，AIを利用した病気の診断や医薬品開発の支援を2020年度にも実現することを盛り込んだ報告書を公表した[26)]。同省は必要な施策や予算の確保を進め，20年度の診療報酬改定でAIを使った医療を診療報酬に反映させることを目指すという。この報告書では，開発を進める重点領域（AIの実用化が比較的早いと考えられる領域）として，「ゲノム医療」，「画像診断支援」，「診断・治療支援」（問診や一般的検査など），「医薬品開発」の4領域を挙げており，まさしくCADが含まれているのである。また，AIの実用化に向けて段階的に取り組むべきと考えられる領域として，「介護・認知症」，「手術支援」を挙げている。画像診断支援領域におけるAIの開発に向けた施策としては，関連学会が連携して画像データベースを構築，と謳っている。また，AIの開発をしやすくするため，薬事審査の評価指標の策定や評価体制の整備も必要といっている。ただ，それでもAIの判定には誤りがあり得ることを踏まえ，最終的な診断や治療方針の決定と責任は医師が担うべきであると注意を喚起している。

Googleの囲碁ソフトのように，人では考えつかない「人智を越えた」特徴もディープラーニングが自動的に獲得する可能性も否定できない。CAD領域でシンギュラリティが起きれば，もはやCADではなく，「画像の自動診断システム」，あるいは画像も包括した「自動診断システム」ができあがるのも，そんな遠い先の夢物語ではないであろう。

文　　献

1）https://www.youtube.com/watch?v=NoIB7DXRwl4
2）藤田広志，*INNERVISION*，**32**(2)，34（2017）
3）藤田広志，*INNERVISION*，**32**(7)，10（2017）
4）藤田広志，電気学会誌，**133**(8)，556（2013）
5）藤田広志，実践 医用画像解析ハンドブック，p. 518，オーム社（2012）
6）L. B. Lusted, *Radiology*, **74**(2), 178 (1960)
7）G. S. Lodwick, *Investigative Radiology*, **1**(1), 72 (1966)
8）鳥脇純一郎，舘野之男，飯沼武（編），医用X線像のコンピュータ診断，シュプリンガー・フェアラーク東京（1994）
9）K. Doi, *Computerized Medical Imaging and Graphics*, **31**, 198 (2007)
10）岡部哲夫，藤田広志（編著），医用画像工学，医歯薬出版（2010）

11) 長谷川玲，日本放射線技術学会雑誌，**56**(3)，355（2000）
12) X. Zhou, T. Ito, R. Takayama *et al.*, *Medical Image and Information Sciences*, **33**(3), 69 (2016)
13) X. Zhou, R. Takayama, S. Wang, T. Hara, H. Fujita, *Medical Physics*, **44**, 5221 (2017)
14) 藤田広志，木戸尚治，原武史，*INNERVISION*，**32**(2)，36（2017）
15) 坂本真樹，坂本真樹先生が教える人工知能がほぼほぼわかる本，オーム社（2017）
16) 松尾豊，人工知能は人間を超えるか　ディープラーニングの先にあるもの，KADOKAWA (2015)
17) V. Gulshan, L. Peng, M. Coram *et al.*, *JAMA*, **316**, 2402 (2016)
18) X. Wang, Y. Peng, L. Lu *et al.*, https://arxiv.org/abs/1705.02315v2
19) A. Esteva, B. Kuprel, R. A. Novoa *et al.*, *Nature*, **542**, 115 (2017)
20) 岡野原大輔，大田信行，国際医薬品情報，**1076**，8（2017）
21) 山下隆義，イラストで学ぶディープラーニング，講談社（2016）
22) 特集「人工知能医療応用」，医用画像情報学会雑誌，**34**(2)（2017）
23) 特集「医用画像処理分野におけるディープラーニング応用と研究開発」，*MEDICAL IMAGING TECHNOLOGY*，**35**(4)（2017）
24) 特集「人工知能は医療に何をもたらすのか―AI を知る，考える，活用する―」，*INNERVISION*，**32**(7)，4（2017）
25) 特集「AI で変わる医療～画像診断を中心に～」，*Rad Fan*，8 月号（2017）
26) 厚生労働省ホームページ，保健医療分野における AI 活用推進懇談会 報告書，http://www.mhlw.go.jp/stf/shingi2/0000169233.html

2 情報革命とバイオメディカル革命の融合 ～IoT と AI を利用した予測と予防の医療～

桜田一洋*

2.1 はじめに

現在，様々な形で AI やビッグデータなどの情報革命が保健・医療分野に導入されている。その流れは既存の知識体系に基づいた情報化とバイオメディカル革命に基づく新しい知識体系の情報化に分けられる。本稿では動力学モデルによる生命医科学のパラダイム転換からどのように情報革命とバイオメディカル革命が融合されるのかを論じる。

2.2 バイオメディカル分野の課題

アルツハイマー病の治療薬として長年にわたり巨額の費用を投入して開発されてきた抗体医薬ソラネズマブの製品化が 2016 年 11 月 23 日に断念された。この抗体はアミロイド β の働きを抑える役割を持っている。アミロイド β はアルツハイマー病の主要な原因と考えられてきたが，その働きを抑える抗体は認知症を改善することはできなかった。この発表を受けて Nature 誌はただちに，この臨床試験の結果がアミロイド仮説を否定するものではないという記事を発表した[1)]。

アメリカ国立精神衛生研究所の所長を 2002 年から 2015 年までつとめたトム・インセルは所長を退任するにあたり次のように述べた[2)]。

> 私は 13 年間神経科学と精神疾患の遺伝学をけん引し，すぐれた科学者とともにすぐれた論文を多数発表してきた。そのために 200 億ドルという巨額の費用を使った。しかしこれらの研究から自殺する人や精神疾患で入院する人を減らすことも，1,000 万人以上の精神疾患を患う患者をよくすることもできなかった。

これまでのヘルスケア産業や生命医科学では解決できない問題が顕在化している。

2.3 X-Tec

既存の産業分野とデジタルや ICT の融合は X-Tec と表現される。金融との融合はフィンテック（FinTech／Finance × Technology），教育との融合はエドテック（EdTech／Education × Technology）と呼ばれる。この二つに加えてヘルステック（HealthTech／Healthcare × Technology）はシリコンバレーでも大きく注目された投資領域となっている。

ヘルステックの中心的なビジネスプレイヤーはアップルとグーグルである[3)]。アップルヘルスはすべてのアイフォーンに実装されており，ヘルスケアキットを通してサードパーティーのディ

---

* Kazuhiro Sakurada （国研）理化学研究所 医科学イノベーションハブ推進プログラム 副プログラムディレクター

ベロッパーの参入を誘導している。ヘルスケアキットと臨床試験の統合も行われている。最終的にはユーザーの健康医療情報を包括的に統合するプラットフォームの構築が目指されている。

グーグルにはベリリ・ライフサイエンシスというヘルステックのベンチャーがある。一万人から医療記録，ウエアラブルセンサーのデータ，バイオマーカーのデータを集め健康マップを作成するプロジェクト・ベースラインという活動がスタンフォード大学やデューク大学と共同で進められている。

トム・インセルは2015年9月にベリリ・ライフサイエンシスに移籍し，2017年5月には新しいベンチャー企業 Mindstrong を自身で設立した。ヘルスケア産業は情報革命を通してその姿を変えようとしている。

2.4 生命医科学のパラダイム転換

ヘルステックは保健医療の様々な分野にIT，データ，AI，ソフトウェアの技術を導入しようとしている。医療制度の効率化，カルテデータの統合，遠隔医療，外科治療ロボット，予測と予防の個別化医療など様々である。しかしアルゴリズムの開発という観点に立つと，これらのアプローチは大きく二つに分けることができる。一つは既存の生命医科学の知識体系をデジタル化することで保健と医療を改善する方法であり，もう一つは生命医科学のパラダイムシフトによって新たな知識体系を構築することで保健と医療を改革する方法である（図1）。本稿では後者を論じたい。

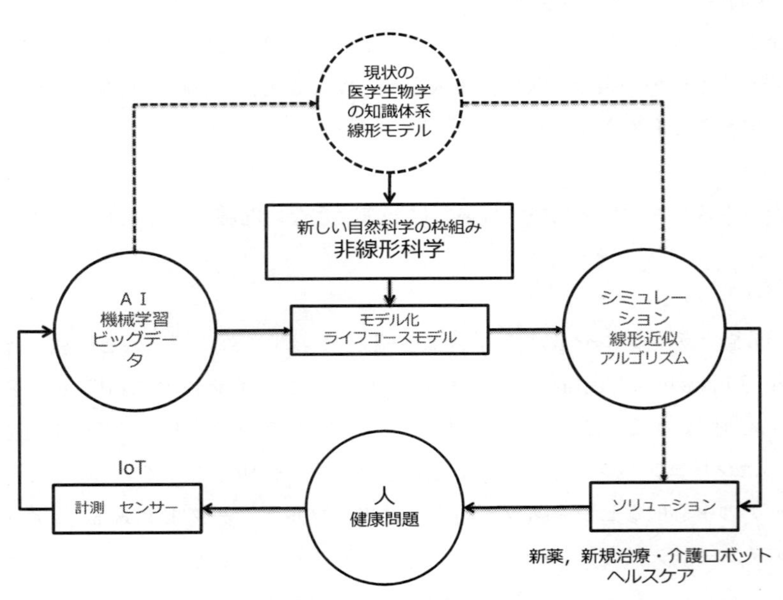

図1　生命医科学の知識領域と人工知能の応用

論文，カルテ情報などの言語情報に基づく知識の体系化（点線）と非線形性を反映したモデルに基づく知識の体系化（実線）。

既存の生命医科学にはいくつかの本質的な課題がある。それは還元主義，統計平均，履歴性の捨象の三つである。還元主義は機械論（メカニズム）と呼ばれる。

メカニズムとは機械の部品のように対象を部分に分解した後，それを再構成することである。この概念に基づき病気は症状に分けられ，症状の原因となる遺伝要因や環境要因が探索されてきた。原因と結果の間に線形の因果を想定するのがメカニズムの特徴である。しかし生物は非平衡開放系のシステムであり，構成要素は実際には非線形の関係にある。

生命科学とは遺伝子／分子，細胞，身体の階層間の関係を理解することである。この階層は本来分離不能な非線形現象であり単純な線形の因果関係で近似することはできない（図２）。

メカニズムは時間に伴う関係性の変化や過去の結果が未来の原因となる履歴性を捨象することである。しかしエピジェネティックス修飾に代表される染色体の記憶は疾患形質に大きな影響を与えることが明らかになっている。

同じ疾患に分類されていても病気の背景や転帰は異なっている。多様性が人間をはじめとした生物の本質である。これに対してこれまで自然科学はミクロの普遍的な原理（第一原理）の発見を通して複雑な自然を理解しようとしてきた。

人は約 100 兆の細胞からなり一つ一つの細胞には 10 億の分子を発現している。このような複雑なシステムを第一原理から推論することはできない。そのために臨床研究では集団の平均を求めることで治療の効果などを評価してきた。しかし平均の概念から生まれた標準治療はすべての

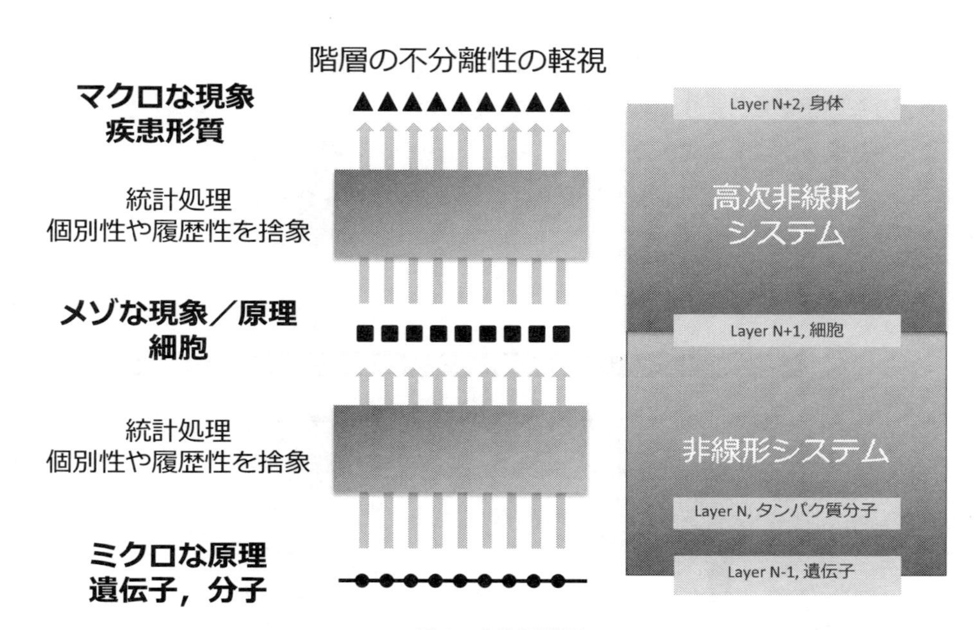

図２　多階層問題

従来の生命医科学では階層間の関係は線形の相関で表現してきた。
このモデルでは非線形性の特性から再現性に限界がある。

患者に効果を示すことはない。

私はこれらの問題を解決するためにライフコースモデルと動力学モデルから新しい生命医科学の枠組みを構築した。

2.5 ライフコースモデル

履歴性を推論に組み込むには病気の発症を発生の概念で表現する必要がある。疾患における発生過程の重要性は1944年から45年にかけてナチスドイツが食料の補給路を遮断したことで発生した西オランダでの大飢饉から明らかになった[4]。オランダ飢餓の時に胎児であった者が戦後継続的に調査され，成人後に生活習慣病や精神疾患の発症が高まる傾向が観察された。このような疾患形質に統合失調症，心筋梗塞，糖尿病（インスリン分泌不全），肥満，脂肪食の嗜好，薬物嗜好などがある。飢餓の影響が強くでたのは妊娠16週までの胎児であった。

その後1964年の風疹大流行から妊娠中に風疹を感染した母親から生まれた子供では自閉症スペクトラム障害（ASD）と統合失調症（SZ）の発症率はそれぞれ13%と20%になることが報告された[5]。風疹に感染していない母親から生まれた子供ではASDとSZの発症率が1%であることと比較すると発症頻度の増加は非常に大きい。その後の研究から妊娠中に感染症，免疫疾患，強い社会的ストレスを受けて免疫系が活性化するとASDやSZの発症率が高まることが明らかになった[6]。

これらの疫学的研究から「健康と病気の発生起源説（DOHaD）」が提唱された（図3）。発生というのは形態形成や細胞分化を通して身体の記憶を形成することである。妊婦のカロリーや栄養不足や炎症が胎児の身体記憶を改変し発生に影響を与え，出生後に病気を発症させたのである。このような変化をヒステリシス（履歴現象）と呼ぶ。

これまで生命医科学は生命現象の経時変化をヒステリシスの観点から定量的に表現する方法を開発してこなかった。私は動力学モデルの離散化という方法によってヒステリシスを線形近似する方法を開発した。

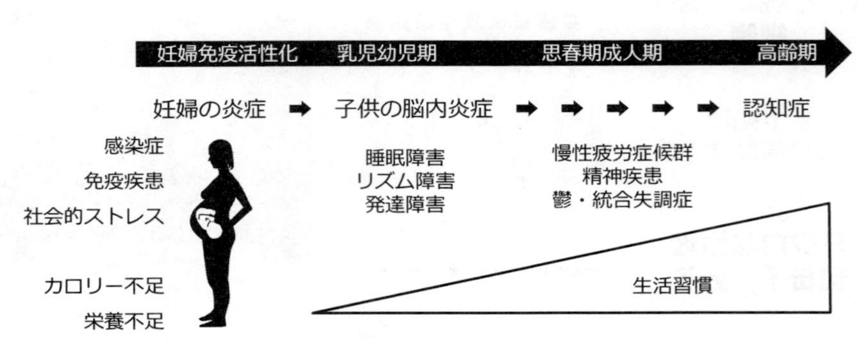

図3 ライフコースモデル
妊婦の身体状態が子供の出生後の多因子疾患の原因となる。

2.6　動力学モデルによる生命医科学の推論

生物は非線形システムである。非線形現象を人間が認知可能な形で単純に表現することが生命医科学の目標である。上述したようにこれまでの生命医科学は第一原理や因果関係からマクロを表現しようとしてきた（図２）。ミクロでの解析を徹底的に進めたのとは対照的にマクロの現象は精密に表現されず統計平均によって多様性が捨象されてきた。これからの生命医科学に必要なのはマクロの形質を精緻に表現するための概念道具である。

2.6.1　状態の概念の導入

健康というのは病気でないこと以上の何かである。機械であれば正常と故障に分けられるが，健康は症状すなわち異常がないことでは十分に表現できない。健康には多様な形があり，症状がないことでは将来病気が発症するかどうかは区別できない。

生命科学はメカニズムに基づいて展開されたために変数は原因に対する説明変数であった。しかし非線形システムである生物を独立した説明変数で説明するのには限界がある。この問題を克服するには身体の変化を状態変数で説明することが有効である（図４）。それは動力学によって生命現象を表現することである。

動力学とはシステムの変化を状態空間と状態空間の中での運動（パターン変化）によって表現することである。各時刻における状態の変化特性はその時刻の状態自身によって与えられるとする。力学系に含まれる変数の数はシステムの自由度または状態空間の次元と呼ばれる。化学反応のダイナミックス，身体状態変化のダイナミックスなど動力学で示される変化は構成要素の運動そのものとは直接関係ないことが多い。そのために運動の代わりに時間発展という言葉が使われる。

これまでの生命医科学はミクロの原理からマクロを説明するという形式で行われてきた。これに対して動力学を用いた生命科学はマクロの変化を精緻に記述することが目指される。

2.6.2　次元の圧縮

計測技術の進歩によって一人一人の人間から膨大な情報を取得することが可能になってきた（図５）。これらのデータは身体状態を割り振るのに有用であるが，そのための方法は単純ではな

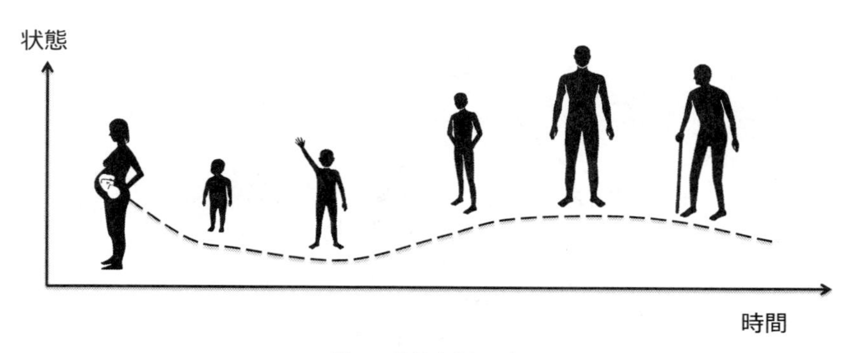

図４　状態空間モデル
身体の変化を状態の変化として表現する。

い。それは状態変数の次元が大きくなると識別率が落ちるという次元の呪いが生じるからである。

身体状態の変化を動力学モデル表現するためには次元の圧縮が不可欠である（図 6）。次元の圧縮とは同じ傾向で変化する状態変数を一つにまとめることである。数学的には観測値からなるベクトルを，基底ベクトルと結合係数に分ける非不値行列因子分解などの方法が用いられる[7]。

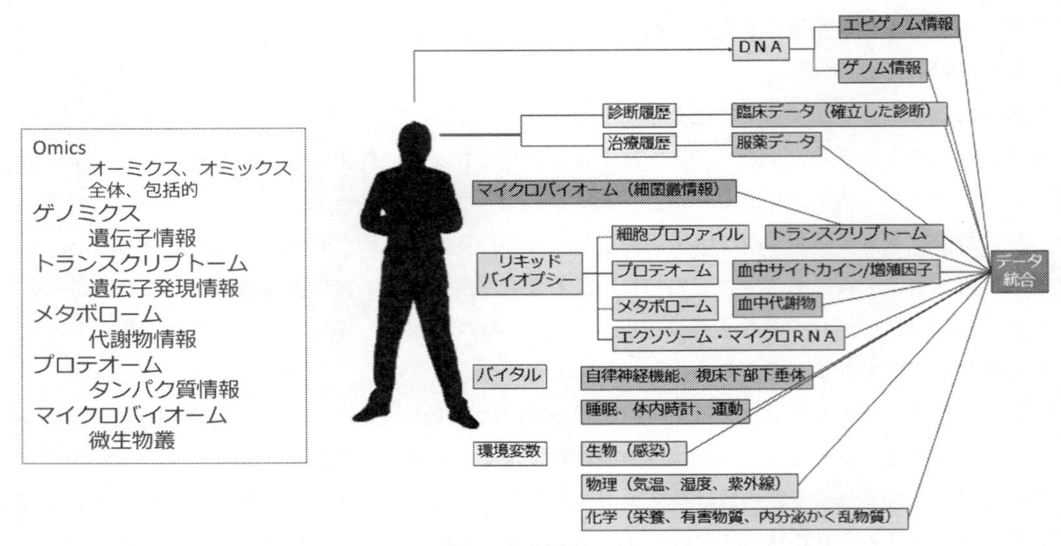

図 5　多次元データ

計測技術の進歩によって多数の状態変数を計測することが可能となった。

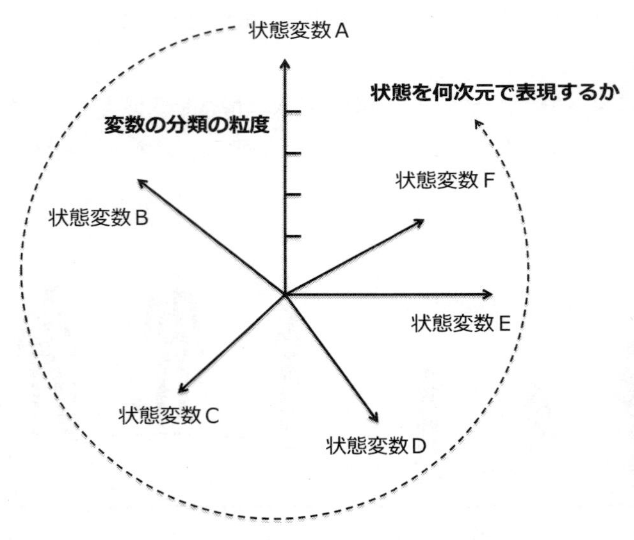

図 6　次元の圧縮と適切な粒度の設定

多次元の状態変数を用いて適切な推論を行うには，状態変数の次元圧縮と計測値の粒度設定を行う必要がある。

それ以外にも生命医科学のメタ知識から次元圧縮が行われる。

ガン免疫応答の多様性を評価するために，cancer immunity cycle における各ステップを考慮して，T 細胞多寡，腫瘍の抗原性，T 細胞のプライミング・活性化，T 細胞の遊走・浸潤，T 細胞による腫瘍の認識，抑制性免疫細胞の有無，チェックポイント因子の発現の有無，その他の抑制性因子の有無の八つの次元に圧縮できる[8]。

アトピー性皮膚炎では皮膚バリア機能，抗原やアレルゲンに対する応答性（自然免疫），免疫調節機能（獲得免疫），炎症に対する組織の応答性（代謝），細菌叢，皮疹の形態，皮疹の時間ダイナミクス，皮疹の空間ダイナミックスの八つの次元に圧縮することが行われている[9]。

2.6.3　状態変数の粒度

身体状態の変化を動力学モデル表現するために考慮すべきもう一つの課題に計測値の信頼の問題がある。バイオマーカーの再現性に対する疑義が多数報告されている。それはデータ解析で状態変数の計測値をそのまま用いているからである。計測の精度には計測法に依存した限界がある。計測値に意味があるかどうかは状態変数のダイナミックレンジに依存する。清田純はトランスクリプトームのデータの標準化をダイナミックレンジに基づき行い，オープンプラットフォームとして公開している[10]。ダイナミックレンジを求めることで計測値の意味づけが可能となる。

さらにダイナミックレンジを知ることで計測値の粒度を適切に下げることが可能になる（図6）。状態変数の計測精度が非常に高くても例えば血中分子の濃度を 10,000 段階に分けることに意味があるだろうか？　人間が理解できる範囲の粒度で計測値を分類することが必要となる。状態変数を適切な粒度で表現する方法を標準化する必要がある。

2.6.4　経時変化の離散化

状態変化にはシステムに与えられる刺激に応じて生じる可逆な変化と，不可逆な変化がある。ライフコースモデルと動力学モデルに基づき身体状態の変化を分析する上で鍵を握るのは不可逆な変化である。なぜなら病気とは不可逆な身体の変化の積み重ねだからである。

状態空間として表現されたシステムの時間発展は周期成分，刺激応答成分，ベースライン成分に分けることができる。履歴的な変化が起こると状態変数のベースライン成分がシフトする。したがって，ベースライン成分の変化を指標として状態変化を離散化することができる（図7）。離散化とは連続的に変化する現象を非連続に分割することである。この分割によって身体状態の変化は後戻りできない階段を上るような形式で表現することができる。

2.6.5　データ同化

状態変数の次元圧縮と適切な粒度の設定，経時変化の離散化によって身体状態の変化は，「現状態割り振り（nowcasting）」と現状態に基づく「未来の状態の予測（forecasting）」によって構造化することができる。

ある状態から別の状態への変化は大きく三つの異なる方法で表現することができる。第一の方法はメカニズム解析の情報を用いて作用行列として状態から状態の変化を表現する方法である（図8）。現実問題としてミクロの相互作用を計測することは容易ではないのでこの形式で状態変

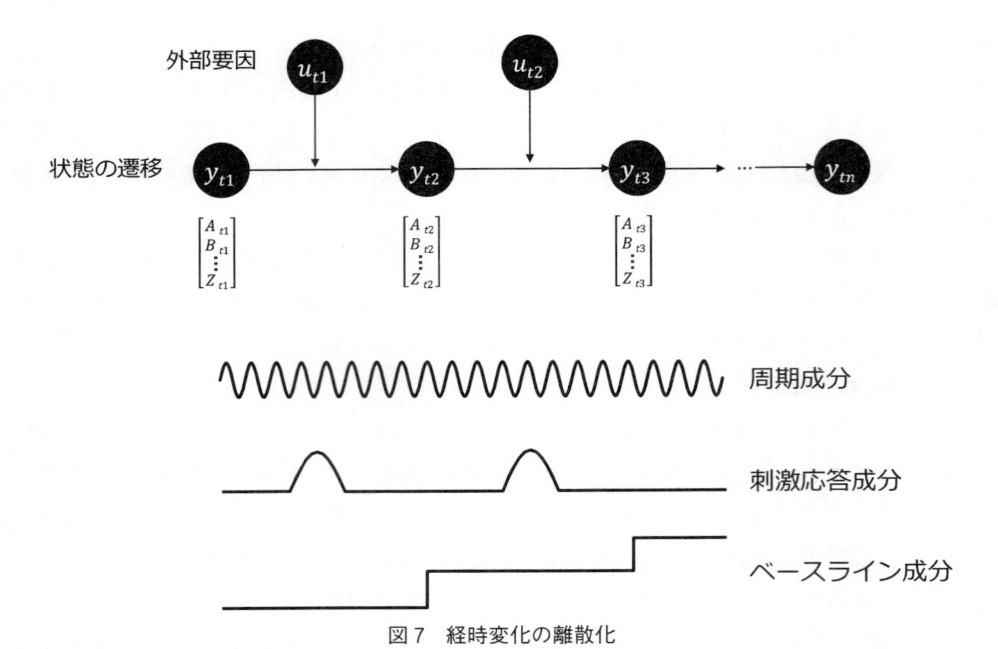

図７　経時変化の離散化

時間軸の粒度を決めるために，状態変化を周期成分，刺激応答成分，ベースライン成分に分割し，ベースライン成分の変化を指標に離散化する。

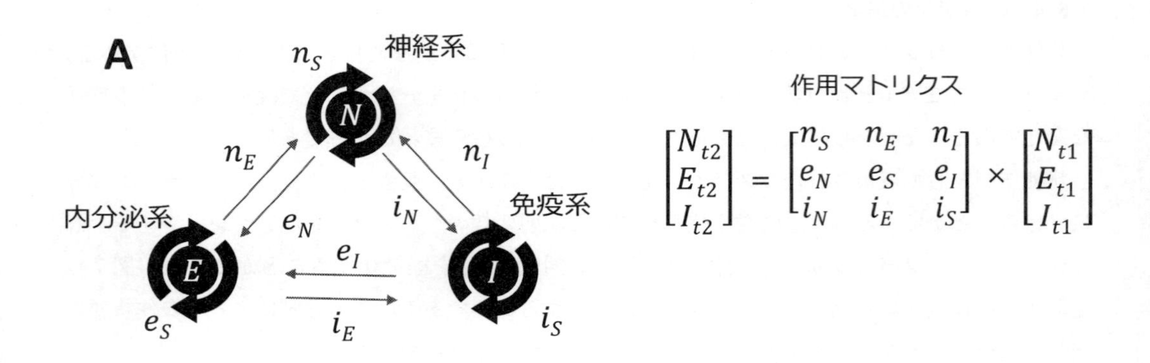

$$\begin{bmatrix} N_{t2} \\ E_{t2} \\ I_{t2} \end{bmatrix} = \begin{bmatrix} n_S & n_E & n_I \\ e_N & e_S & e_I \\ i_N & i_E & i_S \end{bmatrix} \times \begin{bmatrix} N_{t1} \\ E_{t1} \\ I_{t1} \end{bmatrix}$$

$$\begin{bmatrix} N_{t3} \\ E_{t3} \\ I_{t3} \end{bmatrix} = \begin{bmatrix} n_{S2} & n_{E2} & n_{I2} \\ e_{N2} & e_{S2} & e_{I2} \\ i_{N2} & i_{E2} & i_{S2} \end{bmatrix} \times \begin{bmatrix} n_{S1} & n_{E1} & n_{I1} \\ e_{N1} & e_{S1} & e_{I1} \\ i_{N1} & i_{E1} & i_{S1} \end{bmatrix} \times \begin{bmatrix} N_{t1} \\ E_{t1} \\ I_{t1} \end{bmatrix}$$

図８　メカニズムと作用マトリクス

合成要素の因果関係の情報から作用マトリクスを作成する方法。

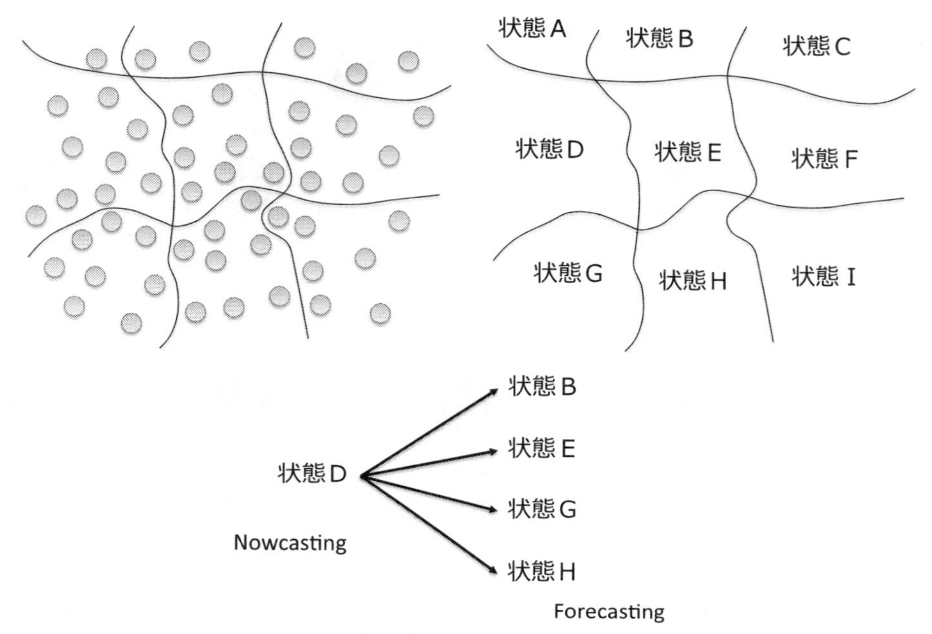

図9　機械学習による状態の割り振り
SVM（サポートベクターマシーン）などの機械学習のツールを用いて状態割り振りを行う方法。

化を完全に記述することはできない。

第二の方法は機械学習の方法を用いて様々な身体状態の非線形の境界領域を決める方法である（図9）。サポートベクターマシーンなどがこの方法に利用可能である。

第三の方法は次元圧縮で特定された状態変数を参考に数理モデルを立てる方法である。この数理モデルを使ったシミュレーションによって状態変化を予測したり，あるいは介入のターゲットを特定できたりすることが可能である（図10）。

2.6.6　自由度と自由度の縮約

現状態が決まれば未来の状態が決定されるわけではない。それは状態変化に影響を与えるすべての変数を計測できるわけではないからである。

非線形システムである生物の状態は機械のように一つに収斂することはない。つねに複数の可能態を取り得る自由度を有している。マクロでの状態変化とはそれぞれの状態の持つ自由度の変遷として表現することも可能となる[11)]。

一方で臓器や組織，免疫系や内分泌系のようなメゾの状態変化は非線形振動子の同期や協応という方法でモデル化できる可能性がある。上述した数理モデルを構築する一つの方法として同期や協応に焦点を当てるやり方がある。この場合メゾレベルのサブシステム間が適切に協応した状態が健康であり，逆に協応が破たんした時が病気のはじまりと考えることができる。今後実データを用いてこれらの仮説は検証していくことが必要となる。

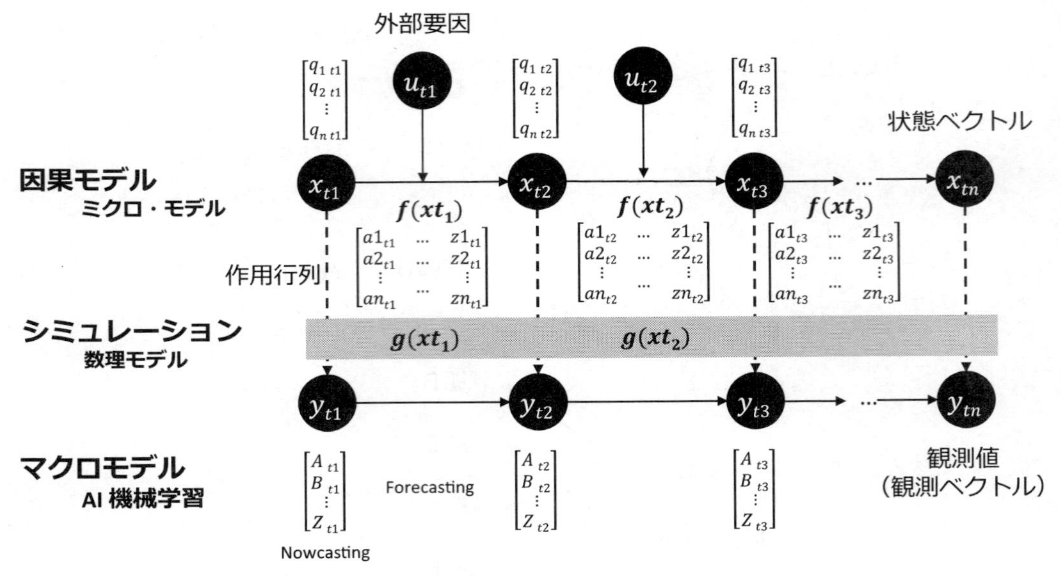

図10　データ同化

三つのモデル（因果モデル，機械学習による状態割り振り，数理モデル）の同化の概念。

2.7　日本発のヘルステックの実現

動力学を用いた生命医科学の実現にはいくつかハードルがある。推論の信頼性や再現性を担保とプライバシー保護データマイニング技術の確立である。これらの課題に応えるために，現在理化学研究所医科学イノベーションハブ推進プログラムでは医療機関と連携し研究開発に取り組んでいる。オープン・サイエンス，オープン・イノベーションによって日本発のヘルステックが実現するものと考えている。

文　　献

1）A. Abbott, E. Dolgin, *Nature*, **540**, 15 (2016)
2）A. Roger, Wired Science 0511 (2017)
3）瀧口範子，AIが創造する次世代型医療，p. 57，日本医療企画（2017）
4）N. Hart, *Population Studies*, **47**, 27 (1993)
5）P. H. Patterson, *Behav. Brain Res.*, **204**, 313 (2009)
6）M. L. Estes, A. K. McAllister, *Science*, **353**, 772 (2016)
7）D. D. Lee, H. S. Seung, *Nature*, **401**, 788 (1999)
8）唐崎隆弘，垣見和宏，実験医学，**35**，26（2017）

9）川崎洋ほか，実験医学，**35**，33（2017）
10）J. Seita *et al.*, *PLoS ONE*, **7**, e40321（2012）
11）桜田一洋，実験医学，**35**，2（2017）

3　遺伝子解析とAI技術を用いたパーソナルゲノム情報環境

城戸　隆*

3.1　はじめに

遺伝子解析技術の急速な進展により，個人のゲノム情報から病気のリスクが予測できるパーソナルゲノム時代が到来しつつある[1]。遺伝子の個人差を医療に生かすオーダーメイド医療を実現していくためには，遺伝子情報がもたらす新たな情報環境と人とのインタラクションの理解が本質的である。本稿のテーマは，遺伝子解析と人工知能（AI）技術に基づくパーソナルゲノム情報環境の構想とその基盤技術である。以下では，個人属性と遺伝子情報との関連性を基に，病気のリスクや個性を予測し，病気の原因解明や，新たな科学発見につなげる技術，信頼性の高い遺伝子リスクを予測するための計算モデル，個人のゲノム情報が人々に与える影響を評価するための社会心理学的知見，機械学習技術の適用や課題などについて著者らの研究を紹介する[注]。

3.2　パーソナルゲノムを用いた疾患リスク予測

3.2.1　疾患リスク予測の信頼性と数理モデル

パーソナルゲノム（Personal Genome）とは，個人の遺伝情報のことで遺伝子の個人差は様々な病気のかかりやすさや体質，薬の効き方などと関係している。パーソナルゲノムを用いた様々な予防医療サービスが生まれているが，疾患リスクの予測は，ゴールドスタンダードが確立されていない状況で，医学的根拠が大きなテーマとなっている。

遺伝子の個人差として特に注目されているのは遺伝子配列の塩基が1つだけ置き換わるSNP（スニップ：単一塩基多型）で，ある薬が効く・効かないとか，ある病気になりやすい・なりにくいといった体質の違いの原因となりうる。ここでは，リスクアレルをa，ノンリスクアレルをAとする。ゲノム多様性のデータから疾患リスクを予測するのに必要なデータは，集団の平均リスク（平均疾患リスク），オッズ比（疾患の罹りやすさを2つの群で比較して示す統計学的尺度），遺伝型（父親と母親由来それぞれの組み合わせからなる遺伝子の構成；aa，aA，AA）である。オッズ比は2つ定義される。

$$r_1 = [d_2/(1 - d_2)]/[d_1/(1 - d_1)] \tag{1}$$

$$r_2 = [d_3/(1 - d_3)]/[d_2/(1 - d_2)] \tag{2}$$

但し，d_1，d_2，d_3は遺伝型aa，aA，AAの個体の浸透率（発症確率）である。$r_1 = r_2$の場合，アレル効果の相加性を認めたことになる。

＊　Takashi Kido　㈱Preferred Networks　リサーチャー

注：本稿は主にJSTさきがけ「情報環境と人」領域「遺伝子解析と人工知能技術を用いたパーソナルゲノム情報環境の提案と評価」の研究報告及び文献5）に記載した内容に修正を加えたものである。

集団における遺伝型 aa，aA，AA の頻度を p_1，p_2，p_3 とし，集団の平均リスク q を次のような式で表す。

$$q = p_1 d_1 + p_2 d_2 + p_3 d_3 \tag{3}$$

q は有病率とも，罹患率とも考えることもできる。それに応じて d_i の定義を変える必要がある。q は，コホート研究や横断的全例調査などを参考にする必要がある。

r_1，r_2，q が求まれば，(1)式，(2)式，(3)式より d_1，d_2，d_3 を求めることができる。すなわち，それぞれの個体の遺伝型 aa，aA，AA に応じてリスクが求まる。複数の座位について統合的なリスクを計算する方法の説明は省略する。以上の手法は遺伝学に沿った基本的計算方法であるが，様々なバリエーションがありゴールドスタンダードとなる手法は確立されていない。

図1は，パーソナルゲノムサービス3社（23andMe，Navigenics，deCODEme）の22疾患について，我々が日本人3名の疾患リスク予測結果を比較した結果である[2)]。22のうち6疾患ではリスク予測は完全に一致（例えば，Alzheimer's disease），7疾患では，ほぼ一致（例えば，Heart Attack）しているものの，8疾患ではリスクが逆転している（例えば，Type 2 diabetes）。各社のリスク予測の全体の傾向は一致している（kappa＝0.58）ものの，一致率がかなり高いとまでは言えない。予測結果に不整合が生じる主な要因は，(a) SNP 選択，(b)平均疾患リスクの推定，(c)疾患リスク予測アルゴリズム，(d)人種差の影響推定の影響が大きい。22疾患において，3社で共通して用いられたSNPは7.1%のみで，少数のコアSNPsが予測に大きな影響を与えている。人種差の影響は重要で，日本人の疾患リスク予測精度を高める上には，特に東アジア人のコアSNPsを整備していくことが重要である。

3.2.2 「失われた遺伝率」（Missing Heritability）の問題

遺伝率とは遺伝が個人間の形質にどの程度の影響を与えるかを示すもので，従来は，家系データから推定されてきた。例えば一卵性双子と二卵性双子の比較研究により，身長では80%，

	A			B			C			Ethnicity
	23	N	D	23	N	D	23	N	D	
Type 2 diabetes	↑	↓	↑	↑	↓	↑	↑	↓	↑	23andME, deCODEme are customized for East Asian
Rheumatoid arthritis	↓	↓	↓	↓	↓	↓	↓	↓	↓	23andME, deCODEme are customized for East Asian
Restless legs syndrome	↓	↓	↓	↑	↓	↓	↓	↓	↓	
Psoriasis	↓	↓	↓	↓	↓	↓	↓	↓	↓	deCODEme is customized for East Asian
Prostate cancer	=	↑	↑	NA	NA	↑	=	↓	↓	23andME, deCODEme are customized for East Asian
Multiple sclerosis	↓	↑	↓	↓	↑	↓	↓	↑	↓	
Lupus (systemic lupus erythematosus)	NA	↑	↑	↓	↓	↓	NA	↓	↓	
Heart attack	↓	↓	=	↑	↑	↑	↓	↓	↓	deCODEme is customized for East Asian
Crohn's disease	↓	↓	↓	↑	↑	↑	↓	↓	↓	
Celiac disease	↓	↓	↓	↓	↓	↓	↑	↑	↓	
Breast cancer	NA	NA	NA	=	↓	↓	NA	NA	NA	
Osteoarthritis	NA	↑	NA	NA	↑	NA	NA	↑	NA	
Atrial fibrillation	↑	↑	↓	↑	↑	↑	↑	↑	↑	deCODEme is customized for East Asian
Obesity	↓	↓	↓	↓	=	↓	↓	↓	↓	
Lung cancer	↓	↓	=	↓	↓	↓	↓	↓	↑	deCODEme is customized for East Asian
Abdominal aortic aneurysm	NA	=	↓	NA	↑	↑	NA	↓	↓	
Melanoma	↓	↓	NA	↓	↓	NA	↓	↓	NA	
Stomach cancer, diffuse	↓	=	NA	=	↑	NA	↑	↓	NA	23andME is customized for East Asian
Brain aneurysm	NA	=	↓	NA	↑	↑	NA	↓	↓	deCODEme is customized for East Asian
Age-related macular degeneration	↓	↑	↓	↓	↓	↓	↑	↑	↑	deCODEme is customized for East Asian
Colorectal cancer	↑	↑	↑	↓	↓	↓	=	↓	↓	23andME,deCODEme are customized for East Asian
Alzheimer's disease	↑	↑	↑	↑	↑	↑	↓	↓	↓	deCODEme is customized for East Asian

図1　22疾患のリスク予測結果の一致率

BMIでは50%程度と考えられていた。しかしこれまでゲノムワイド関連解析（GWAS：Genome Wide Association Studies，個人間のゲノムデータの違いを検出する方法）で発見された遺伝的変異の効果を全て集めて計算しても，身長やCommon Diseases（糖尿病，関節リウマチ，心筋梗塞など）の遺伝率にはるかに及ばないことが分かっている[3)]。この「失われた遺伝率」を説明する要素としては大きく3つの可能性が考えられる。第一に，Common Diseasesに関連する遺伝変異の多くは稀な遺伝変異（Rare Variants）であり，GWASでは把握できない可能性である。第二は，関連する遺伝変異はGWASで把握できるが，その一つ一つの効果が小さいために現在のサンプルの大きさでは，そのどれが関連する遺伝変異か分からないという可能性である。第三は，家系データを用いた遺伝力の推定は過大であり，もともとの遺伝の効果は，考えられていたほど大きくはないという可能性である。

これまで，第一の可能性が有力と考えられており全ゲノム配列データが得られれば，人の形質に影響する多様性のほとんどが発見できると考えられていた。しかし，近年，「失われた遺伝率」問題の検討が行われ[4)]，GWASにインピュテーションを組み合わせた方法で全ゲノム配列データのゲノム多様性の多く（頻度が1%以上の遺伝変異の多様性の96%とそれ以外の稀な遺伝変異の多様性の68%）を把握することができ，この方法で把握できる遺伝変異により身長の多様性の55.5%，BMIの多様性の27.4%を説明できるという結論が下されている。Common Diseasesに関連する多様性を更に検出する効率的な方法はGWASを更に多くの人々について行うことであり，全ゲノム配列を決定することは非常に効率が悪いという結論である。この論文の主張は，第二の可能性を支持していることになる。この結論はゲノミクスの研究戦略に大きな影響を与えるものであるので，その内容について妥当性を詳しく検討する必要がある。またこの論文によれば，頻度の低い遺伝変異は身長を減らし，BMIを増やす傾向があると主張している。つまり自然選択がかかっているという主張である。これらの遺伝力の欠損問題の可能性や進化的洞察の妥当性を検討するには高度な数学的分析を整えていく必要がある。

3.2.3　パーソナルゲノム情報の社会心理学的評価

パーソナルゲノム情報にはどのようなものがあり，それが人にどのような影響を与えるかを体系的に調べた研究は数少ない。例えば，遺伝子解析結果の解釈の適切な伝え方は，心理的文化的宗教的背景にも関わってくる。遺伝子リスクに関する知識が，異なる背景の人に，どのように伝わるかを明らかにしていくことは，パーソナルゲノム時代を迎えるにあたり重要なテーマの一つである。

2012年3月時点では，日本人のパーソナルゲノムサービス（PGS）の利用率は1.5%，関心度は40.6%で米国（6%，64%（2009））よりも低かった（現在はもっと高くなっていると想定される）。またPGSの高関心層は，健康意識の高い層，遺伝子への興味関心が高い層，20代の若い層，ネットユーザ層などで高い傾向があった。PGSの低関心層の主な理由は「信頼できる結果を得られるとは思わない」（34.3%），「価格が高い」（34.1%），「得られる情報が自分にとって役立つとは思えない」（30.4%），プライバシーの保護や個人情報の保護（23.9%）への不安などがあった。

遺伝子検査として最もニーズが大きいのは，「アルツハイマー病」になるリスクであった。

ある疾患になる確率を伝えられたとき，そのリスクの伝え方により，人々がとりうる行動パターンに変化が生じうる。人間は確率を直観的に知覚することが苦手であり，情報の伝え方によっても意思決定が変わる傾向がある。我々の日本人4千名を対象にした社会意識調査では，「乳がんになる確率が87%」と伝えられた群と「乳がんにならない確率が13%のみ」と伝えられた群では，前者の方が手術を受けようと思う人の割合が有意に増加（4.9%→7.2%：$p < 0.0001$）するという結果が得られた。4種類の伝え方と10種類の疾患について比較調査した結果，最も行動変容につながりやすいのは，「平均よりN倍のリスクがあります」のように，相対リスクのみを伝える方法で，逆に，「疾患リスクはX%です」と絶対リスクのみを伝える方法が最も行動変容につながりにくいという結果も得られている。

3.3　MyFinder構想

パーソナルゲノム情報環境「MyFinder」の構想は人工知能における知的エージェントの概念と，生命医科学におけるパーソナルゲノム研究を融合させるものである[5]。近年のパーソナルゲノム研究が，主に疾患リスクや薬剤応答性といったオーダーメイド医療の実現に主眼をおいているのに対し，MyFinderでは現代の急速なライフスタイルの変化が，心身にどのような進化的影響を与えているのかなど，ウェルネスや精神医科学，行動科学などの側面も重視している点が異なる。MyFinder構想では，「人に気づきを与える情報環境」の実現を目指し，我々の食生活，睡眠，仕事のスタイル，時間の使い方，ソーシャルなインタラクションや趣向や好みなどを日々，知的エージェントが観測し解析することにより，我々の日々の物理的，化学的，心的なストレスをモニタリングしていく。この目的を遂行するために，セルフトラッキングデータの取得，統合，可視化を支援するソフトウエアを開発し，自分自身の遺伝子データ，及び様々なセルフトラッキングデータを用いて図2に示すような項目の評価を行ってきた。

MyFinder構想では，「コミュニティコンピューティングによる科学発見」を目指しており，我々がCitizen Scienceと呼んでいる様々なプロジェクトを遂行してきた。Citizen Scienceは，従来の学会などの専門家コミュニティとは異なり，自発的な参加者によって参加型コミュニティ（その多くはCrowd Sourcingによる）を形成し科学データの収集，解析，ツール開発を行っていく研究フレームワークで，情報技術を用いて新しい発想や集合知，メッセージを社会に発信する社会運動としても捉えることもできる（詳細は文献2）を参照のこと）。

3.3.1　MyFinderのデザインフィロソフィー

MyFinderのデザインフィロソフィーは，「人に気づきを与える情報環境」である。現代のデジタルテクノロジーは，人の心や身体の健康への影響という視点を必ずしも重視してこなかったのではないかという問題意識がある。例えば，Nass[6]らは，マルチタスクが人の認知能力に与える影響を心理学的実験に基づき分析している。携帯電話やメールなどで多忙な我々のライフスタイルに大きな示唆をもたらすものである。

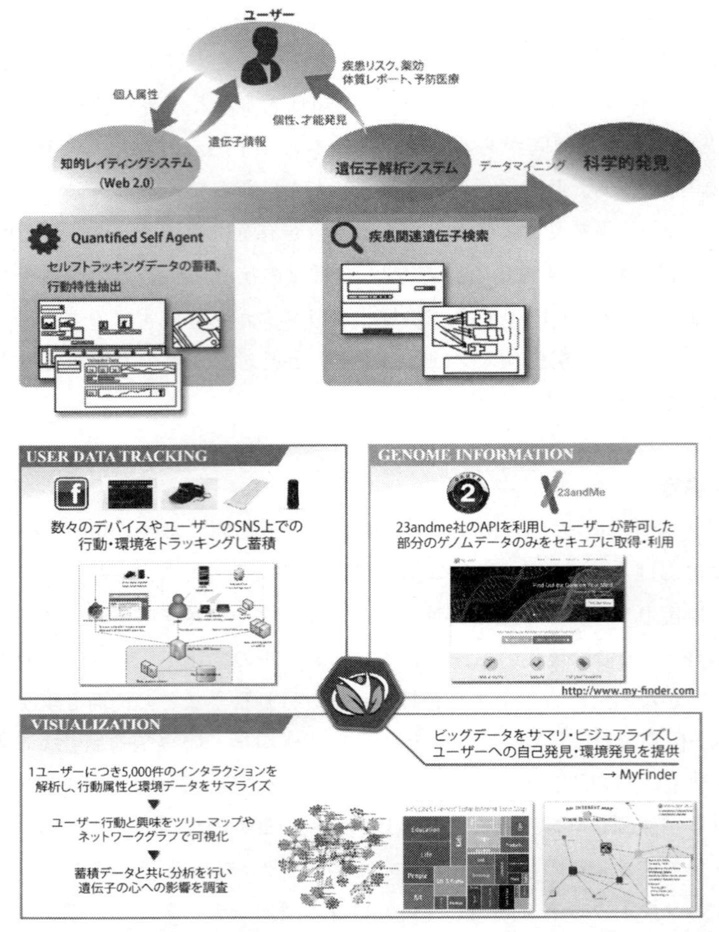

図2　パーソナルゲノム情報環境「MyFinder」構想（上図）とセルフトラッキングシステム（下図）

今後，最新の心理学や脳科学，遺伝子研究の予防医療などの最新のウェルネスの知見を取り入れた情報環境のデザインは非常に重要になってくると思われる。現代のメディアには，人の認知バイアスを操作するリスクがあるかも知れないと著者は危惧している。例えば，Recommendation System は，情報を提供する側が，購買者にいかに買う気を起こさせるかという傾向が強いように感じる。人の幸福感，安らぎや一体感，絆といったものを科学的に捉え，情報環境のデザインに生かしていくという着想が重要であると著者は考えている。

3.4　パーソナルゲノムによる自己発見

注目すべきパーソナルゲノム（オミックス）解析の研究に integrative Personal Omics Profile (iPOP) プロジェクトがある[7]。Rui らはスタンフォード大学の Michael Snyder 教授博士のパーソナルゲノムを含むマルチオミックス（エピゲノム，トランスクリプトーム，プロテオーム，メタボロームなどを含む生体分子情報）データを統合し38カ月（2013年5月時点）に渡って情報を収集した。HRV，RSV感染によりゲノム編集が起きたことや，アレルギーによるサイトカインの変動が遺伝情報を含む様々なオミックスデータの変更をもたらした結果を報告している。Michael Snyder博士は，これまで糖尿病を中心に様々な疾患に関する遺伝子情報を示し，これらの情報を，疾病予測，早期診断，モニタリング，治療に応用しようとしている。

著者自身もスタンフォード大学のバイオインフォマティクスチームの研究協力を得て，自分自身の遺伝子解析を進めてきた。図3は，遺伝子変異と主な体質，薬効，行動特性，性格特性（疾患リスク，ウィルス細菌抵抗性，薬効，感覚，思考，行動特性，体質，老化，身体能力）の人体へのマッピングの例である（図3）。

図3の右下図は，遺伝子変異により疾患のリスクを高める遺伝子のヒト染色体上の位置を示している（Common Variantsは，遺伝子変異が1%以上のありふれた変異，Rare Variantsは1%未満の稀な変異を示す）。著者は，自分自身の全ゲノム情報に，疾患リスク，薬効，他の遺伝特性に関わる情報（例えば，アルコール反応，髪の毛のくせ毛，喫煙特性，食べ物の好み，寿命，痛みの感受性，失敗を回避しようとする特性）をアノテートしていく取組みを続けてきた。例えば，お酒に強いか弱いか，タバコを吸う人と吸わない人，長生きをする人とそうでない人，肥満になりやすい人とそうでない人，ダイエットが効く人と効かない人，失敗を避けようとする人とそうでない人といったテーマに関する研究報告がある[8]。下記は，著者のパーソナルゲノムから得られた解釈の例である。

- アルコールを代謝しにくい（ALDH2）。
- カプサイシン（唐辛子の辛み成分）に反応する特殊な遺伝子フレームシフト変異がある

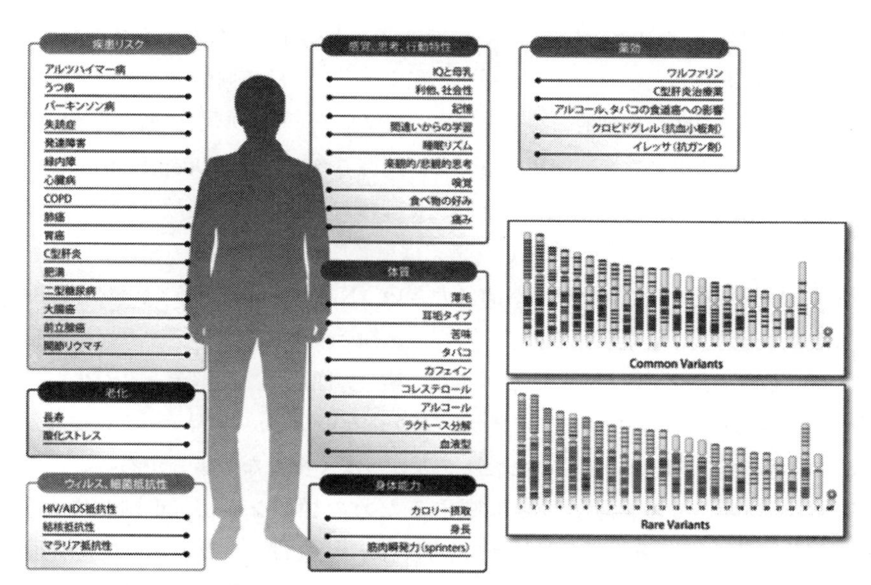

図3　パーソナルゲノムデータの解析と評価

(TRPV1)。
- 多くのワールドクラスのスプリンターが持っているのと同じ筋肉パフォーマンスに関わる遺伝子変異がある（ACTN3)。
- 過去の体験から失敗を避ける能力があまり効率的でない（DRD2)。
- 新規探索傾向が大きい（DRD4)。
- 現時点では重篤な疾患リスクは見出されていないが，平均よりもリスクの高い複数の疾患候補がある。

著者の父親は大腸癌のリスクをパーソナルゲノムから見出し，癌を早期発見して切除することができた。現在は至って健康である。

3.5 機械学習技術への期待と課題

3.5.1 Deep Learning

機械学習技術の遺伝子解析領域への適用は，今後，開拓の余地がある。遺伝統計解析を用いて統計的に有意な関連遺伝子を見出していくことが，これまでのゲノム疫学の主流なアプローチであった。現在，遺伝子データのみならず，多様で高次元のオミックスデータから科学的知見を導き出していく需要が高まっており，Deep Learning（深層学習）と呼ばれるニューラルネットワークを用いた機械学習技術が注目されている[9]。2012年にはMerck社が主催したDrug Discovery competitionにおいて，Deep Learningを用いて新規化合物の活性予測を行ったトロント大学のチームが優勝し話題になった（http://deeplearning.net/2012/12/13/university-of-toronto-deep-learning-group-won-the-merck-drug-discovery-competition/)。

Deep Learningには，マルチモーダル（1つのニューラルネットに様々な異なるデータを取り込み学習できる)，マルチタスク（1つのニューラルネットに様々な異なるタスクを実行できる）という2つの特徴があり，大量のゲノムデータ，臨床データ，医療画像データ，オミックスデータといった様々なデータから自動的に特徴を抽出し（マルチモーダル)，診断，治療，創薬といった異なるタスク（マルチタスク）へ適用することが期待されている。Deep Learningをバイオ／医療分野に適用する際の第一の問題（新NP問題と呼ばれる）は，観測数（N：例えば医療データにおける患者数）より，パラメータ数（P：例えば患者ごとの属性変数（SNPs，遺伝子発現量，体重，血糖値，中性脂肪…)）の数が圧倒的に大きい（N≪P）状況が多く，このような状況では過学習（訓練データに対して学習されているが，未知データ（テストデータ）に対しては適合できていない）を起こしやすいことである。また，第二の問題は，正解データが少ないことが多く（例えば，疾患情報が紐づいているゲノムデータが少ないなど)，学習データに偏りが生じ（例えば，正例：負例＝1：100など)，学習したモデルがうまく働かない場合があることである。第一の新NP問題に関しては，過学習を抑制するための様々な手法（正則化など）やDeep Learningの汎化性能の理論構築[10]，また第二の問題については，半教師あり学習（正解ラベルがないデータも利用して，数％の正解ラベル付きデータを利用するだけで精度を向上させる手法）や one shot learning と呼ばれる手法[11]（人間がごく少数の例を見ただけでその特徴をつかめるように，既に学習されている特徴量を用いて新しいパターンがどの特徴量の組み合わせで構成されるかを効率的に学習する技術）の研究も進んでいる。

3.5.2　解釈可能性

Deep Learning の結果はしばしば解釈不能であると言われる。Koh らは，ブラックボックスと思われていた予測結果を理解するための計算モデルを提案している[12]。もしその学習データを用いなかったら予測結果がどうなるかという発想で，統計学で古くから利用されていた影響関数（influence function）を用いて，個々の学習データの有無や摂動が予測結果に与える影響を定式化した。この手法により学習データにノイズを加える影響関数を利用することで，ある test データに対して予測を最も間違えるような training データを意図的に作成することが可能になる。また test error と train error に大きな乖離があった場合に，間違えたサンプルに対して影響関数が大きかったサンプルを探すことで，その乖離の原因を特定することも可能となる。学習データに誤ったラベルが付与されたデータが混入されている場合，人手で誤ったラベルを探すのは大変だが，影響関数を用いることで楽に直せたという報告もなされている。

オーダーメイド医療の実現においては，予測率を高めるだけでなく，その予測がなぜ，個人にとって適切なのかを説明できる（エビデンスを提示できる）ことが重要になってくる。「相関関係」と「因果関係」は異なるものであり，「疑似相関」と本質的な因果関係を見分ける技術も重要である[13]。

3.5.3　機械学習工学（Machine Learning Engineering）

Deep Learning を含む統計的機械学習には本質的な限界もある[14]。

⑴**外挿ができない**　訓練データセットに頻繁に現れるデータ点の近傍では精度よく近似できるが，訓練データセットに現れない領域については十分に精度がでない。

⑵**本質的に確率的**　訓練データセットに確率的にバイアスが入ることは免れない。予測結果はサンプリングバイアスに影響されることになる。

⑶**ブラックボックス性**　しばしば予測結果が解釈不能である。

Deep Learning 技術の発展に伴い，上記のような課題（限界）も考慮しつつ，機械学習に基づく新たなシステム開発の方法論を体系化していこうという議論が始まっている。この方法論は，従来手法と異なり，仕様を訓練データの形で表現し，それを機械学習によって実装するという帰納的開発プロセスで，「機械学習工学（Machine Learning Engineering）」と名付けられている[14]。

3.6　おわりに

パーソナルゲノムに最も期待される応用の一つは予防医療であるが，著者は，予防医療の枠を超えて心と遺伝子の関係にも注目している。

Steven Pinker は，文献 15）において，人の行動や心の働きには遺伝子に基づく生得的なものがあることを示す進化心理学の知見を紹介している。Pinker が指摘しているように，最新科学の知見（脳科学など）は，我々に全く新しい人間観の見直しを迫るものになるかも知れない。Pinkerは，旧来の経験主義に基づく人間観では，「人の心は「空白の石版」であり，すべては環境によって書き込まれるという考え方」という考え方が支配的で，今なおその論争が続いているとしている。更に，進化心理学の生得的な知見に基づく人間観は，豊かな人間本性の存在を認め，現実問題に新しい視野を開くことにつながることを論じている。

Pinkerの主張のように，パーソナルゲノムやその周辺の最新科学は，常に新しい人間観を見出していく可能性を秘めている。新たな人間観は新たな人生観にもつながる。著者はPinkerと同様に，こういった個性の違い（自分らしさ）の解明が，差別の向きではなく，豊かな人間本性の発見につながることが重要であると考えている。MyFinder構想が目指すものは，個人が自己を見つめ直し，それをポジティブに捉えられるように促すことにある。すなわち他者との違いを発見し，受け入れることで，「みんな違ってそれがよい」という概念を体感できるようになれば幸いである。

文　献

1） M. P. Snyder, “Genomics and Personalized Medicine: What Everyone Needs to Know”, Oxford University Press (2016)
2） T. Kido, M. Kawashima, S. Nishino, M. Swan, N. Kamatani, A. J. Butte, *J. Hum. Genet.*, **58**, 734 (2013)
3） E. E. Eichler, J. Flint, G. Gibson, A. Kong, S. M. Leal, J. H. Moore *et al.*, *Nat. Rev. Genet.*, **11**, 446 (2010)
4） J. Yang *et al.*, *Nat. Genet.*, **47**, 1114 (2015)
5） 城戸隆，人工知能学会誌，**28**，840（2013）
6） E. Ophir, C. I. Nass, A. D. Wagner, *Proc. Natl. Acad. Sci. USA*, **106**, 15583 (2009)
7） R. Chen *et al.*, *Cell*, **148**, 1293 (2012)
8） 城戸隆，ゲノムが解き明かす自分さがし―ぼくはどんなふうに生きるのだろうか，星の環会（2011）
9） I. Goodfellow, Y. Bengio, A. Courville, “Deep Learning”, MIT Press (2016)
10） C. Zhang, S. Bengio, M. Hardt, B. Recht, O. Vinyals, Understanding deep learning requires rethinking generalization , International Conference on Learning Representations (ICLR) (2017)
11） V. Oriol *et al.*, “Matching networks for one shot learning”, Advances in Neural Information Processing Systems (2016)
12） P. W. Koh, P. Liang, Understanding black-box predictions via influence functions, ICML (2017)
13） J. Pearl（著），黒木学（訳），統計的因果推論―モデル，推論，推測―，共立出版（2009）

14) H. Maruyama, T. Kido, Machine Learning Engineering and Reuse of AI Work Products, The First International Workshop on Sharing and Reuse of AI Work Products (2017)
15) スティーブン・ピンカー，人間の本性を考える～心は「空白の石版」か（上中下），Steven Pinker，NHKbooks（2004）

4　非侵襲的代謝診断の臨床応用（実用化）に向けたビッグデータ活用への期待

三浦夏子*

4.1　はじめに

近年特にがん関連分野では臨床ビッグデータの蓄積が進んでおり[1,2]，膨大な数の臨床サンプルから採取されたオミックスデータに誰でもアクセスできる時代を迎えつつある。これに伴って，がんゲノム変異などの情報を薬剤耐性・放射線感受性などの有用な情報に結び付けることで，治療に寄与することが可能となってきた。一方で，個々のがんにおいては様々ながん微小環境とそこに存在する細胞の活動状態といった，刻一刻と変化する，しかもケースごとに異なる情報が治療効果に大きく影響することが明らかになってきた[3,4]。実際に治療にあたっては，時系列や空間情報を考慮しない侵襲的な解析データのみに依っては特定の治療に対する個々のがんの応答を早期に判定・予測することが難しい場合がある。そこで，生体内の“生きた”がんに特徴的な生命活動を治療経過に即して非侵襲的に計測することで，治療応答性を個別にリアルタイムで検証する試みが行われている。さらに，がんのもつ遺伝子変異を検出・マッピングすることで，生検などでは得ることが難しいがん総体の情報を取得する試みも行われている。このような個々のケースにおけるがんの状態と，臨床ビッグデータを基に導き出される情報を併せて治療・診断に取り入れることができれば，がんのオーターメイド医療がより迅速に展開可能であると考えられる。本稿では近年進展が目覚しい様々な非侵襲的診断の中から特に，がん特異的な代謝状態を非侵襲的に測定することができる動的核偏極法による超偏極 ^{13}CMRI を用いたがんの迅速な治療効果可視化への取り組みと，臨床ビッグデータを活用した連携・展開の可能性について取り上げたい。

4.2　がん治療における非侵襲的代謝診断の位置づけ

がんの治療過程において，米国では全患者の 3 分の 2（ASTRO Fact Sheet 2012），わが国では新規患者の 4 分の 1（JASTRO 構造調査，2012 年）が放射線治療を受ける。放射線治療においては放射線照射区画とその区画内での線量分布を決定する必要があるが，この際には正常組織への線量を極力減らした上で対象領域には治癒可能な線量を投与する必要がある。しかしながら，検出が非常に難しいアクティブながんが存在したり，がんの代謝活性や遺伝子変異によっては放射線への耐性が変化したりしている例もあり，通常の computed tomography（CT）や proton magnetic resonance imaging（^{1}HMRI）などからは得られにくい，あるいは見逃しやすい情報も重要となる。そこで，種々の非侵襲的なイメージング手法により体内に存在するがんの代謝活性や遺伝子変異の情報を得て治療に生かす試みが進められてきた[5~7]。現在ではそうした手法を用いてある種のがん特異的な代謝状態を可視化することが可能になりつつあり，放射線や化学療法などとの連携が推進されている。

＊ Natsuko Miura　京都大学　大学院農学研究科　応用生命科学専攻　生体高分子化学分野 特定研究員

体内にあるがんの代謝活性を可視化する場合には，がん特異的な代謝状態が標的となる。がんで見られる代謝リプログラミングにおいて，主要なものとしてはグルコースおよびグルタミン取り込みの亢進，解糖系，アミノ酸および脂肪酸代謝の亢進，ミトコンドリア新生の促進に加えて，ペントースリン酸経路および低分子生合成の亢進などが知られており[8]，がん遺伝子の変異によっては，特殊な代謝経路が新たに作られている場合もある。現在主な代謝活性可視化の標的となっているのは解糖系の亢進である。特にがんにおけるグルコース取り込みの亢進は，^{18}F-fluorodeoxyglucose を用いた Positron Emission Tomography（PET）による可視化の標的となる。一方で，解糖系によるピルビン酸から乳酸の生成上昇も，がん代謝の重要な特徴である。ピルビン酸から乳酸の生成上昇は，NADH の再生を介して解糖系の亢進を助ける他，活性酸素種の除去にもはたらく。細胞内の過剰な乳酸は細胞外へ排出されるが，細胞外の乳酸はがん微小環境内の pH を低下させることでマトリックスメタロプロテアーゼの活性に至適な環境をつくり，それによってがんの浸潤に寄与する[9,10]。こうした重要な働きとその特異性から，がんにおけるピルビン酸を基質とした乳酸生成の亢進は本稿で取り上げる超偏極 ^{13}CMRI による代謝イメージングの主な標的となっている。一方，腫瘍内部の遺伝子変異を非侵襲的に可視化する試みは，解糖系を亢進させるか，あるいは特異的な代謝経路を発現させる一部の遺伝子変異について主に行われている。特に，ある種の脳腫瘍で 70% を超える割合で見られる isocitrate dehydrogenase（*IDH*）遺伝子の変異では，通常イソクエン酸から α-ケトグルタル酸を生成する酵素 IDH1, 2 が，α-ケトグルタル酸を逆に基質として 2-hydroxyglutarate（2-HG）を生成する機能を獲得する。その結果，細胞における低酸素応答やクロマチンリモデリングを引き起こす 2-HG が，がんを誘発するがん代謝物（oncometabolite）として機能するようになると考えられている。そこで，α-ケトグルタル酸から 2-HG の生成をリアルタイムモニタリングすることで，特に脳腫瘍における *IDH1* 変異の有無を調べる試みが始まっている[11,12]。以上のような試みでは様々な課題が存在するものの，前立腺癌を対象とした臨床治験の成功[13]により，米国を中心に近い将来での現場への導入に期待が高まっている。また，近年の侵襲的な大規模解析により，がんの診断指標となるがん特異的な代謝物・代謝経路が発見されつつあり[14~17]，こうした異常な代謝状態を非侵襲的代謝診断の標的とすることができるようになれば，多種多様な個々のがん代謝形態に対して検出・診断が可能になっていくものと考えられる。

4.3　超偏極 ^{13}CMRI による代謝イメージング

4.3.1　概要

超偏極 ^{13}CMRI（hyperpolarized carbon-13 nuclear magnetic resonance spectroscopic imaging）は，代謝プローブとして用いる ^{13}C ラベル代謝物の NMR シグナルを一時的に 10,000 倍以上に増強し，速やかに生体内に導入したのち，代謝プローブの局所的な代謝変換をモニタリングする手法である[18~21]（図1）。生体に導入した ^{13}C 代謝物（代謝プローブ）から代謝産物への変換は，代謝物に固有な化学シフトの違いによって ^{13}C-NMR/MRI を用いて可視化・追跡することがで

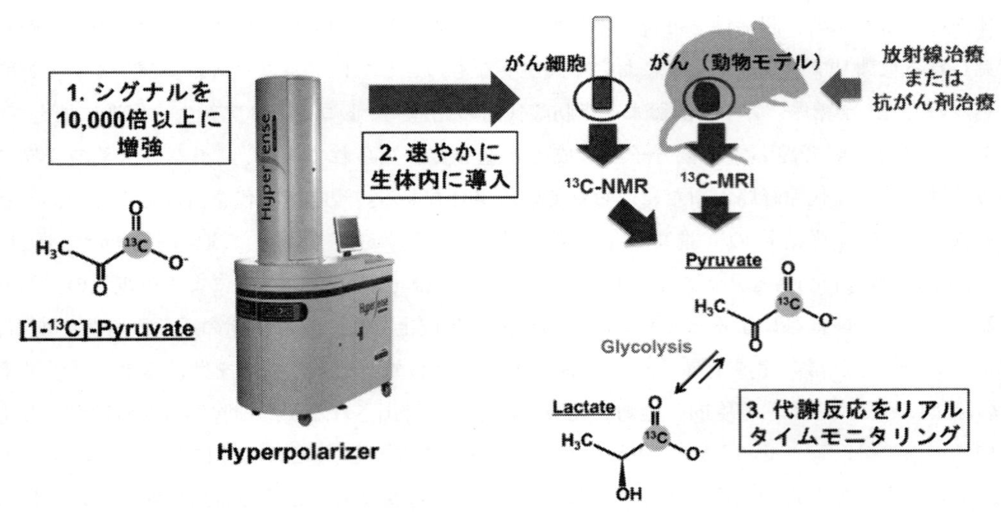

図1　超偏極 ^{13}CMRI による [1-^{13}C]-pyruvate を用いたリアルタイム代謝イメージングの概要

きる。複数ある超偏極法のうち，現在実用化が最も進んでいるのは動的核偏極法（DNP）であり，本稿では DNP に関する内容に絞って取り上げる。超偏極 ^{13}CMRI における解析の対象としてはマウス・ラットやブタといった動物や培養細胞が用いられており，基礎的な知見が得られたものについては臨床展開が行われつつある。こうした現状に伴って，シグナル増強を行うための装置（hyperpolarizer）も，前臨床用（HyperSense（Oxford Instruments, Abingdon, UK））に臨床用（SpinLab（General Electric, Niskayuna, New York, USA））を加え，高性能化が進んでいる。超偏極 ^{13}CMRI では，PET で問題となる脳や筋肉などでの擬陽性が検出されにくい[22]ことに加えて，被爆の心配がない，測定が短時間で終わるといった利点がある[5]。一方で，現状では生体で検出実績のある代謝反応の数は限られており，さらなる開発・試験環境の整備と拡張が求められている。

4.3.2　*In vivo* モデルによる診断および治療効果検証

今日に至るまで，最も広く用いられてきた超偏極 ^{13}CMRI 用の代謝プローブは [1-^{13}C]-pyruvate である。初期には比較的大型なブタの下肢を用いて，正常な筋肉組織でピルビン酸からアラニン，乳酸などの生成を可視化できることが示された[23]。次いでより小さなマウス xenograft モデルにおいて，乳酸の生成が腫瘍部位で特異的に起こることが示されたことから，特にアグレッシブな代謝状態にあるがんを診断する目的で実用化に向けた検討が行われた。現在までに，生体では多形性膠芽腫[24]，前立腺癌[25]，乳癌[26]，膵臓癌[27]をはじめとした xenograft モデルにより，ピルビン酸からの乳酸生成活性をもって腫瘍部位を正常部位から判別可能であることが示されている。

検出可能となった種々のがんについては，代謝活性の変化をもってがん治療効果を迅速に判定する試みが行われてきた。放射線治療後 ^{1}H-MRI などを用いて腫瘍の大きさを判定する場合は，治療効果（がんの退縮）が顕在化するまでに動物モデルでは１週間以上を要するが，超偏極 ^{13}CMRI を用いた代謝測定によっては，複数種類のがんで大きさの変化に先立って治療後４日以内に顕著な代謝応答，すなわち乳酸生成活性の低下が見られる[28,29]。臨床において同様な診断の有用性が示されれば，迅速な治療計画へのフィードバックが可能になり，本手法が将来的に大きな役割を果たすことが予想される。抗がん剤の効果については，特に 2-Deoxy-D-glucose（グルコース誘導体）や Dichloroacetate（ピルビン酸デヒドロゲナーゼ阻害剤），α-Cyano-4-hydroxycinnamate（ピルビン酸・乳酸トランスポーター阻害剤）といった解糖系代謝関連酵素阻害剤の検討が進められてきた[25,30,31]。近年では Vandetanib[32] や anti-VEGF[33] の他，シグナル伝達阻害剤をはじめとしたその他の抗がん剤の検討も進められている。さらに，異なる代謝経路を標的とした２種類以上の代謝プローブを同時に使用することで，より広範な代謝活性を捉え，がんの死滅に関わる兆候を精度よく検出する試みも行われている。このような前臨床における取り組みから，体内に存在するがんの生命活動をリアルタイムで捉えるという超偏極 ^{13}CMRI の特長を化学・放射線療法にも生かすことが期待されている。

本手法の実用化をさらに推し進める上では，適用可能ながんの種類や遺伝子変異による代謝応答への影響についてのデータを蓄積することが肝要である。特にビッグデータとの連携が期待される場面では，微小サンプルなどから採取したがんの遺伝子変異データから，代謝診断の可否や治療応答性の予測・シミュレーションが可能になることを見越して，複数の遺伝子変異ががんの代謝応答に与える影響を予め検証しておく必要があり，後述する代謝シミュレーションと併せて迅速な整備が必要である。がん関連遺伝子変異については，*KRAS*[27] や *TP53*[27,34]，*IDH1*[11,12,35] などについて既に検討がなされ，ピルビン酸―乳酸代謝の促進あるいは減衰にはたらく分子の発現状態とその代謝調節機構が明らかになりつつある。また同時に，ピルビン酸の代謝活性がそこまで高くなく，検出に適さない遺伝子変異をもつ種類のがんも見出されてきた。こうしたがんに対応できる多方面からがん代謝を浮かび上がらせるための代謝プローブ開発も，今後ますます重要になると考えられる。また，現在では本手法の有用性はがん代謝検出のみならず，心臓病や糖尿病などの代謝異常に関連した疾患の診断にも有用であることが示されつつあり[36,37]，対象疾患の拡大が期待されるところである。

4.3.3　臨床への展開と実例

臨床展開の先駆けとして 2013 年，University of California San Francisco 校の Nelson らが [1-^{13}C]-pyruvate を用いた超偏極 ^{13}CMRI による前立腺癌のイメージングに成功し[13]，前立腺癌患者において，正常部位と比べてがん部位で有意に高いピルビン酸から乳酸の生産が検出できることを初めて報告した。特筆すべきは，超偏極 ^{13}CMRI を用いた場合，従来のイメージング手法では判別できなかったがんの検出にも成功したことである。Nelson らの快挙を皮切りとして米国では臨床治験の承認が相次いでおり，数年の内には 10 件以上の臨床治験が実施される見通しである。2016 年には，トロント大学で４人の健康な成人について心臓イメージングが行われた[38]。この例では心室・心房に流入した [1-^{13}C]-pyruvate から [^{13}C]-bicarbonate および

[1-^{13}C]-lactateの生成が検出され，検査後の副作用も確認されなかった。がんの検出のみならず，がん治療効果の早期診断やその他の疾患に資する診断法など，前臨床の検討を終えた様々な臨床応用例が，今後爆発的に生まれるものと考えられる。

4.3.4 *In vitro* 三次元細胞培養系による検証

In vivo モデルでの成功と臨床への展開を受けて，より簡便に *in vitro* で代謝調節機構の検証を行う試みもより一層推進されつつある。超偏極 ^{13}CMRIによる細胞懸濁液を用いた代謝活性の検出は比較的容易であり，薬剤の効果をスクリーニングする際などには非常に有用であるが，これまでに用いられてきた系では一測定あたり $10^{7\sim8}$ 程度の培養細胞が必要であり，通常の細胞実験に比べると細胞を用意する手間の煩雑さに加えて，複数サンプルの同時測定が難しいことが難点である。また，細胞懸濁液では腫瘍の微小環境を再現できないため，生体内で観察できる治療効果が細胞懸濁液ではそもそも計測できないことが往々にしてある。そこで，低酸素などの生体内環境を模した三次元培養系の開発と利用，バイオリアクターを用いた長期間にわたる代謝の経時的測定なども行われている[39~42]。近年ではさらに，がんのバイオプシーサンプルをそのままバイオリアクターに設置して実際のがんの反応を検討する系の開発も進んでおり，基礎的知見の集積に加えて臨床検体の評価というアウトプットの可能性も広がりつつある。

こうした *in vitro* 系は，モデルを立てやすい単純な構成であることや温度や栄養条件などの実験条件のコントロールが比較的容易であることから，オミックスデータを組み合わせた治療応答シミュレーションの初期運用・テストに非常に有用であると考えられる。バイオリアクターは3Dプリンターを用いれば設備に合わせてカスタムメイド可能であり，加えて現在では安価なベンチトップ型 ^{13}CNMR（Spinsolve（Magritek, San Diego, CA, USA））が入手可能であることからも参入障壁は今後より低くなると期待される。

4.3.5 多様な代謝経路可視化の取り組み

がんの乳酸生成のみならず，これまでに検討されてきた多種多様なプローブにより，様々な生体の状態が可視化できるようになりつつある[20,43]。一方で全てのプローブを生体モデルで安定的に検出することは難しく，測定手法の工夫・高感度化が必要である。表1に，これまでに臓器を含む *in vivo* モデルで使用実績のある主なプローブとその用途（既に述べた [1-^{13}C]-pyruvateを除く）について示す。

これまでに作成された ^{13}C ラベル代謝物は全てが使用可能であったわけではなく，実用化には感度が不十分であったものも多く存在する。代謝プローブの開発においては，化合物自体の性質の調整や取り扱い方法の最適化が実用化への鍵となる[19]。さらに，現行のプローブ・検出方法ではイメージング可能な代謝反応の範囲が非常に限られてしまうため，広域にわたる代謝変容を可視化するためには，高感度化に向けた多方面からのアプローチが必要である。

4.3.6 代謝応答モデル化・シミュレーションの試み

In vitro システムの利用とモデリングによる検証には10年近い歴史があり[39,41]，これまでに例えば抗がん剤に対するがん細胞の応答を簡便に測定する際に *in vitro* システムが有用であること

表1　*In vivo* で使用実績のある主な ^{13}C プローブ（[1-^{13}C]-pyruvate を除く）

Probe	Metabolic pathway/ reaction/ status	Samples	References
[2-^{13}C]-pyruvate	Production of Acetylcarnitine	Normal rat, Rat heart	55,56)
[U-^{2}H, U-^{13}C]glucose	Glycolysis	Mouse xenografts, Breast cancer cells, Yeast cells	45,57～59)
[1-^{13}C]-Diethyl Succinate	TCA cycle	Normal mice	60)
[1-^{13}C]-alpha-ketoglutarate	2-HG production by *IDH* mutants	Mouse xenografts, Gliobrastoma cells	61)
[^{13}C]-Bicarbonate ($H^{13}CO_3^-$)	pH	Mouse xenografts	62)
[1-^{13}C]-Glutamine, [5-^{13}C]-Glutamine, [5-^{13}C, 4-^{2}H]-Glutamine	Glutamine metabolism	Human hepatoma cells, Cells on microcarrier beads	40,63)
[1,4-^{13}C]-Fumarate	[1,4-^{13}C]-malate production	Mouse xenografts, Murine lymphoma cells	64)
[1-^{13}C]-Dehydroascorbate	DHA reduction to VitC, Redox status	Mouse diabetes model	65)
Sodium [1-^{13}C]-Glycerate	Glycolysis	Rat liver	66)
[1-^{13}C]-Alanine	NADH/NAD+ ratio (Redox status)	Rat liver, Breast cancer cells, Prostate cancer cells	45,67)
^{13}C-Urea	Blood flow	Normal rat	68,69)

が示されてきた[41,44]。一方で，がん細胞の種類ごとに代謝応答は異なることが明らかになりつつある[45]ことから，可視化する代謝機構ごとに，代謝応答に影響を与える因子の決定が重要であると考えられる。現在汎用されているピルビン酸プローブ（[1-^{13}C]-pyruvate）の場合，こうした因子は既に決定されており[45~52]，大きく分けて以下に挙げる3点が重要であることが知られている（図2）。

① ピルビン酸・乳酸トランスポーターの機能・存在量（MCT1, 4）

② 乳酸デヒドロゲナーゼ（LDH）の機能・存在量

③ 細胞内 NAD+/NADH 比

モデル構築の際，いくつかの細胞種においては，主要な因子を実験的に，あるいは以前の報告を引用して決定することができる[45,47,52~54]が，複数の異なる細胞種についてそうした情報を得ることは極めて困難である。一方で，特にがん関連では，細胞（Molecular target data, https://wiki.nci.nih.gov/display/NCIDTPdata/Molecular+Target+Data, NCI-60 proteome resource, http://129.187.44.58:7070/NCI60/, Cell Miner NCI-60 analysis tools, https://discover.nci.nih.gov/cellminer/home.do）および臨床由来 xenograft モデル（NCI Patient-Derived Models Repository（PDMR）, https://pdmr.cancer.gov/default.htm），臨床検体（The Cancer Genome Atlas, https://cancergenome.nih.gov/）をベースとしたマルチオミックス解析の結果がデータ

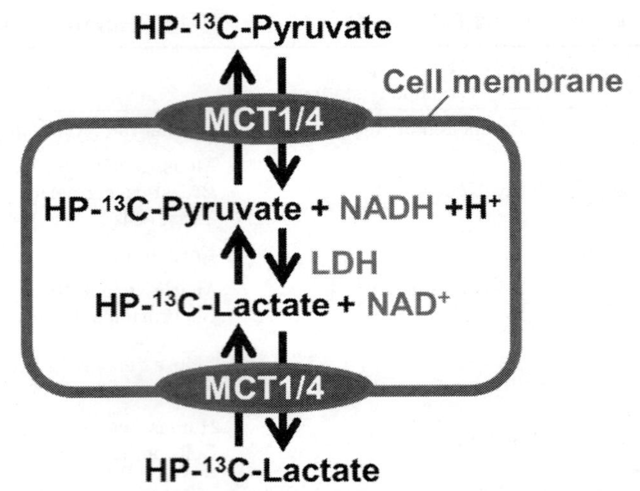

図2　[1-^{13}C]-pyruvateを用いた超偏極^{13}CMRIによる代謝可視化反応のモデル例
HP：hyperpolarized，MCT1/4：ピルビン酸・乳酸トランスポーター，
LDH：乳酸デヒドロゲナーゼ

ベース上に公開されつつある。こうした情報から得ることのできる，それぞれのがんに特有のタンパク質や補酵素の存在量・予測活性を用いて模擬的なシミュレーションを常時行うことができれば，超偏極^{13}CMRIを用いた治療効果の判定が適用できる範囲についてもある程度の基準を得ることができるようになると考えられる。

4.4　今後の展望と期待

近年大規模解析技術の飛躍的な発達を背景としたビッグデータの蓄積により，がん治療では簡単な検査情報を元に過去の膨大な事例を基にして治療方針を策定することが可能になりつつある。一方で，遺伝子からは予測できない実際のがんの状態を捉えることの重要性も改めて認識されてきた。膨大な量の過去データを参照しつつ，目の前の事例について状況をその都度把握し，不測の展開にも臨機応変に対処するためには，がん診断法とデータ解析の良好な連携が必須であろうと予測される。本稿で取り上げた超偏極^{13}CMRIは，現在のところは臨床で用いられた例は限られているものの，がんの代謝活性・pH・血流量・酸化還元状態などに特化したリアルタイムながんの情報を得るために非常に有用な手法である。*In vitro*測定系，代謝モデリングの整備に加えて，遺伝子変異や薬剤に対する代謝応答の知見も集積されつつあり，今後臨床での検討を経てこうした情報をデータ化することができれば，既存のデータベースとの連携により，診断―治療のより迅速な連携と展開が可能になることが期待される。

本稿で取り上げた動的核偏極法（DNP）による超偏極^{13}CMRIは，欧米に比べて国内での配備が大きく遅れており，現行の装置一式も導入・維持コストが非常に高価であるため，わが国においてはより安価な方法の開発も進められている。本手法，またはこれに準じた手法を実施するには多彩な分野の専門家による協働が不可欠であり，国内における大規模な拠点の形成と人材育成が今後課題になると思われる。その他にも，安価に多種多様なプローブを供給する仕組みや，ユーザーフレンドリーな代謝解析・シミュレーションプログラムの開発・試験環境の整備も必須であろう。種々の困難は伴うものの，わが国において既に多大な成果を挙げてきたオミックス解析による成果の蓄積を，より誤差の少ない迅速な診断へと展開する際に，超偏極 ^{13}CMRI の整備・発展は大きな力となることが期待される。

文　献

1） Z. Obermeyer *et al.*, *N. Engl. J. Med.*, **375**, 1216 (2016)
2） C. A. Borrebaeck, *Nat. Rev. Cancer*, **17**, 199 (2017)
3） D. Hanahan *et al.*, *Cell*, **144**, 646 (2011)
4） M. R. Junttila *et al.*, *Nature*, **501**, 346 (2013)
5） S. Naz *et al.*, "Increasing the Therapeutic Ratio of Radiotherapy", p. 103, Springer (2017)
6） M. Matsuo *et al.*, *Semin. Radiat. Oncol.*, **24**, 210 (2014)
7） G. C. Pereira *et al.*, *Biomed Res. Int.*, **2014**, 231090 (2014)
8） L. M. Phan *et al.*, *Cancer Biol. Med.*, **11**, 1 (2014)
9） G. Bonuccelli *et al.*, *Cell Cycle*, **9**, 3506 (2010)
10） U. E. Martinez-Outschoorn *et al.*, *Cell Cycle*, **10**, 1271 (2011)
11） M. M. Chaumeil *et al.*, *Neuroimage Clin.*, **12**, 180 (2016)
12） P. Viswanath *et al.*, *Oncotarget*, **7**, 34942 (2016)
13） S. J. Nelson *et al.*, *Sci. Transl. Med.*, **5**, 198 (2013)
14） A. Sreekumar *et al.*, *Nature*, **457**, 910 (2009)
15） E. C. Chan *et al.*, *J. Proteome Res.*, **8**, 352 (2009)
16） J. A. Cook *et al.*, *Cancer Res.*, **76**, 1569 (2016)
17） J. Li *et al.*, *Cell Stem Cell*, **20**, 303 (2017)
18） J. H. Ardenkjaer-Larsen *et al.*, *Proc. Natl. Acad. Sci. U. S. A.*, **100**, 10158 (2003)
19） M. M. Chaumeil *et al.*, *Methods Enzymol.*, **561**, 1 (2015)
20） K. R. Keshari *et al.*, *Chem. Soc. Rev.*, **43**, 1627 (2014)
21） M. H. Lerche *et al.*, *Anal. Chem.*, **87**, 119 (2015)
22） H. Gutte *et al.*, *Am. J. Nucl. Med. Mol. Imaging*, **5**, 38 (2015)
23） K. Golman *et al.*, *Proc. Natl. Acad. Sci. U. S. A.*, **103**, 11270 (2006)
24） I. Park *et al.*, *Cancer Res.*, **74**, 7115 (2014)
25） P. Seth *et al.*, *Neoplasia*, **13**, 60 (2011)
26） C. S. Ward *et al.*, *Cancer Res.*, **70**, 1296 (2010)
27） E. M. Serrao *et al.*, *Gut*, **65**, 465 (2016)
28） S. E. Day *et al.*, *Magn. Reson. Med.*, **65**, 557 (2011)

29) K. Saito *et al.*, *Clin. Cancer Res.*, **21**, 5073 (2015)
30) V. C. Sandulache *et al.*, *Mol. Cancer Ther.*, **11**, 1373 (2012)
31) S. Matsumoto *et al.*, *Magn. Reson. Med.*, **69**, 1443 (2013)
32) C. Sourbier *et al.*, *Cancer Cell*, **26**, 840 (2014)
33) S. E. Bohndiek *et al.*, *Cancer Res.*, **72**, 854 (2012)
34) N. V. Rajeshkumar *et al.*, *Cancer Res.*, **75**, 3355 (2015)
35) J. L. Izquierdo-Garcia *et al.*, *Cancer Res.*, **75**, 2999 (2015)
36) M. A. Schroeder *et al.*, *Proc. Natl. Acad. Sci. U. S. A.*, **105**, 12051 (2008)
37) M. Schroeder *et al.*, *Biosci. Rep.*, **37** (2017)
38) C. H. Cunningham *et al.*, *Circ. Res.*, **119**, 1177 (2016)
39) F. Schilling *et al.*, *NMR Biomed.*, **26**, 557 (2013)
40) F. A. Gallagher *et al.*, *Magn. Reson. Med.*, **60**, 253 (2008)
41) T. Harris *et al.*, *Proc. Natl. Acad. Sci. U. S. A.*, **106**, 18131 (2009)
42) K. R. Keshari *et al.*, *Magn. Reson. Med.*, **63**, 322 (2010)
43) L. Salamanca-Cardona *et al.*, *Cancer Metab.*, **3**, 9 (2015)
44) C. Yang *et al.*, *J. Biol. Chem.*, **289**, 6212 (2014)
45) C. E. Christensen *et al.*, *J. Biol. Chem.*, **289**, 2344 (2014)
46) E. Mariotti *et al.*, *NMR Biomed.*, **29**, 377 (2016)
47) J. A. Bankson *et al.*, *Cancer Res.*, **75**, 4708 (2015)
48) D. K. Hill *et al.*, *NMR Biomed.*, **26**, 1321 (2013)
49) C. Harrison *et al.*, *NMR Biomed.*, **25**, 1286 (2012)
50) F. Sun *et al.*, *PLoS One*, **7**, e34525 (2012)
51) T. H. Witney *et al.*, *J. Biol. Chem.*, **286**, 24572 (2011)
52) S. E. Day *et al.*, *Nat. Med.*, **13**, 1382 (2007)
53) L. von Grumbckow *et al.*, *Biochim. Biophys. Acta*, **1417**, 267 (1999)
54) V. N. Jackson *et al.*, *J. Biol. Chem.*, **271**, 861 (1996)
55) S. Josan *et al.*, *Magn. Reson. Med.*, **71**, 2051 (2014)
56) S. Hu *et al.*, *Magn. Reson. Imaging*, **30**, 1367 (2012)
57) T. B. Rodrigues *et al.*, *Nat. Med.*, **20**, 93 (2014)
58) T. Harris *et al.*, *NMR Biomed.*, **26**, 1831 (2013)
59) K. N. Timm *et al.*, *Magn. Reson. Med.*, **74**, 1543 (2015)
60) N. M. Zacharias *et al.*, *J. Am. Chem. Soc.*, **134**, 934 (2012)
61) M. M. Chaumeil *et al.*, *Nat. Commun.*, **4**, 2429 (2013)
62) F. A. Gallagher *et al.*, *Nature*, **453**, 940 (2008)
63) W. Qu *et al.*, *Acad. Radiol.*, **18**, 932 (2011)
64) F. A. Gallagher *et al.*, *Proc. Natl. Acad. Sci. U. S. A.*, **106**, 19801 (2009)
65) K. R. Keshari *et al.*, *Diabetes*, **64**, 344 (2015)
66) J. M. Park *et al.*, *J. Am. Chem. Soc.*, **139**, 6629 (2017)
67) J. M. Park *et al.*, *Magn. Reson. Med.*, **77**, 1741 (2017)
68) C. von Morze *et al.*, *J. Magn. Reson. Imaging*, **33**, 692 (2011)
69) G. D. Reed *et al.*, *IEEE Trans. Med. Imaging*, **33**, 362 (2014)

第3章　医薬への展開

1　AIを用いたビッグデータからの創薬

田中　博*

1.1　はじめに—創薬を巡る状況と計算論的アプローチへの期待

近年，医薬品開発を巡っては，バイオ医薬品の急速な進展など，一方では目覚ましい発展があるものの，新薬開発プロセスの効率は依然として「構造的な困難」に遭遇している。新薬の開発費用はますます増大し，現在1つの薬剤が上市するまでに1,000億円以上の研究開発費が必要とされている。また，候補化合物から医薬品として実際に上市に成功するのは2万～3万分の1程度である。特に，動物実験（非臨床試験）からヒト臨床試験に移行する段階での開発過程からの脱落が顕著で，これは，医薬品開発の「死の谷」と呼ばれ（第2相損耗 Phase II attrition），大きな課題となっている（図1）。

これを克服するためには，医薬品開発過程のできるだけ早い段階で，その候補化合物のヒトに対する有効性・毒性に対する「臨床的予測性」を確立することが望まれる。

本稿で提案する方法は，薬剤・化合物投与時や疾患罹患時の生体の「網羅的分子プロファイル」，あるいは生体分子ネットワークなどについて，近年急速に蓄積されているヒトの「生命情報ビッグデータ」に基づいて，その薬剤がヒトにとって有効か毒性があるかを「非臨床試験の早期の段階」で計算論的に予測するアプローチである。近年は，ビッグデータ時代であり，生命系

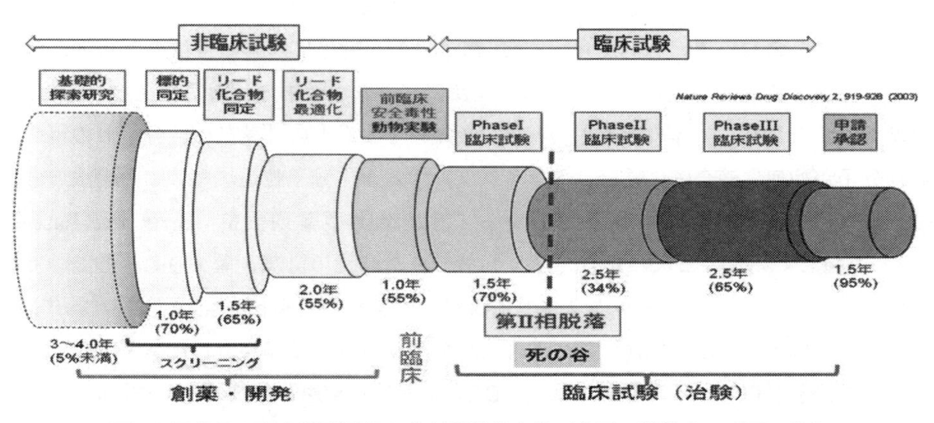

図1　医薬品の研究開発過程と薬剤候補化合物が大量に脱落する「死の谷」

* Hiroshi Tanaka　東京医科歯科大学　医療データ科学　特任教授，名誉教授；
東北大学　東北メディカル・メガバンク機構

の振る舞いに関する多くのビッグデータが蓄積され，利用可能である。これら生体のビッグデータを用いて，薬剤候補の臨床的有効性や毒性を医薬品開発のできるだけ早い段階に予測できれば，新薬開発の効率化に大きく寄与するであろう。

また，この方法は，新規医薬品の創薬だけに留まらず，既承認薬の新しい疾患適応を検討するDrug Repositioning（医薬品適応拡大）や，開発途中で予定した薬効が不十分のため開発を断念した化合物から新たな効能を見出し，新薬開発（復活）を目指すDrug Resqueにも応用可能である（ここでは両者ともDRと略称する）。

この「生体のビッグデータ」を利用して行う創薬・DRは，「生体分子プロファイル型計算創薬」は，大きく分類して，2つのアプローチがある。1つは，生体分子プロファイルのビッグデータに基づき，理論的な方法やモデルに基づき，有効性や毒性を予測する非学習的アプローチである。著者らは，このアプローチを「ビッグデータ創薬」と呼んでいる。もう1つは，既承認薬での成功例を経験的（帰納的）に学習して，与えられた疾患に対して有効な標的分子などを推論する学習的アプローチである。

生体ビッグデータの進展を基礎に，薬剤の有効性を理論的=モデル論的に予測する非学習的アプローチの研究は進展しているが，現段階では薬剤有効性や毒性に関する，理論や指標がまだ十分でない。それゆえ，これまでの成功薬剤事例から，人工知能などの学習的方法を用いて有効な薬剤標的分子を見出すルールを発見し，それによって医薬品研究開発の飛躍的進展を目指す，「AI 創薬」と呼ばれる学習的アプローチへの期待は大きい。本稿ではこの AI 創薬アプローチを中心に述べる。

1.2 ビッグデータやAIを活用した計算創薬／DRの「基本枠組み」

生体ビッグデータに人工知能を適用して創薬やDRの新しいアプローチを構築するための基本的枠組み（フレームワーク）としては，「疾患罹患や薬剤投与に対する生体のシステムとしての応答」を網羅的・俯瞰的・全体的に捉える視座が確立されつつある。計算創薬といえば，「インシリコ創薬」すなわち，生体の酵素や受容体，チャンネルなどの「薬剤標的分子」のポケットへ薬剤候補分子が如何に適合的に結合（ドッキング）するか，分子軌道法や分子力場法，分子動力学法などの分子計算を用いて分子設計する「構造準拠型薬剤設計（Structure-based Drug Design)」を指していた。これに対して，ビッグデータ時代の計算創薬・DRとして，薬剤投与時の生体システム／ネットワークの全体的振る舞い，すなわち遺伝子発現プロファイルを取り扱って薬剤の生体への作用を把握するのが「生体分子プロファイル型計算創薬・DR」である[1)]。

1.2.1 「生体分子プロファイル型計算創薬・DR」における疾患と薬剤の相互作用の捉え方

この「生体分子プロファイル型」の計算創薬・DRにおいて基本となる概念は，薬剤が投与された時や疾患に罹患した時に，生体の全体システムが示す，健常状態と異なった「ゲノムワイドな」振る舞い，例えば，ゲノムワイドな遺伝子発現プロファイルの変化である。

「生体分子ネットワーク準拠型の計算創薬／DR」では，薬剤と疾患との関係を図2の枠組みで

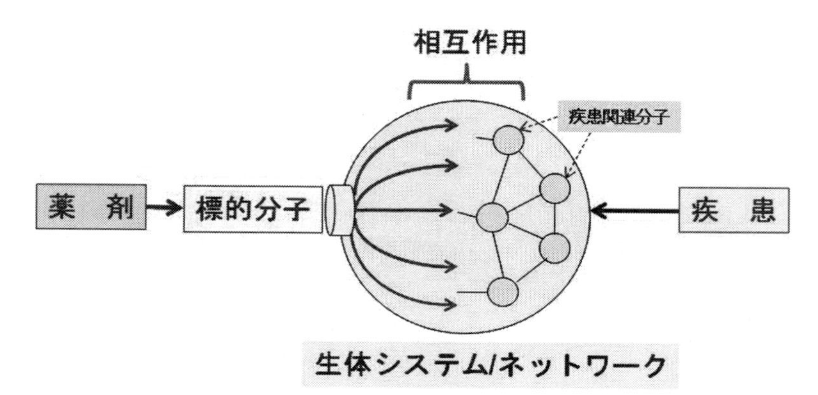

図2　生体分子プロファイル創薬・DRの「基本的視座」

捉える。生体システムが中心にあり，この生体システムは信号伝達パスウェイや遺伝子発現調節系のような分子ネットワークにより構成される。薬剤は，生体分子ネットワークに所属する「標的分子」を通して，この生体分子ネットワークへ影響を与える。一方，疾患とは，「健常状態から変容した生体の分子ネットワークの状態（「歪み」）」である[2]。もちろん疾患の中には1つの遺伝子の先天的変異によって発症する疾患もあるが，糖尿病や高血圧症のような大半（約95%）の疾患は，複数の遺伝子の調節機能不全によって起こされた生体ネットワーク機能の「歪み」が基底にある。ここでは，この生体分子ネットワークに「歪み」の原因あるいはそれに大きな寄与を示す複数の分子を「疾患関連分子」と呼ぶ。疾患に対する薬剤の効果とは，生体の分子ネットワーク全体において，「標的分子」から発せられる薬剤効果の伝播が，「疾患関連分子」を含む疾患の分子ネットワークの「歪んだ」部分に与える作用である。

1.2.2　生体分子ネットワーク準拠の計算創薬／DRの「3層ネットワークモデル」

図2の基本的枠組みをさらにより，薬剤の分子作用機序（MMOA：molecular mechanism of action）に注目して詳細化しよう。

まず，薬剤は単独で存在してはいない。薬剤は集合をなし，既成の薬剤も含めて，その化学的な親近性を尺度にして薬剤（化合物）間でネットワーク，すなわち薬剤（化合物）ネットワークを形成している。また，疾患も単独で存在するものではない。疾患間の類似性によって疾患ネットワークを形成している。ある疾患に類似性尺度で近接する他の疾患に対して，もとの疾患に有効な薬剤がやはり有効かもしれない。疾患集合と薬剤集合にはある種のトポロジー（場所性）が潜んでいる。生体分子プロファイル型創薬・DRは，このトポロジーを活用する。

次に，薬剤の疾患への作用の〈場〉として，生体システムを考えると，これは生体分子ネットワークと考えることができる。ここで，薬剤のこの生体分子ネットワークへの作用の「足場」は，薬剤がターゲットとする，酵素や受容体あるいはチャンネルなど生体の「標的分子」である。また，疾患のこの生体の分子ネットワークへの作用の「足場」は，疾患という〈生体分子ネットワークの機能的「歪み」〉を引き起こしている複数の「疾患関連分子」である。この「標的分子群」

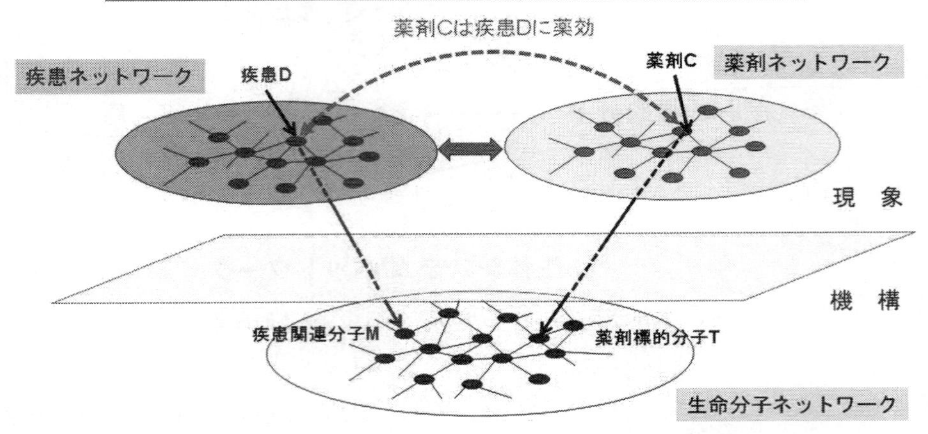

図3　創薬／DRの「3層ネットワーク」理論の基本的枠組み

と「疾患関連分子群」の相互作用が，薬剤の生体への有効性や毒性となって現れる。したがって，図2を創薬・DRのMMOAの立場から変形すると，3層のネットワークより構成される「生体・薬剤相互作用の基本枠組み」が得られる（図3）。生体分子ネットワーク準拠型の計算創薬／DRはこの枠組みを基礎に実践される。

1.2.3　生体分子プロファイル型創薬・DRの方法の分類

「はじめに」でも触れたように「生体分子プロファイル型計算創薬・DR」は，大きくは「非学習的方法」と「学習的方法」に区別できる。また，図3の基本的枠組みからも明らかなように，上半面で，疾患ネットワークと薬剤ネットワークを2元論的に直接比較する「現象論的（phenotypic）方法」に対して，下半面の生体分子ネットワークの層に基づいて「疾患関連分子」と「薬剤標的分子」との相互作用を根拠にして創薬・DRを考える「機構論（MMOA）的方法」あるいは「標的分子準拠（target-based）的方法」がある。この2つの分類基軸を組み合わせると「生体分子プロファイル型創薬・DR」に関して，次の方法論の体系的分類ができる。

A.「疾患―薬剤ネットワーク」相互関連型「現象論的」アプローチ

まず，「疾患ネットワーク」と「薬剤ネットワーク」の2元ネットワークの間の相互関連性に準拠した創薬・DRアプローチには次の方法がある。

1　非学習的方法

①遺伝子発現プロファイル直接比較法

シグネチュア逆位（signature revision）法とも呼ばれる。薬剤投与時と疾患罹患時の生体反応について，遺伝子発現プロファイルを「共通指標」として比較し，疾患罹患時の遺伝子発現プロファイルと薬剤投与時の遺伝子発現プロファイルが（相関係数やノンパラメトリック指標で測って）逆パターンの組があれば，この疾患と薬剤の組において，薬剤は疾患に対して有効性を示す可能性は高い。これが，同一パターンであれば，薬剤を投与すると疾患と同じような病態反応を示すので，この薬剤は毒性を示す可能性がある。このアプローチは，生体分子プロファイル型アプローチによるDR研究の最初の応用となった。

②疾患・薬剤ネットワーク近接解析

病態分子生物学の発展により，疾患形成のゲノム・オミックス機序も明らかになってきた。罹患する臓器や組織の場所などは異なっても，疾患のゲノム・オミックス機序が共通していれば，同一の薬剤が両者の疾患にも有効であると予測される。このように，従来の医学の臓器別などの「表現型による疾患分類」ではなく，疾患の内因的機序に基づいて疾患間の親近性を表す「疾患ネットワーク」を作成すると，既承認薬の適応疾患に，疾患ネットワーク上で近接する疾患もその薬剤が有効である可能性があると予測される。

逆に薬剤（化合物）の方も，化学的構造や投与時の生体反応の類似性によって「薬剤ネットワーク」を構成することができる。この場合，ある疾患に有効な医薬品の薬剤ネットワークの近傍に存在する医薬品は同様にその疾患に有効ではないかと予測される。これは有効な新規化合物の推測にも繋がる。

2　学習的方法

①疾患―薬剤バーチャルスクリーニング法

個々の疾患と薬剤の複数の多次元指標・特性で記載し，既承認薬剤の成功例である疾患と薬剤（化合物）の組に関して，疾患・薬剤の指標・特性を学習して，サポートベクトルマシン（SVM）や分類木などの「機械学習」によって有効性ルールを抽出し，疾患に有効な薬剤候補化合物の属性を推測して有効性を推測する。

B.　生体分子ネットワーク準拠型「機構論的」アプローチ

次に，薬剤作用の〈場〉として生体分子ネットワークを視座に据え，そこで疾患を代表する「疾患関連遺伝子」と薬剤の生体における作用点である「薬剤標的分子」との相互作用（MMOA）を解析するアプローチとして以下の方法がある。

1　非学習的方法

①生体分子ネットワーク準拠型の薬剤有効性評価法

生体分子ネットワークを〈場〉として疾患および薬剤の生体システムへの足場（作用点）分子が，この〈場〉のどこに占めるか，足場分子間の相互作用を予測して，薬剤の疾患に対する影響力を予測する方法である。生体分子ネットワークとしては，〈タンパク質相互作用ネットワーク〉がよく用いられている。薬剤の足場となるタンパク質は薬剤の「標的分子」であり，疾患の足場は「疾患関連遺伝子」（疾患関連タンパク質）である。タンパク質相互作用ネットワークでの疾患関連タンパク質と薬剤標的タンパク質の位置を繋ぐリンク（近接度）数が，薬剤の疾患に関するインパクト（影響力）の根拠となる。様々なインパクト指標が提案されている。

2　学習的方法

①人工知能を用いた生体分子ネットワーク準拠型の薬剤標的分子探索法

疾患に対して有効な標的分子を生体分子ネットワーク内で探索する課題において，その疾患に有効であった既存の薬剤の標的分子（正解）の多数の例から，薬剤の有効性に関係する〈ネットワーク特性〉を学習し，それを満たす薬剤標的分子を探索する。非学習的方法では捉えきれなかった，薬剤有効性のためのネットワークでの特性を，疾患に対して有効性が立証されている標的分子の生体ネットワーク特性から「経験的に学習」して，これを基準にして新規標的を発見する。この学習的方法には人工知能が用いられる。

本稿では，学習的方法すなわちAIの創薬の応用に関して，代表的な方法を，以下紹介しこれからの展望を述べよう。

1.3　ビッグデータからAIを用いて創薬を行う

分類でも触れたが，学習的アプローチとしては，(1)疾患と薬剤（化合物）の相互関連的な「現象論的」アプローチあるいは2元集合的アプローチでは，疾患集合と薬剤（化合物）集合のバーチャルスクリーニング，すなわち有効な疾患と化合物の組み合わせを，これまでの実験的な成功例から計算で他の組み合わせを推測するAIバーチャルスクリーニング法，(2)生体分子ネットワーク準拠型の計算創薬・DRでは，タンパク質相互作用ネットワークの構成タンパク質の枠内において，指定された疾患に有効な標的分子を，これまでの承認された薬剤標的分子の生体分子ネットワーク上の特性から推定するPPIN薬剤標的分子AI探索法が述べられているので，これをAI創薬の代表的方法として論じたい。

1.3.1　AIバーチャルスクリーニング法

疾患に有効な化合物をスクリーニングする方法は創薬におけるリード化合物を探索する段階で用いられる方法である。AIの応用としてスクリーニングの結果を実際の実験ではなく，分子構造や疾患の特性などから計算で予測するバーチャルスクリーニングは，いくつかの方法が提案されているが，ここでは京都大学の奥野恭史教授が提唱する「Chemical Genomics-based Virtual Screening（CGBVS法）」について解説する。

医薬品候補化合物の探索では，膨大な化合物候補（$>10^{60}$）と多数の候補標的タンパク質候補との膨大な組み合わせ数の相互作用評価が理論上必要であるが，これらすべての組み合わせを計算することは，現在の計算機能力では不可能である。

奥野はこの問題を解決する方法として，既知のタンパク質（標的）と化合物の相互作用を機械学習して，相互作用の有・無の2クラスの判定を行うことを考えた。予測対象のタンパク質（アミノ酸の一次配列）と薬剤候補化合物（化学構造）に対して，学習に使う情報（記述子）は，(1)標的タンパク質のアミノ酸情報，(2)薬剤候補化合物の化学構造（通常2次構造），(3)両者の間の相互作用情報である。CGBVS法では，以下の記述子を使用している。

(1) 標的分子および薬剤化合物の数値的記述子（特徴ベクトル）

①**標的タンパク質**：アミノ酸配列の2アミノ酸や3アミノ酸の出現頻度，構成アミノ酸の特性など数値化されたベクトル表現を用いている。

②**薬剤候補化合物**：分子量，炭素などの構成原子数，部分構造の有無，疎水性度など，化合物の化学的構造の特徴と物性を表す数値化方法が3,000種ぐらい既に考案されているのでこれを使用する。

③**標的タンパク質—薬剤候補化合物間の相互作用（CPI：Compound-Protein Interaction）**：これが機械学習で判定の対象となるので，これまでの相互作用の有無が既知である標的タンパク質と化合物の組を選び，その組の〈タンパク質と化合物の記述子を連結したベクトル〉を作り，さらに相互作用がある場合を「正例」として，相互作用がない場合を「負例」として記載する。

(2) 機械学習による判定

CGBVS法の場合は，既知の〈標的タンパク質—薬剤候補化合物〉の組の相互作用の有無に関する情報を，通常は人工知能に含めないが，数理的な機械学習として代表的な，サポートベクトルマシン（SVM）で学習して，任意の相互作用が未知のタンパク質・化合物の組に対して，相互作用を予測する「2クラス判別器」を構築し，「相互作用の予測スコア」を出力する。

スーパーコンピュータ「京」の8万ノードを使用して相互作用の予測を行った。標的タンパク質としてGタンパク質結合受容体（GPCR）233種とキナーゼ398種に対して，米国PubChemデータベースの3,000万件とのすべての組み合わせ189.3億に関してたった5時間45分で計算を終了した。また既知の標的タンパク質と化合物との相互作用予測の正解率は79%であった[3]。

(3) 人工知能・ニューロネットによる学習

SVMでは機械学習を行うとき，訓練例を一挙に与えなければならなかった。そのため1万例以上の相互作用既知の標的タンパク質化合物の既知事例を学習する場合，計算時間や必要メモリが指数関数的に増加する。そこで，奥野らはそれを改良するために，人工知能，とくに近年注目を集めている深層学習（Deep Learning）をSVMの替りに学習に用いる，CGBVS-DNNシステムを構築した。

深層学習は，一挙に学習事例を与える必要がない。学習サンプルは，いくつかのミニ・バッチとして与えこれを反復して（エポック数），訓練精度や予測精度の収束状況を観測して，適切なところで反復計算を止める。

CGBVS-DNNによる計算時間や必要メモリは，2,500万件の事例以上の学習から，もとのCGBVS法を超えて，その精度は，交差検証（Cross Validation：クロスバリデーション）によると，4万CPIで98.2%であった[4]。

AIあるいは機械学習を用いたバーチャルスクリーニングは，CGBVS法以外にも多くの研究で試みられている。例えば，オーストリアのUnterthiner[5]らは化合物データベースChEMBLに深層学習を適応して，AIバーチャルスクリーニングを行っている。

1.3.2 タンパク質相互作用ネットワークでの標的分子 AI 探索法

(1) 生体分子ネットワーク準拠の AI 創薬・DR

図3の枠組みにおいて，下半面の生体分子ネットワークをプロットフォームとする「生体分子ネットワーク準拠型」の「学習的計算創薬・DR」としては，疾患を与えて，その疾病に最適な標的分子を探索するアプローチが考えられる。

非学習的方法では，疾患関連遺伝子に対応するタンパク質と，薬剤の標的分子の，生体分子ネットワーク（現在ではタンパク質相互作用ネットワーク）内での距離，すなわち間に存在するリンク数の規格化指標が提案されていたりするが，薬剤の経験的有効性の相関はあまり高くなかった。理論的方法やモデルだけでは薬剤の有効性を正確に予測するには，まだ考慮されていない特徴量が存在し，不十分であることが分かった。ヒトが与える特徴量だけでは有効性の推測が十分に達成されない。これは非学習的方法の限界と考えられる。

そこで，学習的方法を用いて，指定された疾患に対する，生体分子ネットワーク上の適切な薬剤標的を見出すための AI 創薬的方法を構築する。これは，タンパク質相互作用ネットワーク上に，指定された疾患との関連性を示すトポロジー（場所性）を持つ標的分子候補タンパク質を見出すことである。このために，これまでの成功事例を学習材料として人工知能を適応して推測する。

これまで「成功した薬剤」における〈疾患—薬剤—標的分子〉の3層間のリンクの組み合わせから，薬剤標的分子の示すネットワーク位置情報を含む，特徴量を学習によって見出し，それを用いて最適な標的分子を探索する。すなわち，疾患を指定した時の既成の薬剤標的分子のネットワーク構造における特徴を学習し，これを用いて，新たな標的分子を探索する。すなわち，人工知能を用いて，指定された疾患に対して標的分子探索のルールを学習する。

(2) ニューラルネットワークとくに深層学習による AI 創薬

人工知能（AI）と一言で言っても，近年注目の人工知能は，脳の情報処理から着想を得た「ニューラルネットワーク（神経回路網）」である。既に AI バーチャルスクリーニングの項でも触れたが，ここで少し詳しく述べよう。

ニューラルネットワークの最もよく使われる方式は，層状に並べた神経素子を入力層から多数の中間層を経て最終的な出力層へと順方向に伝搬する多層ニューラルネットワークである。これまでは，出力信号と人間の与えた正解との誤差を，出力層から入力層方向へ逆に遡って，ネットワーク結合の重みを修正する「逆伝播（back propagation）」の「教師あり学習」が用いられたが，層の数が多くなると有効に働かなくなる欠点があった。深層学習（deep learning）は，この欠点を革新的に解決した。その方式は，隣り合うそれぞれの層の間で，伝播された次層のノードの値から，伝播した元の層のノードが可及的に復元できるように，ネットワーク結合の重みを「教師なし学習」で決定する「自己符号化（autoencoder）方式」の発見による。

我々は，超多次元ネットワークである「タンパク質相互作用ネットワーク」を深層学習の自己符号化機能（autoencoder）を多層に用いて（deep autoencoder），タンパク質が約1万あるネッ

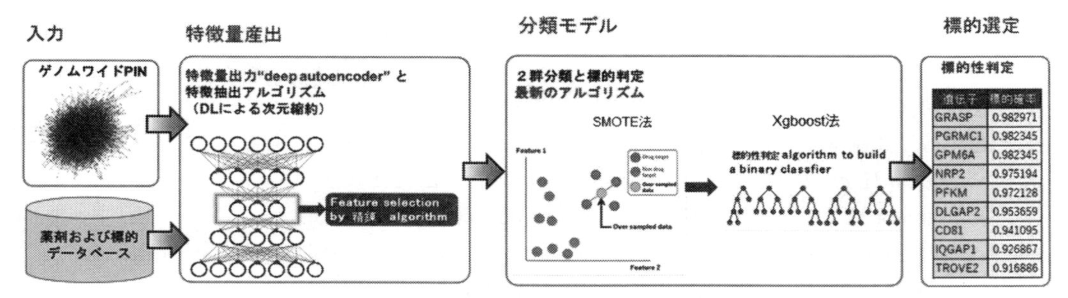

図４　Pharm-AI の深層学習による薬剤標的分子の探索

トワーク，すなわち１万×１万のネットワークを，符号化層（encoder）に４層，そして特徴量の表現層，そして復号化層（decoder）に４層の合計９層の深層自己符号化を用いて，特徴量の「潜在空間」（latent space）[6] には，120 種類の「特徴的なネットワークパターン」「潜在空間状態変数」に縮約した（図４）。

⑶　AI 創薬プログラム Pharm-AI による標的分子探索

次のようなパイプラインよりなる「AI 創薬」システム Pharm-AI を開発した[6]。すなわち，指定された疾患で，⑴有効性の証明されている既成の薬剤（成功例）の標的分子に関して，この潜在空間状態変数での値を求め，⑵標的分子である例とそうでない例での潜在状態変数の値，すなわち訓練事例集合を，SMOTE 法によって補完し，⑶機械学習プログラム（Xgboost）で識別木を作成して，⑷タンパク質相互作用ネットワークに含まれる各タンパク質が，指定された疾患の標的分子に成り得るかを機械学習で判定させた（図４）[7]。

アルツハイマー病で，この AI 創薬プログラムを実行したところ，現在実験によって検討されているアルツハイマー症の薬剤候補化合物が多く探索された（トップ 10 のうち７種）。例えば，PGRMC1 という分子は，神経保護的で認知機能の低下を減少させ，神経の炎症を抑えるとして，多くの実験的研究で検討されている遺伝子である[8] ことからも，我々の AI 創薬システムで推定したものがアルツハイマーに有効であると期待された。深層学習（自己符号化多層神経回路網）によって，タンパク質相互作用ネットワークをいくつかの特徴量に分け，それを用いて標的分子を推論することが有効な手段であることが判明した。

1.4　おわりに

タンパク質相互作用ネットワークのような〈生命ビッグデータ〉が容易に利用可能になったが，これらは超多次元ネットワークであるため，ヒトの考えだけでは有効に革新的（イノベーティブ）な知識を抽出できない。深層学習は，データの持つ固有の構造を自動的に抽出して，それに適合的に複雑な構造を，少数の特徴量に縮約する。本稿では，タンパク質相互作用ネットワークの「創薬力」を深層学習で抽出して，新たな薬剤の標的分子を探索した。今後，大規模のビッグデータから革新的な知識を抽出する深層学習の価値はますます高くなるであろう。

文　献

1) 田中博，AI創薬・ビッグデータ創薬，薬事日報（2017）
2) 田中博，先制医療と創薬のための疾患システムバイオロジー，培風館（2012）
3) Yabuuchi H, *et al.*, *Molecular Systems Biology*, **7**, 472 (2011)
4) Hamanaka M, *et al.*, *molecular informatics*, **36**, 1600045 (2017)
5) Unterthiner T, *et al.*, Deep learning as an opportunity in virtual screening, CoRR, abs/1503.01445, http://arxiv.org/abs/1503.01445 (2015)
6) Gomez-Bombarelli R, *et al.*, Automatic chemical design using data-driven continuous representation of molecules, arXiv: 1610.02415 (2016)
7) Hase T, Tanaka H, *et al.*, to be appeared
8) Izzo NJ, *et al.*, *PLoS One*, **9**, e111899 (2014)

2　創薬におけるビッグデータの可能性

徳久淳師[*1]，種石　慶[*2]，奥野恭史[*3]

2.1　はじめに

遺伝子である核酸や活動主体であるタンパク質の相互作用により生命の様々な高次機能は維持されている。疾病はそのような分子レベルの相互作用が通常の活動から逸脱している状態である。このため核酸・タンパク質の相互作用を制御することが可能な化学物質である薬剤を探索・創製することが，創薬の具体的な目的となる。薬剤の候補物質の探索過程を，数理的な問題として見ると「生命現象を司る生体高分子群とそれ以上に多様な化合物との組合せの中から最適に相互作用する対を見つけ出す問題」と言い換えることができる。すなわち「生体内の分子群からなるバイオ空間と，合成可能な化合物群から成り立つケミカル空間の直積である『バイオ空間×ケミカル空間』を探索空間とする最適化問題」と捉えることができる。ここでは，バイオ空間の要素は創薬の標的で最もメジャーなタンパク質に限定する。ヒトの全遺伝子数は2万2千ほどあり，遺伝子にコードされたタンパク質は様々な修飾を受けることにより，総数は少なくとも数十万オーダーと見積もることができる。一方で，ケミカル空間の要素となる化合物は多様な構造を人工的に合成できることから，天文学的な数となる。分子標的薬の目安として知られる分子量500以下の分子に限っても，理論上は10^{60}を超えると推計される。よってバイオ空間とケミカル空間との直積空間「バイオ空間×ケミカル空間」は推計10^{65}オーダーと見積もられ，この組合せの数は探索空間の途方もない拡がりを感じさせるものである。このため，候補物質の探索過程に限っても，創薬標的タンパク質と多数の化合物に対し生化学的に薬剤親和性評価を行うハイスループットスクリーニング（HTS）などの実験的手法のみでは，効率的な創薬を実現することは難しいという問題に直面する。

そこで近年は，計算機上で候補物質を絞り込むバーチャルスクリーニング法や，X線回折法などによって得られる核酸やタンパク質の立体構造に根ざした薬剤設計を行うSBDD（Structure Based Drug Design）などが活性化されており，計算創薬ともいえる新しい分野が形成されつつある。このように，創薬においては実験科学のみならず計算科学，データ科学が担う役割は益々その重要性を増している。

本稿では創薬の様々な階層におけるビッグデータ応用という視点から，計測によって得られるリアルワールドデータ応用，計算機によって得られるシミュレーションワールドデータ応用，そしてそれらを融合するハイブリッド法などを紹介し，高い効率で真に安全で有効な薬剤設計を目

＊1　Atsushi Tokuhisa　(国研)理化学研究所　科学技術ハブ推進本部　研究員，
計算科学研究機構　研究員
＊2　Kei Taneishi　(国研)理化学研究所　科学技術ハブ推進本部　テクニカルスタッフ
＊3　Yasushi Okuno　京都大学　大学院医学研究科　人間健康科学系専攻
ビッグデータ医科学分野　教授

指す我々の研究の一端について述べる。

2.2 生体高分子の構造を計測する手法

この項では生体高分子の構造や物性など計算創薬の基礎的なデータとなる，計測によって得られるリアルワールドデータの取得法について構造情報の取得を中心に述べる。ヘテロな原子からなる多自由度系である生体高分子はナノオーダーの大きさやその構造の多様性など，生体高分子の本質的特性により，実験的にデータを取得すること自体が難しいという側面があり，現時点においても様々な新しい構造解析手法の開発が進められている。以降では，X 線回折法を中心に生体高分子の構造解析法を概観する。

生体高分子の形を見る方法として現時点で最も有効な方法は X 線回折法である。X 線回折法では，試料に X 線を照射しその回折像を得る。この回折像から実空間に広がる 3 次元の電子密度関数の分布を求めることが，生体高分子の立体構造を求めるということになる。X 線回折実験の観測量である回折強度 $s(\mathbf{k})$ は，構造因子 $F(\mathbf{k})$ の絶対値の二乗に比例し，偏光因子を除いた式は次式で与えられる。

$$s(\mathbf{k}) = I_i r_{CE}^2 \omega |F(\mathbf{k})|^2 \tag{1}$$

ここで，I_i は入射 X 線強度密度である。r_{CE} は古典電子半径を表し定数である。ω は画素あたりの立体角を表す。構造因子と電子密度関数は次のフーリエ変換の関係にあり，波数空間において構造因子と位相情報が得られれば，実空間における電子密度関数 $\rho(\mathbf{x})$ を求めることができる。

$$\rho(\mathbf{x}) = \int d\mathbf{k} F(\mathbf{k}) \exp(2\pi i \mathbf{k}\mathbf{x}) \tag{2}$$

この式が示す通り，実空間で 3 次元電子密度関数を求めるには，波数空間においても基本的には 3 次元の情報が必要である。観測量である 2 次元検出器像は，波数空間に広がる回折強度関数を，原点に接し半径が入射 X 線の波長分の 1 である Ewald 球面で切り取った像に対応する。入射 X 線に対する分子方位が異なると，切り取る Ewald 球面の方向が変わり，回折像が変化する。

試料に多数の同一分子が規則正しく並んだ状態である結晶を用いる計測が最もよく行われている。この手法は X 線結晶構造解析と呼ばれ，主に目的タンパク質の生成，X 線回折像計測，計算機による構造計算の 3 つの手順を経て進められる。本手法を適用するには，まず結晶試料を作成する必要がある。しかし，タンパク質の結晶は多くの水分子を含んでおり，計測に適した質の良い 0.1 mm 程度の大きさの結晶を得ることは難しい場合があり，結晶化が可能なタンパク質は限られる。このため，X 線結晶構造解析においては試料の結晶化がボトルネックになるといえる。質の良い結晶が得られた場合，SPring–8 などの放射光施設によって得られる高輝度 X 線を結晶試料に照射することにより，X 線回折像を計測する。結晶試料からは多数の回折点（ブラック点）が得られ，必要十分な回折点が得られれば構造計算を行い，同型置換法などにより位相を決定することによって電子密度関数を得る。電子密度関数が得られると，それに対し分子モデルを当てはめることで原子座標を得ることができる。X線結晶構造解析により解かれた原子座標はPDB（http://www.rcsb.org/pdb/home/home.do）などの公共データベースに登録されており，タンパク質と基質の結合様式に関する情報などを与えるビッグデータを形成している。また，後に述べる分子動力学計算などのシミュレーションの初期構造として用いられる基礎的な計測データとなっている。

一方，生命現象の理解や創薬に対して重要な役割を担う生体高分子・生体超分子の中には，結晶を得ることが困難な試料がまだまだ多く存在する。また，機能に関連した部位では，多様な構造状態を取っていることが多く，多数の個体からの平均像を求める結晶構造解析のみではその機能分子メカニズムを解明しきれない部分がある。このような理由から，結晶化が不要でかつ生体高分子が持つ多様な構造状態を解明する手法構築は重要な課題といえる。例えば，近年は新しいX線光源であるX線自由電子レーザー（XFEL：X-ray Free Electron Laser）[1]により，0.1 mmよりも小さな微結晶試料に対する微結晶構造解析[2,3]や，後述する非結晶試料を用いた単粒子構造解析[4~11]など，構造解析の新しい手法開発が推進されている。

2.3　バーチャルスクリーニング

前項では構造解析を中心にリアルワールドデータの取得方法について概観したが，ここではリアルワールドデータ応用の一例として，バーチャルスクリーニング法に注目する。前述の通り，創薬の対象となる探索空間は膨大なため，その早期の段では計算機を用いたバーチャルスクリーニング法により化合物を探索することは極めて有効である。ここでは，筆者らが独自に研究開発し，実際の創薬現場でも用いられているChemical Genomics-Based Virtual Screening（CGBVS）法を紹介する[12]。CGBVS法では，タンパク質と化合物の既知の相互作用情報を機械学習することで，相互作用の有無の2クラス判別器を構築する。機械学習にはSVMや近年，急速にその応用範囲を広げているディープラーニングを使用することが可能である。CGBVS法は教師付き学習の一例で，既知の相互作用を学習することにより未知の相互作用を予測するものであり，最初に学習に用いる訓練データを与える必要があるが，生化学実験により相互作用の有無が検証された公共あるいは商用データベース，インハウスデータを用いることで，標的とするタンパク質に対する相互作用情報を準備することができる。

CGBVS法では化合物やタンパク質の構造や物性を数値として表現するための記述子化を行う。例えば，化合物の記述子表現には，分子量，炭素などの構成原子の数，疎水性など構造的特徴や物性を表す数値，部分構造の有無などによる記述子化方法が3,000種ほど考案されている。また，タンパク質の記述子表現では，アミノ酸配列中の2アミノ酸や3アミノ酸の出現頻度や，構成アミノ酸の特性といった記述子ベクトルが用いられる。さらに近年ではディープラーニングの表現学習という特性を生かすため，記述子化と学習を同時に行う手法が登場している。その一つはグラフ畳み込み（graph convolution）と呼ばれる手法であり，化合物をグラフ表現として捉え，注目した原子を中心に原子間結合でつながる原子を階層構造として入力することで，グラフ構造内の局所的な特徴を畳み込みニューラルネットワークにより学習することを可能にしたものである[13]。これは記述子としてはECFP（extended-connectivity fingerprint）法に近いが[14]，局所情報を活用することでECFPを用いたDNN（Deep Neural Network）に優る予測精度を実現している。

また，著者らの独自アプローチとして，化合物とタンパク質の相互作用活性を学習するため，ディープラーニングでマルチモーダルと呼ばれる手法を用いている。これは化合物とタンパク質のように互いに異なる学習対象を，同一のニューラルネットワーク上で入力に用いる手法である。例えば学習モデルにディープラーニングにおいて基本的なネットワーク構造である，複数の隠れ層の全結合から成るニューラルネットワーク（DNN）を採用した場合，DNNに相互作用ベクトルを入力し，ランダムに初期化されたネットワークの重みと活性化関数により変換して出力を得たとき，この出力と与えられた教師ラベルとで定義される損失関数である交差エントロピーを計算し，これを最小化するようにネットワークの重みを更新することで，求める予測モデルが得られる。図1にCGBVS法のフローを示す。

この予測モデルに対して化合物―タンパク質のバイオアッセイデータに基づく25万相互作用データを用いて5分割交差検証を実施し，5回試行した平均AUCで予測精度を検証したところ，

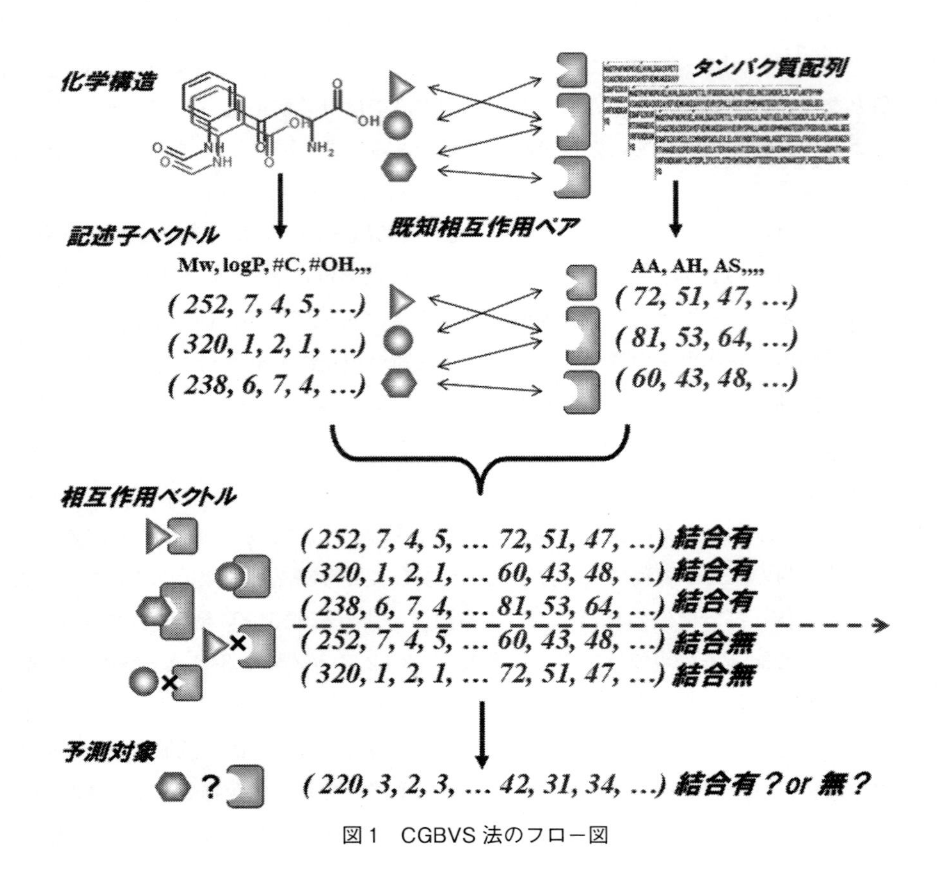

図1　CGBVS法のフロー図

平均AUC＝0.955という高精度のものであった。この試行に要した時間は約1時間であったが，著者らはさらに400万相互作用までのデータセットで予測精度が向上することを確認し，大規模データセットでの予測モデル構築が可能であることも示した。

一方で，現在のCGBVSはまだバーチャルスクリーニングに最適なディープラーニングのネットワーク構成を確立したとはいえない。今後もグラフ畳み込みなどの新しいニューラルネットワークの要素技術が提案されるとともに，それらを取り込むことでよりロバストで高精度なバーチャルスクリーニング技術を確立していくことが必要とされている。

2.4　リアルワールドデータとシミュレーションワールドデータの融合

この項では，リアルワールドデータとシミュレーションワールドデータを融合したハイブリッド法について，著者らが開発を進めるXFELテンプレートマッチング法を中心に紹介する。生体高分子のシミュレーションで最も馴染みの深い手法は，分子動力学計算（MD）シミュレーションではないだろうか。MDシミュレーションでは，先に述べたX線結晶構造解析によって得られる原子座標と力場と呼ばれるポテンシャルエネルギーを記述するためのパラメーターと式により，ニュートンの運動方程式を逐次解くことにより，計算機上に生体高分子が持つ熱揺らぎを再現する。計算創薬においては，MDにより正確な薬剤ポケットの予測や，結合自由エネルギーを算出することができ，薬剤親和性の評価などを行うことができる[15,16]。この手法は，キナーゼなど深い薬剤ポケットを持つ比較的硬い分子に対しては，実験データをよく再現し，実験に先立ち薬剤親和性を精度よく予測することが知られている。一方で，フレキシブルな分子においてはシミュレーションにより計測データを再現することが難しいことが示唆されている。原因としてはMDにおける古典力場の正当性に加えて，X線結晶構造解析により得られた平均構造周辺における熱揺らぎでは，生体高分子が持つ構造の多様性を表現しきれていないことが要因として考えられる。シミュレーションのみでは再現しきれない，生体高分子が本質的に持つ構造多形の情報を，創薬設計において如何に取り入れるかが計算創薬の精度向上において重要となる。

リアルワールドデータである各種計測データをシミュレーションワールドデータにデータ同化することで分子モデリングの著しい精度向上を期待できる。このような手法の総称はIntegrated/Hybrid法（I/H法）と呼ばれ，様々な計測データとシミュレーションデータを統合的に用いた構造解析が展開されている[17]。近年はI/H法により構築された構造データベースPDB-Dev[18]の公開も行われており，その有用性は浸透しつつある。著者らはXFELによって得られる単粒子回折像をシミュレーションワールドデータとデータ同化するXFELテンプレートマッチング法を提案した[19]。この手法の概念を図2に示す。単粒子試料に対するXFEL光を用いたX線回折では，連続的な図柄を持つスペックル像が計測され，そこには単粒子試料の瞬間的な構造情報が収められている。一方で，単粒子試料からの回折強度は弱く，得られる回折像の信号雑音比は悪い。また，測定時の入射X線に対する分子の方位は未知で，1回の測定で観測される回折像は試料分子の立体構造を構築するための部分情報であり，回折像データのみから3

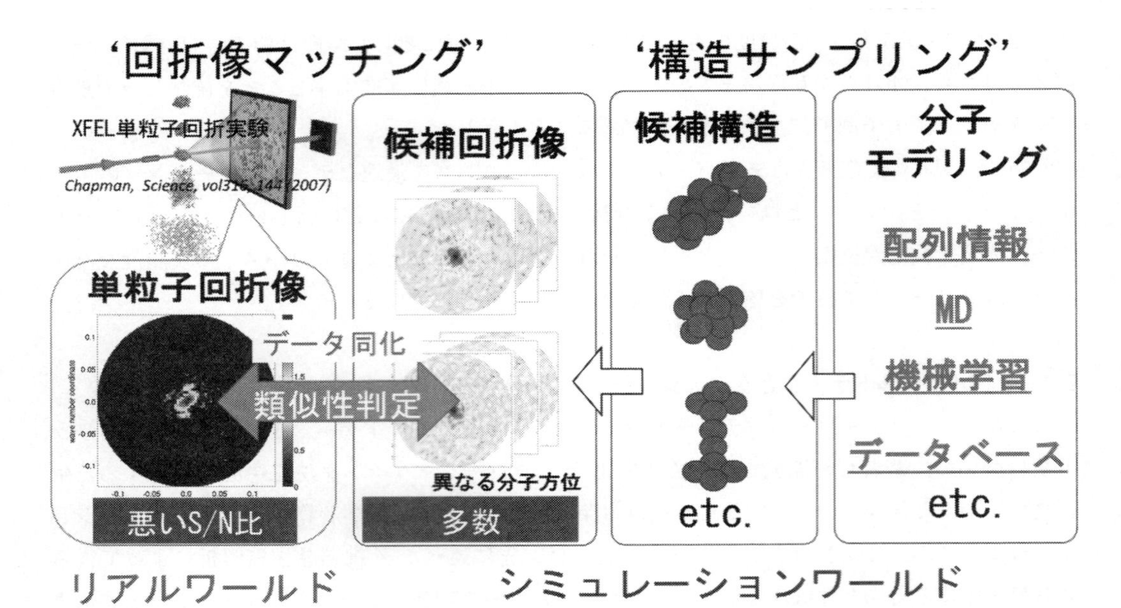

図 2　XFEL テンプレートマッチング法

次元構造を構築するには入射 X 線に対するあらゆる分子方位からの回折像が必要となる[5]。しかし，現状においてそのような完備な回折像データセットを取得すること自体が難しく，本手法では多数の候補構造を仮定することで実験データの情報の不足を補う。

XFEL テンプレートマッチング法は‘構造サンプリング’と‘回折像マッチング’により構成され，入射 X 線に対する分子方位の自由度を考慮した候補回折像を準備し，観測回折像と類似な候補回折像を，回折像類似性判定法を用いて探索することにより構造情報を抽出する。このため，1 枚の回折像から構造情報を抽出することができ，生体高分子が持つ様々な構造状態を解明するポテンシャルを有する。この手法では‘回折像マッチング’によりデータ同化を行うが，その際リアルワールドデータである単粒子回折像は信号雑音比（S/N 比）が悪いことが問題となる。著者らは‘回折像マッチング’において核となる要素技術の一つである，量子雑音に強い耐性を持つ，統計的アルゴリズムを採用した回折像類似性判定法を開発した[20]ので紹介する。回折像類似性判定法の概念を図 3 に示す。

この方法では，一対の回折像の図柄の類似性を，相関値を用いることで類似度として数値化する。一対の回折強度像の相関値 c_{ij} を次式で定義した。光子数期待値の波数依存性により回折強度像を規格化した上で相関値を求めることで，X 線散乱角がより広い領域の相関を拾うことができ，より微弱な信号をも活用することができる。

相関図　　雑音低減メカニズム

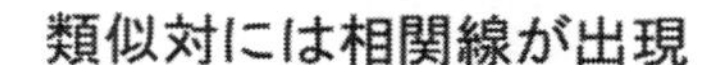

量子雑音下の相関図　感度向上
（相関線認識難）（相関線認識可）

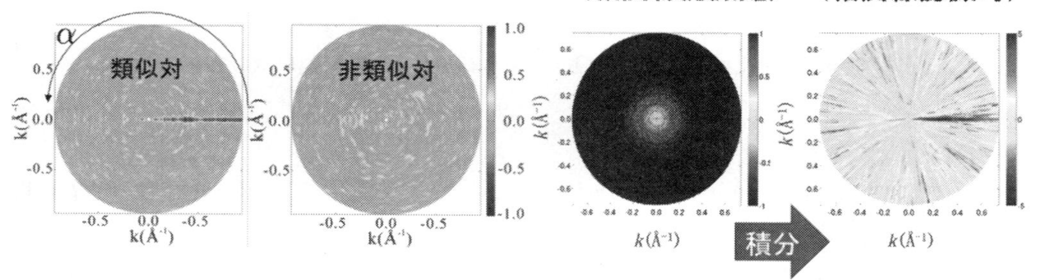

量子雑音なし　　量子雑音あり

k と αの関数として相関値を定義　　積分により信号を集積し雑音を低減

図3　回折像類似性判定法

$$
\begin{aligned}
c_{ij}(\xi,\alpha) &= \frac{\Psi_{ij}(\xi,\alpha)}{\bar{s}_Q(i;\xi)\bar{s}_Q(j;\xi)} - 1, \\
\Psi_{ij}(\xi,\alpha) &= \frac{1}{N_\xi}\sum_{l=0}^{N_\xi-1} s_Q\left(i;\xi,\frac{2\pi l}{N_\xi}\right)s_Q\left(j;\xi,\frac{2\pi l}{N_\xi}+\alpha\right), \qquad (3)\\
\bar{s}_Q(i;\xi) &= \frac{1}{N_\xi}\sum_{l=0}^{N_\xi-1} s_Q\left(i;\xi,\frac{2\pi l}{N_\xi}\right).
\end{aligned}
$$

入射X線軸に対する分子の回転は，回折強度像ではビーム中心を支点とした回転として現れる。上記相関係数は，この回転自由度αを考慮することで，図柄を2次元平面に対して360度回転した相関値を一度に計算できる。相関値をαと$k=\frac{2}{\lambda}\sin\frac{\xi}{2}$の関数として表示したものを，相関図と呼ぶ。ここで，$\xi=2\theta$であり散乱角を表す。また，sは観測光子数，$\bar{s}$は光子数期待値，λは入射X線波長，N_ξは同心円上の画素の離散数を表す。一対の回折像の図柄が似ている場合，相関図には相関線が出現する。しかし，入射X線強度密度が減少すると量子雑音の影響によってこの相関線を認識しにくくなることが問題となる。著者らの手法では，回折像対の相関値を広い波数空間で積分することにより，量子雑音の影響を低減し信号を増幅する雑音低減メカニズムを採用しており，類似性判定法は量子雑音に対して強い耐性を持つ。その一方で，比較的高い計算コストを有するため，精度を保ちつつ高速処理を実現するために，スーパーコンピュータ「京」を用いることとした。「京」への実装に際しては，ハイブリッドMPIによるアルゴリズムの高度並列処理に加え，総量が20 TBに及ぶ回折像ビッグデータのInput/Output（I/O）処理が問題となった。高速I/O処理を実現するため，多数のノードで分散してデータをメモリー上に読み込み，担当するプロセスの計算に必要な回折像データをバックグラウンドで受け渡しするバケツリレー方式を採用した。約8万ノードを用いることで100万枚（20 TB）を超える模擬回折像の，300億回の類似性判定計算を約2時間で実行可能であることを示すことに成功した[21,22]。XFELテンプレートマッチング法の実用化においては，高効率な候補構造モデルのサンプリング法を確立することが重要な課題として残されており，我々は現在，この問題に取り組んでいる。

2.5 おわりに

本稿では創薬におけるビッグデータの可能性について，計測法，ディープラーニングを含む機械学習法，シミュレーション法やそれらを統合的に利用するハイブリッド法など，我々の研究[23]を中心に概観した。創薬の対象である生体高分子はその本質的な特性から，リアルデータを取得すること自体が難しいという側面があり，例えばX線単粒子構造解析においては，立体構造を解くための完備な情報を得ることは現状ではできない。しかし，部分的に得られる情報は，機械学習やシミュレーションといった計算科学的手法を補うことで，間違いなく創薬に重要な知見を与える。今後の計測技術の発展，計算機性能の向上に伴い，近い将来さらに多様かつ膨大なデータを扱うことが必要になる。今後もリアルワールドデータとシミュレーションワールドデータの融合による新たな手法の開発に取り組み，安全で効率的な創薬の実現に貢献していきたい。

文　　献

1） T. Ishikawa *et al.*, *Nat. Photonics*, **6**, 540 (2012)
2） S. Boutet *et al.*, *Science*, **337**, 362 (2012)
3） R. Andersson *et al.*, *Sci. Rep.*, **7** (2017)
4） R. Neutze *et al.*, *Nature*, **406**, 752 (2000)
5） G. Huldt *et al.*, *JSB*, **144**, 219 (2003)
6） Y. Takahashi, N. Zettsu, Y. Nishino, R. Tsutsumi, E. Matsubara, T. Ishikawa, *Nano. Lett.*, **10**, 1922 (2010)
7） J. Miao, K. O. Hodgson, T. Ishikawa, C. A. Larabell, M. A. Le Gros, Y. Nishino, *Proc. Natl. Acad. Sci. U.S.A.*, **100**, 110 (2003)
8） H. Jiang *et al.*, *Proc. Natl. Acad. Sci. U.S.A.*, **107**, 11234 (2010)
9） Y. Nishino, Y. Takahashi, N. Imamoto, T. Ishikawa, K. Maeshima, *Phys. Rev. Lett.*, **102**, 018101 (2009)
10） C. Song *et al.*, *Phys. Rev. Lett.*, **101**, 158101 (2008)
11） M. M. Seibert *et al.*, *Nature*, **470**, 78 (2011)
12） M. Hamanaka *et al.*, *Molecular Informatics*, **36**, 1600045 (2017)

13) D. Duvenaud *et al.*, NIPS (2015)
14) D. Rogers *et al.*, *J. Chem. Inf. Model.*, **50**, 742 (2010)
15) G.-J. Bekker *et al.*, *J. Chem. Theory Comput.*, **13**, 799 (2017)
16) M. Araki *et al.*, *J. Chem. Inf. Model.*, **56**, 2445 (2016)
17) D. Russel *et al.*, *PLoS Biol*, **10**, e1001244 (2012)
18) S. K. Burley *et al.*, *Structure*, **25**, 1317 (2017)
19) A. Tokuhisa *et al.*, *JSB*, **194**, 325 (2016)
20) A. Tokuhisa, *Acta Cryst. A*, **68**, 336 (2012)
21) A. Tokuhisa *et al.*, *JSR*, **20**, 899 (2013)
22) A. Hori *et al.*, EuroMPI/ASIA, **14**, 169 (2014)
23) K. Taneishi *et al.*, Haruka, EPS Holdings, Inc., in press

3　医療創薬へのAI応用の可能性

富井健太郎*

計算機のハードウェアやソフトウェアの進歩に伴い，深層学習をはじめとする，あるいは基盤とする，いわゆる人工知能（Artificial Intelligence；AI）に関する研究，技術開発やその応用が劇的に進展しつつある。音声，画像認識技術のロボットや自律運転などへの応用や，囲碁，将棋の（ヒトとの対戦）結果などが耳目を集めている感があるが，医療創薬の分野にもその波は着実に押し寄せている。本稿では，国内外の産学官の様々な取り組みのいくつかを紹介しながら，医療創薬へのAI応用の課題や方向性，可能性を俯瞰する。

3.1　医療創薬へのAI応用の現状と可能性

医療創薬の研究開発は，標的タンパク質の同定，シード及びリード化合物探索と最適化から，早期ADMET（吸収・分布・代謝・排泄・毒性の評価）に至るまでの多様なプロセスからなる。これらいずれのプロセスにおいても，AI応用の余地があるものと考えられ，以下に紹介する事例を含め，多くの盛んな挑戦が続けられている。

3.2　標的タンパク質の同定及びリード化合物探索と最適化

標的タンパク質と化合物の相互作用予測は，適切なリード化合物探索の効率化に欠かせない。この相互作用予測にはドッキングシミュレーションが用いられることが多いが，単純（ナイーブ）ベイズ分類器のこの種の予測に対する有名な応用例の一つとして，ダンディー大学のAndrew Hopkinsとノースカロライナ大学チャペルヒル校のBryan Rothらの研究グループによる，標的GPCRに対する活性を持つ化合物予測が挙げられる[1)]。研究グループは，Extended Connectivity Fingerprints（ECFP）を特徴量としてChEMBLの活性データを学習した，784を超える標的タンパク質に対する単純ベイズ分類器による予測モデルを構築した。研究グループはまず，アセチルコリンエステラーゼ阻害剤である抗認知症薬アリセプト（ドネペジル）を例にとり，予測モデルの概念検証を行った。この段階では，アリセプトのドーパミンD4受容体に対する活性とドーパミンD2受容体に対する非活性が予測され，実際にアリセプトがD4受容体のインバースアゴニストであり，D2受容体に対して活性がないことが実験で確認された。次に研究グループは，予測モデルを用いて，D4受容体活性を保持しながらD2受容体活性を増加させる能力を有する候補化合物として，8種類のイソインドール系化合物を同定し，結果的に，8分子全てが両受容体に対する活性を有していることが確認された。

ただし，これら8分子は二標的に対する活性を有すると，同時に，他のタンパク質に対する活性も有しており，これら8分子が副作用（例えば，アドレナリン受容体の阻害は低血圧との関連

---

* Kentaro Tomii　(国研)産業技術総合研究所　人工知能研究センター　研究チーム長

が知られている）のある化合物である可能性を意味している。このため，研究グループは次に，標的タンパク質と副作用を回避したいタンパク質の複雑な組み合わせに対応可能な化合物の予測を試みた。その結果，いくつかのベンゾラクタム系分子が，3つの特定のドーパミン受容体及びセロトニン受容体に対しての活性は有するが，アドレナリン受容体に対しては活性のないことが示唆された。これらの予測も含め全体として800の化合物—標的タンパク質相互作用がモデルにより予測され，そのうち約600（75%）が実験的に確認された。こうした高精度の予測結果は，リード化合物の最適化プロセスにおいて，望まないオフターゲット効果を有する可能性が考えられる化合物を計算モデルにより推定し，それらを除外することで，実際に合成する化合物数を減らすとともに，このプロセス自体を短縮することで創薬の生産性向上に寄与する可能性を示したものと言える。

こうした成果を得てダンディー大学からスピンアウトしたExscientia社は，さらにモデルを改良し，2つのGPCRに対する薬理作用を有する化合物を予測する手法へと発展させた。Exscientia社によれば，ChEMBL[2]のような既存の大規模データとリード設計サイクルの実験データの双方から学習し，活性だけでなく，選択性や薬物動態を同時に考慮した化合物（合成）の優先順位付けが可能なAI創薬システムを開発し，ある例では，400未満の化合物合成で良好な候補化合物の同定に至り，現在，医薬品候補化合物として精神疾患の臨床試験に移行しているという[3]。

上記アプローチは標的タンパク質の立体構造情報を必要としないため，立体構造が不明な場合でも適用可能である点が優れている。標的タンパク質の基質結合部位の立体構造情報も利用したSBDD（Structure Based Drug Design）寄りのアプローチの例としては，トロント大学からスピンアウトしたAtomwiseが開発しているAtomNet[4]が挙げられる。AtomNetは，画像認識などの分野で優れた性能を発揮している畳み込みニューラルネットワーク（Convolutional Neural Network；CNN）を利用した予測モデルである。AtomNetは化合物の化学的情報と標的タンパク質の基質結合部位の立体構造情報を統合することで，既知モジュレーターのない標的タンパク質に適用可能であるとされる。ドッキングプログラムの評価用に開発されたDUD-E（Directory of Useful Decoys：Enhanced）[5]を用いたベンチマークの結果によれば，AtomNetはDUD-Eの大半（約60%）のターゲットで0.9を超えるAUCを達成した。DUD-Eは，102標的タンパク質に対して22,886活性と，1活性あたり50の（類似した物理化学的性質を持つが非類似の2-D topologyを有する）decoysの情報が収載されたベンチマークである。AtomNetのベンチマークの結果は，従来のドッキングシミュレーションを用いた*in silico*スクリーニングの性能を大幅に上回ることを示唆する。AtomNetは，リガンドベースのアプローチでは必要ない標的タンパク質の基質結合部位の各原子の位置座標情報が入力として必要であるが，標的タンパク質と化合物間の相互作用の良否に関する情報を与え得る。こうした情報は，リード化合物の最適化などにとって有益な情報になるものと考えられる。

3.3 早期ADMET

前臨床試験の段階で毒性や副作用を有すると考えられる化合物が排除できれば，臨床試験段階でのコスト及びリスク低減につながる可能性が考えられる。また規制面の強化もあり，早期ADMETの重要性が昨今さらに高まっている。このプロセスでもAIの活用が始まっている。例えばスタンフォード大学のVijay Pandeの研究グループでは，Vertex Pharmaceuticals社のhERG阻害，水溶性，代謝安定性などを含むADMETアッセイデータセットを利用して，マルチタスク学習の効果を分析している[6]。その結果，この課題についての，ランダムフォレストやロジスティック回帰に対する深層学習の優位性が示されるとともに，単一タスクモデルに比べ，マルチタスク学習による性能向上が示された。マルチタスク学習では，タスクが相互に関連している場合，タスク間でモデルパラメータのサブセットが共有され，(同じアーキテクチャを持つ)単一タスクモデルの場合よりも多くのデータにより効果的に学習される。こうした効果などにより，マルチタスク学習が単一タスク学習より優れた性能を発揮する(場合がある)ことが知られており，この課題についても同様の傾向があることが示された。

研究グループはまた，マルチタスク学習に用いるデータセットの影響についても注意喚起している。今回用いられたデータセットでは，マルチタスク学習は大量の情報を追加しても，情報追加前に比べて性能が必ずしも向上するとは限らないこと，また，データの経時的分割に基づく交差検証とランダム分割に基づく交差検証では，結果が必ずしも無矛盾ではないことが示されている。学習に使われるデータの量と予測性能の関係は論じられることも多いが，実のところマルチタスク学習に適したデータ量や内容についてはまだ十分に理解されているとは言えない状況である。予測性能の向上にどういったタスクやデータの追加が有効であるかなどについて，今後のさらなる研究が待たれるところである。

また別の取り組みとして，カリフォルニア州のNumerateは，医薬品の体内挙動を予測可能な計算プラットフォームを独自に開発している。これにはNumerateが取得したDeepCrystalによって開発された，化合物のグラフとしての構造情報を直接的に取り扱えるGraph Convolutional Deep Neural Networks (GC-DNNs) をADMEに応用した技術[7]がとり入れられている。計算プラットフォームの総体として，化合物の物理的，生物学的アッセイ情報や物理化学的特性などに基づき，腸管吸収や代謝安定性などを含むADME特性の多くのモデル化に成功したとされる。さらにNumerateは，ADMETのモデリングだけにとどまらず，化合物の設計・最適化をも含めたあらゆるプロセスで，彼らのAIを活用した*in silico*スクリーニングによる化合物候補を提供予定であるとしている。Numerateの発表によれば，彼らの手法は非常に高速であり，2,500万種類の化合物の活性，選択性，及びADMEについて，約1週間で計算可能であるという。

3.4 既存薬再開発などに向けたアプローチ

新規医薬品開発に加え，既存薬の新しい適応症に対する再利用に向けた取り組みも一層盛んになってきている。現在市販されている既存薬が別の適応症のために服用可能となれば，薬剤開発初期段階のコスト及びリスク削減につながり，また，新規医薬品開発に比べ短期間での上市が可能となると考えられる。こうした取り組みでは，標的タンパク質や化合物のレベルだけでなく，細胞レベルまでを含めた膨大かつ多様な分子生物学的，生物医学的データや文献情報などが利用されている。そこでは，膨大なデータ及び文献情報からの効率的な情報抽出や，異種データセットの取り扱いと相互の関連性の整理，統合が課題となる。

ロンドンのBenevolentAIは，IBMのWatsonの10倍以上とされる膨大な量の生物医学研究に関する文献からの情報抽出と独自のデータベースの分析から，既存薬の新たな用途として有力と考えられる仮説の生成を行っている。スタンフォード大学からスピンアウトしたNuMediiは，精密医療（precision medicine）を見据え，多数の疾患及び化合物にまたがる構造化された独自のデータリソースを作成しており，深層学習を利用したAIDD（Artificial Intelligence for Drug Discovery）を構築し，特定の治療がより効果的であると考えられる患者のサブセットや新薬候補化合物，及び患者のサブセットに対する疾患予測に有効と考えられるバイオマーカーの発見などへの適用をすすめている。老化や加齢関連疾患などに焦点を当てているメリーランド州のInsilico Medicineは，正常組織の細胞と疾患組織の細胞との間の遺伝子発現パターンの変化に着目し，トランスクリプトーム解析データを利用した既存薬再開発を目指している。彼らは，3種類の細胞株からなる678種類の薬物摂動サンプルを使用し，転写プロファイルに基づいて，呼吸器系，泌尿器系などMeSHタームに基づく12の治療カテゴリーに分類が可能であること，また「誤分類」されたものに既存薬の新たな用途としての可能性があることを示している[8)]。ユタ州のRecursion Pharmaceuticalsは，画像解析技術を用いて細胞のアッセイ結果を分析し，疾患に関連する表現型を「修正」する可能性のある化合物の選定を通して既存薬再開発を目指している。

3.5　包括的取り組み

米国では，産学連携のCancer Moonshot（がんの予防，診断，治療に関して10年分の進歩の達成を5年間で目指す）イニシアティブ（現在はCancer Breakthroughs 2020に移行）の一環として出発[9)]したAIを利用した創薬加速のためのコンソーシアムATOM（Accelerating Therapeutics for Opportunities in Medicine）[10)]が，GSK，ローレンス・リバモア国立研究所，フレデリック国立癌研究所，カリフォルニア大学サンフランシスコ校が創立メンバーとなり2017年10月に設立された。ATOMでは，GSKにより提供される化合物の代謝や副作用などに関する生物医学的データと公開データを用いて，薬物の体内挙動をより精度良く予測可能とするモデルの構築を通した創薬研究の加速を目指している。日本でも，製薬企業や情報技術企業，大学，研究機関が参加するLINC（Life Intelligence Consortium）が，創薬から診断，治験，ロボティクスに至るまで幅広い分野でAIの活用を目指した活動を行っている。

3.6 AI 活用の鍵：データの量，質，利用可能性

急激な発展を遂げつつある AI であるが，創薬研究加速ツールとしての成否の鍵は学習データが握っていると言っても過言ではない。AI の活用には学習データセットが不可欠であり，一般に予測性能は，より信頼性が高く良質で，より大量のデータの存在に依存することが多い。創薬研究に用いられるデータに関する課題などを量，質，利用可能性の 3 点から以下に述べる。

まずデータ量については，これまで，他分野と比べ医療創薬研究の分野ではデータポイントの獲得コストが高価であることが 1 つのネックであった。しかし，実験技術の急速な進歩により一部の生物学的データについては，生成コストが引き下げられ，データ量が指数関数的に上昇している。また，ChEMBL や PubChem[11] といった大規模な公的データの整備も進んできている。こうした状況を背景に，創薬研究への AI の応用に関する期待が一層高まっており，また時代の要請に非常に良く合致していると言える。ただし存在可能な低分子化合物の種類はおよそ 10^{60} 程度とされ非常に膨大であり，現時点では，全ての化合物，あるいは創薬標的，課題などに対して，AI のアルゴリズムが効果的に動作するのに十分なデータが万遍なく存在している訳ではない。換言すれば，データ量が不十分な領域に重要な創薬課題が存在する可能性も十分考えられる。こうした問題への対処の一つとして，膨大な量のデータを必要としない学習アルゴリズム開発の必要性が唱えられていた。この点については，ADMET の項で紹介したマルチタスク学習を用いたアプローチや，ワンショット学習の創薬関連課題への適用[12] などが試みられており，今後より一層の開発が期待される。とは言え，やはり今後もさらなるデータ獲得の必要性は尽きないだろう。

次にデータの質については，改善の余地有と言えるかもしれない。先に述べた ChEMBL や PubChem といった大規模公的データベースの恩恵は計り知れないが，その質においては，NLM によって管理されているいくつかの公開データベースは，不正確さを含んでいるという指摘もある[13]。こうしたデータの利用にあたっては，信頼できるデータの選別や構築など，十分な注意が必要かもしれない（がそれでもなお，きわめて大規模なデータになると，量が（低品）質を凌駕するかもしれないが）。公的データベースの利用にあたっては，さらに別の面からの注意も必要であろう。Merck の研究者である Sheridan は，QSAR モデルの予測性能の検証において，経時的データ分割に基づく場合に比べ，ランダムなデータ分割に基づく交差検証が（概して）モデルを過大評価する傾向があることを示した[14]。これは，ADMET の項で紹介した研究結果とも一致する傾向である。公的データベースでは時間に関するメタデータが得られていない場合，ランダムなデータ分割に基づく交差検証に予測モデルの性能評価を頼らざるを得ないこともある。そうした場合，過度に楽観的な見積もりに基づき，研究を進めてしまう可能性も考えられるため，十分慎重な評価が必要である。

最後にデータの利用可能性であるが，これは道半ばといった状況と言えるだろう。多くの製薬企業はこれまでにも大量かつ多様なデータを獲得，所持していた。しかしそれらが，直ちに AI の活用に適切な形態では保持されていなかった面も否めないようである。現在では，公的外部

データと企業内データを組み合わせることで，できるだけ精度の良い予測モデルの構築を目指す機運が高まり，本稿で述べたような製薬企業と連携したスタートアップの本格的な取り組みが多数なされている。こうした活動を通して，これまで未整理だったデータの多くが，AIのフレームワークなどで容易に利用可能な形に整備されて行くであろう。ただしこのような取り組みでは，そうして整備されたデータの広範囲での活用には高い障壁があると思われる。ただ前項で紹介したATOMの例では，GSKが，アッセイデータ，遺伝子データ，薬物代謝及び薬物動態データなどをコンソーシアムに提供している。こうした例なども参考に，創薬研究へのAI応用に向け，特にpre-competitiveな領域において，利害調整などを行った上で比較的広範囲にデータセットが共有される流れも加速して行くかもしれない。

3.7 結語

現在の創薬パラダイムでは，前臨床試験の候補化合物を発見し，有望なリードに達するために数千にものぼる化合物を合成し，得られたリードを最適化するには，平均して4，5年かかるとされている[15)]。こうした時間もコストもかかるプロセスを，近年の発達著しいAIと膨大な量の生物医学情報を利用し，効率化を図る取り組みが多数なされている。本稿で紹介したものも含め，多くのスタートアップが製薬企業と手を携え，医療創薬研究へのAI応用の最前線で取り組んでいる。その範囲はいまや，個別プロセスにとどまらず，創薬研究全体に及びつつある。コンビナトリアルケミストリーとHTSがそうであったのと同様に，大規模データとAIは今後ますます創薬研究に欠かせないものとして定着して行く様相を呈している。また，実験技術の革新とともにもたらされる生物医学的データの量及び質両面のさらなる変化に伴い，創薬プロセス自体の変革をもたらすかもしれない。

文　　献

1) J. Besnard *et al.*, *Nature*, **492**, 215 (2012)
2) A. Gaulton *et al.*, *Nucleic Acids Research*, **45**, D945 (2017)
3) A. Mullard, *Nature*, **549**, 445 (2017)
4) I. Wallach *et al.*, *arXiv*, 1510.02855 (2015)
5) M. M. Mysinger *et al.*, *Journal of Medicinal Chemistry*, **55**, 6582 (2012)
6) S. Kearnes *et al.*, *arXiv*, 1606.08793 (2017)
7) https://s3-us-west-1.amazonaws.com/deep-crystal-california/deep_adme.pdf
8) A. Aliper *et al.*, *Molecular Pharmaceutics*, **13**, 2524 (2016)
9) *Nature Biotechnology*, **34**, 119 (2016)
10) https://atomscience.org/

11） S. Kim *et al.*, *Nucleic Acids Research*, **44**, D1202 (2016)
12） H. Altae-Tran *et al.*, *ACS Central Science*, **3**, 283 (2017)
13） S. M. Paul *et al.*, *Nature Reviews Drug Discovery*, **9**, 203 (2010)
14） E. Smalley, *Nature Biotechnology*, **35**, 604 (2017)
15） R. P. Sheridan, *Journal of Chemical Information and Modeling*, **53**, 783 (2013)

4　スマート創薬による，スーパーコンピュータ，AI と生化学実験の連携が拓く創薬

関嶋政和*

4.1　はじめに

最新の米国のデータを紐解くと，1つの薬を上市するまでにかかるコストは増加の一途をたどっており，1970 年代には 1.79 億米ドル（196 億円）の資金が必要とされていたものが，現在では最低 10 年の期間とおおよそ 26 億米ドル（2,860 億円）の資金が必要とされるようになっている（図1）[1]。従来の創薬ではコンビナトリアルケミストリーとハイスループットスクリーニングのような手法が用いられてきたが，新規化合物獲得のための期間と費用を削減し，有望な薬候補化合物を探索するために，様々なアプローチが開発されてきた。

1960 年代から利用可能な科学上の知識により創薬の指針とすることが行われ始め，現在では計算機（IT）の支援による創薬（IT 創薬）はこれらの目的に到達するために最も効率的な手法の一つとなっている。IT 創薬はポストゲノム時代になり，大規模なゲノム配列情報，蛋白質の立体構造情報，低分子化合物の情報を用いることで標的蛋白質の同定から，ヒット化合物の探索，さらには ADMET（absorption, distribution, metabolism, excretion, and toxicity）profiles の予測にも用いられている[2,3]。スマート創薬という言葉は我々による造語である。これまでも IT 創薬は製薬企業・大学などでも用いられてきた。しかし，創薬の世界では IT 創薬は生化学

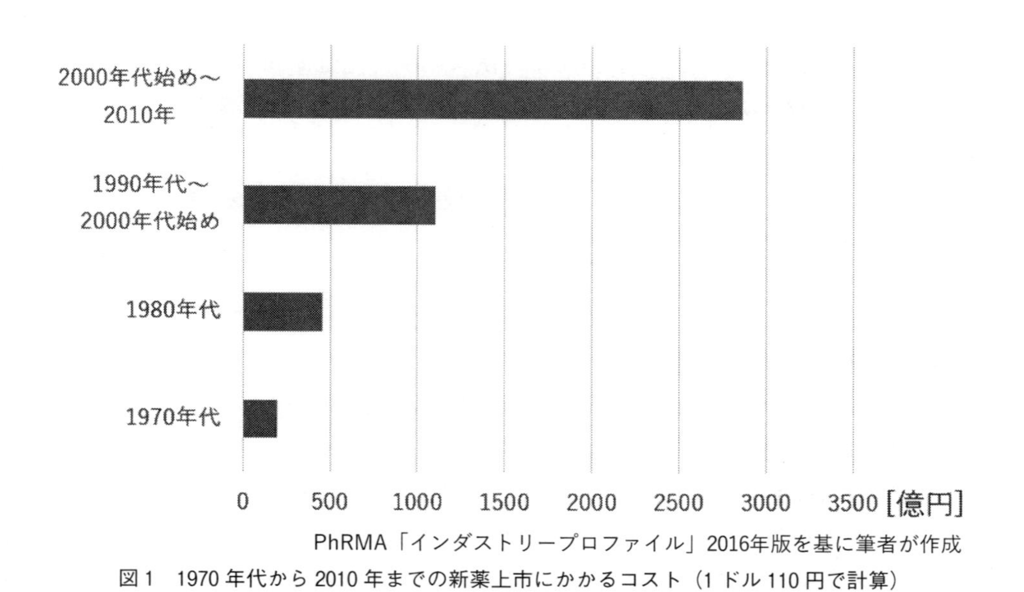

図1　1970 年代から 2010 年までの新薬上市にかかるコスト（1 ドル 110 円で計算）

＊ Masakazu Sekijima　東京工業大学　科学技術創成研究院　スマート創薬研究ユニット　ユニットリーダー，准教授

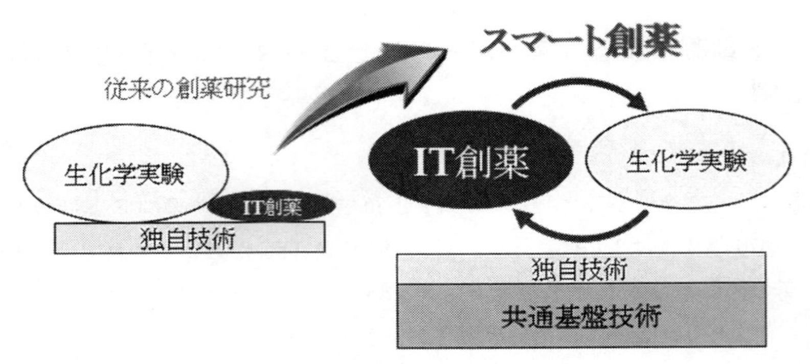

図2　従来の創薬研究からスマート創薬へ

実験を支える補助的な位置付けであることが多かった。これに対し，スマート創薬ではスーパーコンピュータなどを利用する分子シミュレーション，創薬に関するデータをディープラーニングやサポートベクターマシンなどの機械学習の手法により解析するバイオインフォマティクスやシステム生物学と生化学実験を相互補完的に融合させるオープン・イノベーションの実現を目指している。

医薬品の市場規模は，日本では現在9兆円，世界では9,000億米ドルであるが，それぞれで拡大方向にあり，2025年にはそれぞれ13.5兆円，1兆6,000億米ドルにまでなると考えられる。小野薬品工業のオプジーボは，2017年2月の薬価改定まで患者1人当たり約3,500万円かかることで，社会に驚きを与えたが，医薬品に占めるバイオ医薬品は2006年に21%だったものが2013年に45%，2020年には50%を超えるという試算もあり，上記の市場規模の拡大に寄与していると考えられる。我々はこのような状況で，スマート創薬により薬剤の開発コストを引き下げることが重要である。

スマート創薬の基盤となる商品やサービスの開発は既に行われつつある。ITの中心技術ではAI，スーパーコンピューティングである。

4.2 AI（機械学習）

4.2.1 創薬分野におけるAI利用の背景

AIを構成する技術である機械学習の手法は2000年以降創薬分野でも用いられるようになってきた（図3参照）。特に教師あり学習を用いるパターン認識モデルの1つであるSupport Vector Machine（SVM）が高い利用頻度で用いられてきた。SVMはもともとクラスAとクラスBの2クラスのパターンを，2つのクラスを分類するマージンが最大となるような識別面を決めることでクラスAとクラスBを分類する線形分類器である。カーネル関数を用いることで，パターンを特徴空間に写像し，特徴空間上で線形分類を行う手法（カーネルトリック）が1992年にBoser，Guyon，Vapnikにより提案され，現在では線形SVMとともに広く利用されている。

近年注目されているDeep Learningは，次元削減を繰り返すことで自動的に特徴量を抽出す

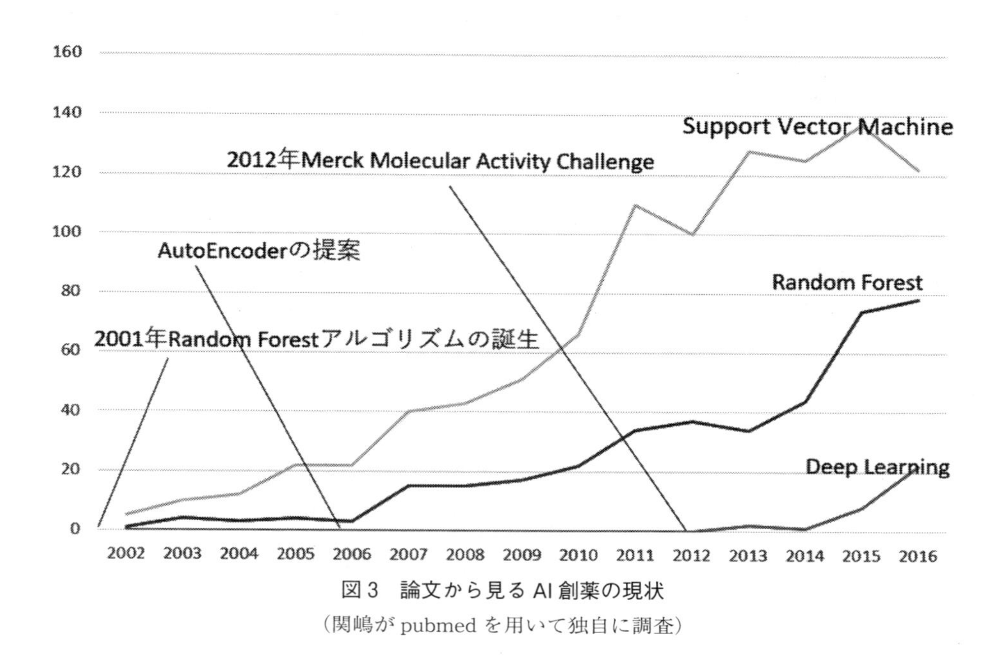

図3　論文から見るAI創薬の現状
（関嶋がpubmedを用いて独自に調査）

るAutoEncoderと4層以上の多層ニューラルネットを用いた機械学習手法である。Deep Learningを応用した創薬についての論文は，AutoEncoderの提案が2006年にHintonらによって行われたにも関わらず，2012年以前には存在しなかった。しかし，機械学習におけるコンテストを扱うKaggleにおいて行われた分子活性値予測のコンテストMerck Molecular Activity ChallengeにおいてHintonらがディープラーニングを用いて優勝したことで広く創薬分野でも知られるようになった。Merck Molecular Activity Challengeは，構造的に類似した化合物の「薬効」について予測することを目的とするQSAR（Quantitative Structure-Activity Relationship, 定量的構造活性相関）における活性値予測であり，分子のID，活性値，識別子の学習データセットが与えられ，Merckが既に実験済みの（活性が隠された）化合物の活性値を予測するというものであった。

Goh，Hodas，Vishnuによると，Deep LearningはMerck Molecular Activity Challengeの他にもtoxicityやProtein contactをはじめ，様々な予測やコンテストにおいて優れた成績を残している。しかし，スマート創薬をはじめ，AIを用いた創薬に本格的に取り組む際に，特許の問題などから製薬企業内の実験データが外部に出ることはほとんどなく，公開されているデータベースから得られるデータと実際の創薬現場において実験で得られるデータのパターンが大幅に異なっていることは大きな問題である。

4.2.2　IT創薬コンテストの実施によるIT創薬の普及とSBDD及びLBDDで活用可能なデータセットの整備

4.2.1項の最後で述べた問題を解決するための1つの方策として，我々はIT創薬コンテストを実施している。IT 創薬は 2 つのカテゴリーに分類される。

- Structure-based method（SB）：一般的に結晶構造のような精度の高い標的蛋白質の立体構造データがある際に選ばれる。
- ligand-based method（LB）：一般的に既知のリガンドの情報に対する類似性を基に，リガンドの活性を予測する際に用いられる。

SB においては分子ドッキングが幅広く使われているが，結晶構造がない場合には標的となる立体構造がホモロジーモデリングで作成されたり，結晶構造にない結合サイトを探索するために分子動力学法が用いられるなど[4]，他の手法と組み合わせて使用されることも多い。LB においては活性があるリガンドと活性がないリガンドがわかっている場合は機械学習が用いられ[5~7]，活性があるリガンドのみがわかっている場合は similarity search[8]，pharmacophore modeling[9,10] が用いられる。理論的にはこれらの手法により新規の有望な薬候補化合物の発見に有用であることが期待されるが，近年の研究により未だ決定的な手法がないことが示されている。

Korff らは 40 の標的蛋白質に対してリガンド（結合化合物）とデコイ（非結合化合物）を取りまとめた DUD（A Directory of Useful Decoys）を用いて行われた検証において，SB と LB の複数の手法において，異なる手法は同一の標的蛋白質に対して異なる化合物空間に含まれる化合物をヒット化合物として提案していることを示している[11]。つまり，SB や LB の特定の手法を用いてヒット化合物を探索するよりも，複数の異なる手法で探索する方が，幅広い化合物空間を探索してヒット化合物を得ることが期待できる。

しかし，SB と LB それぞれの手法によって化合物候補とされた化合物がバイオアッセイ（生物検定）され，それぞれの手法の改善はほとんど行われていない。そこで，特定非営利活動法人並列生物情報処理イニシアティブ（IPAB）の主催で IT 創薬コンテスト：「コンピュータで薬のタネを創る」を第 1 回から 4 回まで企画・実施している。

コンテストでは化合物ライブラリーの中から，課題とした標的蛋白質の機能を強く阻害する化合物を参加グループに予測・選択してもらい，実際にそれらの化合物の阻害活性を評価・ランキングし，“良い”化合物を提案したチームを表彰する。本コンテストは勝敗を決めるのは二の次で，むしろ，高専生・大学生・大学院生・創薬にかかわる現役研究者に，「自分たちで化合物を選択する。そのアッセイ結果が実際にフィードバックされる」という過程を経験してもらうことで IT 創薬にかかわる人材を育成していくこと，及びリガンドとデコイのパターンのデータセットを整備することを目的とした。

参加は，グループで行い，1 人の参加でもグループとして扱い，参加に際して，参加費などの費用は一切かからない。化合物を評価するために用いた手法を，応募時に提出する。

第 1 回，第 2 回においては Human c-Yes kinase を標的蛋白質とし，このリン酸化活性を阻害する化合物の探索をテーマとする[12,13]。第 3 回，第 4 回では Human NAD-dependent protein deacetylase sirtuin 1 (Sirtuin 1) を標的蛋白質とし，脱アセチル化を阻害する化合物の探索をテーマとした。化合物探索に用いる化合物ライブラリーは，Enamine 社提供の約 220 万化合物を収載したものを用いた。

以下，特に述べない場合は，第1回と第2回について述べるものとする。アッセイはBienta社が担当し，Promega社のADP-Glo kinase assay platformでpoly(Glu-Tyr)substrateを使用したYES kinaseスクリーニングのキットを用いた。アッセイは全化合物を対象としたプライマリ・アッセイとプライマリ・アッセイで選ばれた化合物の阻害活性有無の再確認（バリデーション）の2段階で行った。さらに，バリデーションアッセイで高活性であった化合物に関しては酵素の半数の働きを阻害する濃度であるIC50（50％阻害濃度）測定が実施された。IC50測定は第2回コンテストで初めて実施した。

第1回コンテストには海外を含めて10のグループ，第2回コンテストには同様に11のグループから参加登録と化合物IDの提案があった。第2回のコンテストの11グループのうち，第1回コンテストにも参加していたのは7グループであった。大学生・大学院生からなるグループからの応募もいくつかあった。学生グループ以外にも，普段は阻害活性アッセイまでは行わない研究者からの参加もあったと考えており，本コンテストの主目的どおりに，「高専生・大学生・大学院生・創薬にかかわる現役研究者に，『自分たちで化合物を選択する。そのアッセイ結果が実際にフィードバックされる』という過程を経験」してもらえたと確信している。図4は第1回コンテストにおいて，提供された化合物ライブラリー，各グループから提案された化合物，既知のSrc阻害化合物についての特徴を解析したものである。この図から，各グループはそれぞれの手法を用いることで提供された化合物ライブラリーから既知のSrc阻害化合物に近い物性を持つ化合物を提案していたことがわかる。

本稿執筆時点（2017年9月）で，第4回のコンテストのアッセイが行われている途中であり，これまでのIT創薬コンテストにおけるアッセイ数とヒット数（すなわちデコイ数もわかる）は表1に示すとおりである。このように，提案化合物とアッセイの結果を積み重ねていくことで，

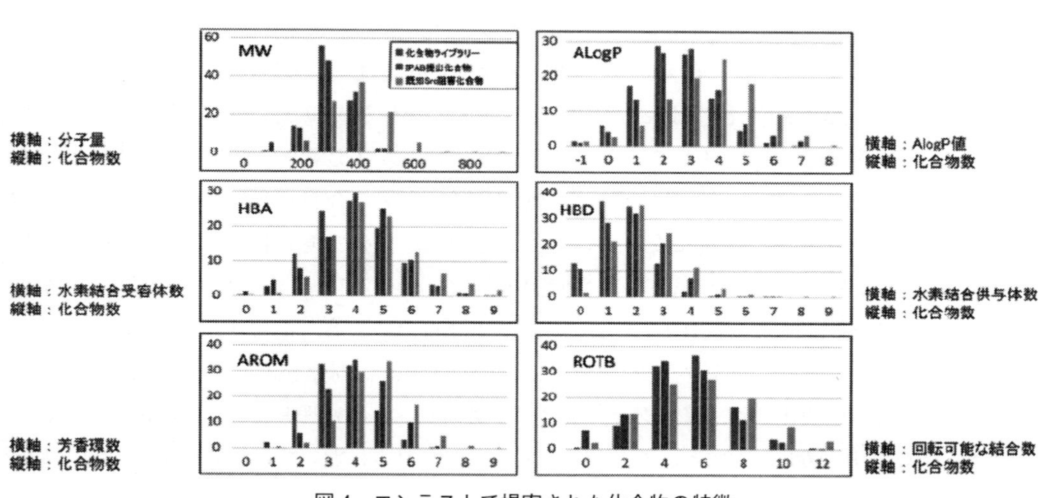

図4　コンテストで提案された化合物の特徴

表1　各コンテストにおけるアッセイ数とヒット化合物の数

	参加グループ数	応募化合物数	プライマリ・アッセイの実施数	バリデーション・アッセイの実施数	ヒット化合物の数
第1回	10	1,200	600	24	2
第2回	11	4,400	1,993	68	13
第3回	16	6,400	3,192	48	3

ヒット化合物，デコイ化合物のデータセットを作っていくことができるため，AI創薬に重要な実際の創薬現場において実験で得られるデータのパターンを整備・公開していくことが重要であると考えている。

4.3　スーパーコンピュータ

4.3.1　スーパーコンピュータの背景

1964年にクレイ（Seymour Roger Cray）による設計でコントロール・データ・コーポレーション（CDC）から発売されたCDC6600が一般に世界で初めて成功したスーパーコンピュータと言われている。CDC6600は，単一の複雑な中央処理装置（CPU）を使って演算もI/Oも行うというようにシステム全体を動かすのではなく，数値計算のための74種類の命令を持つCPUと周辺プロセッサと呼ばれる12種の単純なコンピュータによって動かすRISC（Reduced Instruction Set Computer，縮小命令セットコンピュータ）の先駆け的なアーキテクチャでもあった。1972年にイリノイ大学アーバナ・シャンペーン校のILLIAC IVが動作を始めた（完全な動作は1975年から）。これは，SIMDと呼ばれる，複数の演算装置を並列に使用する計算を初期に試みたコンピュータであった。

2000年代以降，画像処理を専門とするGPU（Graphics Processing Unit）の劇的な性能向上と，固定機能シェーダー（Fixed Function Shaders）からプログラマブルシェーダー（Programmable Shaders）への移行により，演算の自由度・柔軟性が高まり，GPGPU（General Purpose Graphics Processing Unit）と呼ばれるGPUによる汎用計算が実現している。このGPGPUを2008年にスーパーコンピュータに本格的に導入したのが，東京工業大学のTSUBAME1.2であり，NVIDIA Tesla S1070を680台搭載し，CPUとGPUを組み合わせたヘテロジニアスな環境がスーパーコンピュータの主流になっていくことを示した。その後，東京工業大学では，2010年にはTSUBAME2.0がNVIDIA Tesla M2050を4,224台（2013年にはGPUをK20Xへ全て換装），TSUBAME3.0ではNVIDIA Tesla P100を2,160台導入し，電力効率の向上，ストレージの高速化及び大容量化，計算ノードに搭載されるNVMe対応高速SSDの合算容量は1.08 PBと容量，速度ともに強化され，ビッグデータアプリケーションの処理速度を大幅に加速することが期待されており，図5に示すとおり，分子動力学プログラムにおいては筆者による計測で大幅な加速が確認されている。

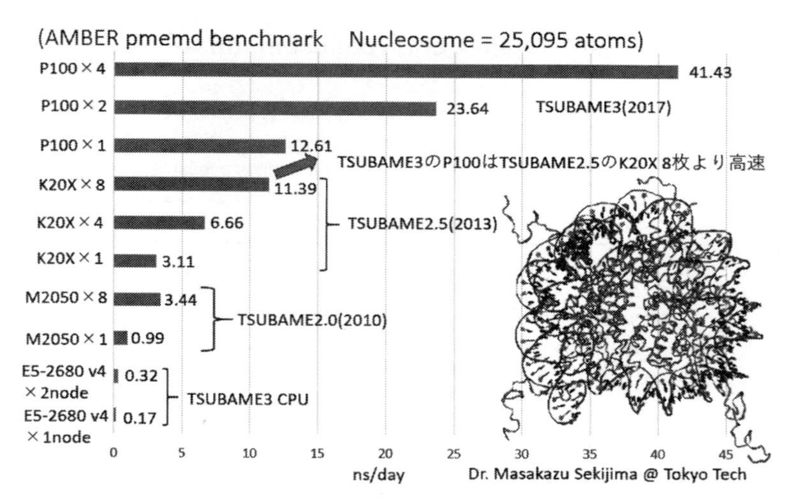

図5　TSUBAME3における分子動力学プログラム（AMBER）の実行速度の高速化

4.3.2　スーパーコンピュータを用いた創薬

顧みられない熱帯病（NTDs）は，主に開発途上国の熱帯地域，貧困層を中心に蔓延しているウィルス，細菌，寄生虫などによる感染症のことで，WHOで制圧せねばならないとしている20の疾患群（住血吸虫症，デング熱，狂犬病，トラコーマ，ブルーリ潰瘍，トレポネーマ感染症，ハンセン病，シャーガス病，睡眠病，リーシュマニア症，嚢尾虫症，ギニア虫感染症，包虫症，食物媒介吸虫類感染症，リンパ系フィラリア症，オンコセルカ症，土壌伝播寄生虫症，マイセトーマ（菌種），疥癬及びその他の外部寄生虫，毒蛇咬傷）で，世界で10億人以上が感染していると言われている。未だ必要な医療を受けることができず，必要な医薬品を入手できないために，人々の生命を脅かす健康問題に留まらず，経済活動の足かせ・貧困の原因になっている。

筆者らは，東京工業大学秋山泰教授，長崎大学北潔教授（当時東京大学）ら，アステラス製薬熱帯感染症研究チームが連携して開発したNTDs創薬研究向け統合データベース「iNTRODB」を活用して，トリパノソーマ科寄生原虫の全遺伝子情報（約27,000件），蛋白質構造情報（約7,000件），関連化合物情報（約100万件）を元に，シャーガス病，リーシュマニア症，アフリカ睡眠病などの原因であるトリパノソーマ科寄生原虫の創薬標的となる「スペルミジン合成酵素」を決定した（図6）。

筆者らは，決定された創薬標的であるスペルミジン合成酵素に対して，東京工業大学のスーパーコンピュータTSUBAMEを用いたドッキングシミュレーション（図7）と分子動力学シミュレーション，*in vitro* 試験を組み合わせたスマート創薬により，スペルミジン合成酵素に対する阻害活性を持つ4個のヒット化合物を発見した[14]。ドッキングシミュレーションとは，図7に示すように標的蛋白質とリガンドとを計算機上で複合体構造を作成させ，評価関数となるDocking Scoreでその複合体構造を評価することで，標的蛋白質に結合するリガンドであるかを

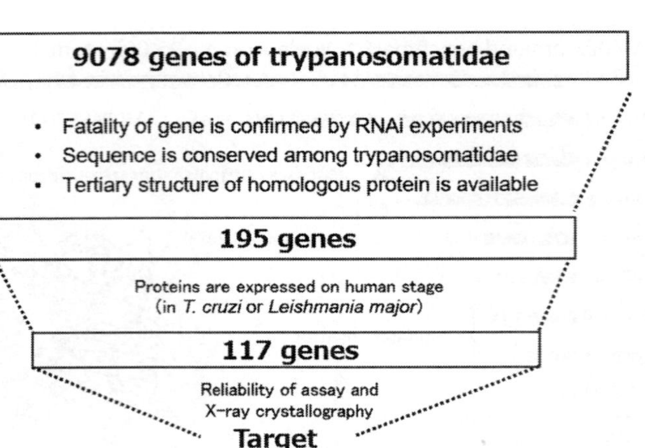

図6　iNTRODB を用いた創薬標的決定の流れ

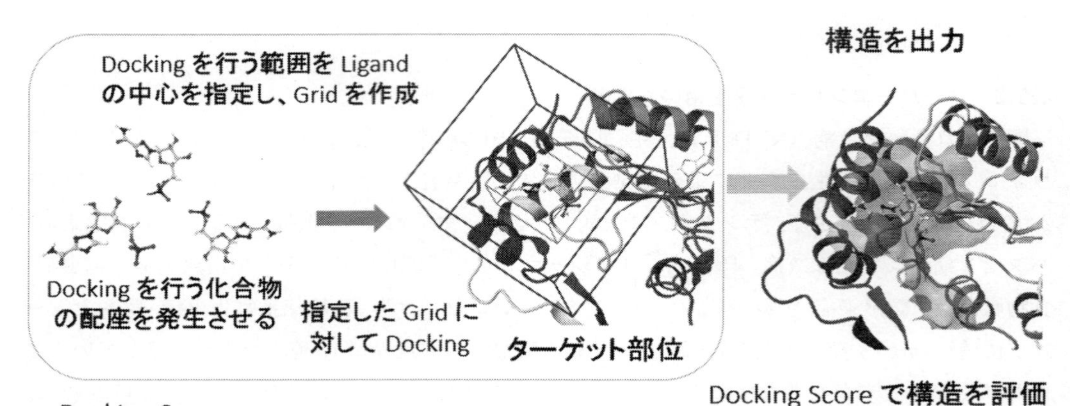

Docking Score

$$\Delta G_{bind} = C_{lipo\text{-}lipo} \Sigma f(r_{lr}) + C_{hbond\text{-}neutral\text{-}neutral} \Sigma g(\Delta r)\, h(\Delta\alpha) + C_{hbond\text{-}neutral\text{-}charged} \Sigma g(\Delta r)\, h(\Delta\alpha) + C_{hbond\text{-}charged\text{-}charged} \Sigma g(\Delta r)\, h(\Delta\alpha) + C_{max\text{-}metal\text{-}ion} \Sigma f(r_{lm}) + C_{rotb} H_{rotb} + C_{polar\text{-}phob} V_{polar\text{-}phob} + C_{coul} E_{coul} + C_{vdW} E_{vdW} + \text{solvation terms}$$

図7　ドッキングシミュレーション

判断する方法である。ドッキングシミュレーションにおける標的蛋白質の立体構造はX線結晶構造解析などで得られたrigidなものであることが多いが，蛋白質の生体内での熱揺らぎを考慮するために，分子動力学シミュレーションと組み合わされることもあり，筆者らのもこれら2つの方法を組み合わせている。

一般にヒット化合物探索で用いられるロボットによるHigh Throughput Screening（HTS）のヒット率（0.1%以下）に比べて，本手法（2.27%）では，20倍以上のヒット率を実現している。

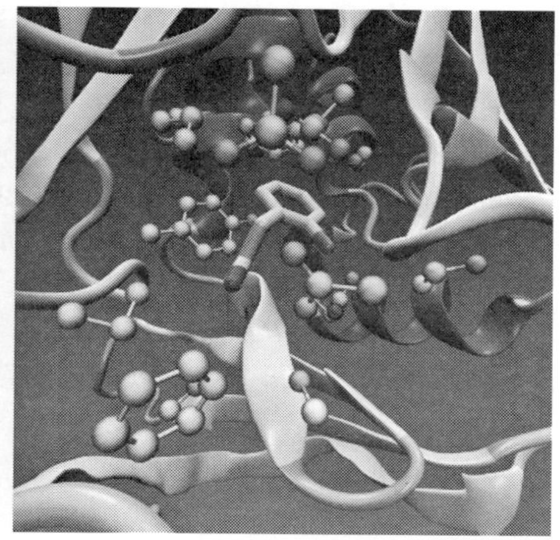

図8　（左）X線結晶構造解析で明らかにしたスペルミジン合成酵素とヒット化合物の全体構造及び（右）ヒット化合物が結合する部位の拡大

また，研究グループはドッキングシミュレーションで行ったスペルミジン合成酵素の標的（ターゲット）部位にヒット化合物が結合していることをX線結晶構造解析で確認した（図8）。

4.4　まとめ

スマート創薬の基盤となる商品やサービスの開発は既に行われつつある。IT技術であるAI，スーパーコンピューティングは実際の創薬に貢献できる水準にまでなってきつつあると考えている。しかし，生化学実験との連携を行い相互にフィードバックがなければその力を発揮できないことも同時に実感している。スマート創薬を通じて，顧みられない熱帯病や希少疾患などの治療薬探索が可能になるようにコストを削減するために，IT技術と生化学実験との連携を深化させ，連携をするためのプラットフォームを開発し，公開・運用をしていく必要性があることを感じており，今後の課題として研究を進めていきたいと考えている。

文　献

1） Mullard, A., *Nat. Rev. Drug Discov.*, **13**, 877 (2014)
2） Egan, W. J., Merz, K. M., Jr., Baldwin, J. J., *J. Med. Chem.*, **43**, 3867 (2000)
3） Jorgensen, W. L., Duffy, E. M., *Adv. Drug Deliv. Rev.*, **54**, 355 (2002)
4） Gohlke, H., Klebe, G., *Angew. Chem. Int. Ed. Engl.*, **41**, 2644 (2002)
5） Ma, J., Sheridan, R. P., Liaw, A., Dahl, G. E., Svetnik, V., *J. Chem. Inf. Model.*, **55**, 263 (2015)

6) Wang, F. *et al.*, *J. Chem. Inf. Model.*, **51**, 2821 (2011)
7) Khamis, M. A., Gomaa, W., Ahmed, W. F., *Artif. Intell. Med.*, **63**, 135 (2015)
8) Muchmore, S. W., Edmunds, J. J., Stewart, K. D., Hajduk, P. J., *J. Med. Chem.*, **53**, 4830 (2010)
9) Schuster, D. *et al.*, *J. Med. Chem.*, **49**, 3454 (2006)
10) Yoshino, R. *et al.*, *PLoS One*, **10**, e0125829 (2015)
11) von Korff, M., Freyss, J., Sander, T., *J. Chem. Inf. Model.*, **49**, 209 (2009)
12) Chiba, S. *et al.*, *Sci. Rep.*, **5**, 17209 (2015)
13) Chiba, S. *et al.*, *Sci. Rep.*, **7**, 12038 (2017)
14) Yoshino, R. *et al.*, *Sci. Rep.*, **7**, 6666 (2017)

第４章　大阪大学医学部・病院における人工知能応用の取り組み

1 「大阪大学　大学院医学系研究科・医学部附属病院　産学連携・クロスイノベーションイニシアティブ」「AIメディカルヘルスケアプラットフォーム」設立の背景

澤　芳樹[*1]，徳増有治[*2]

1.1 緒言：基盤となる産学連携・クロスイノベーションイニシアティブ

大阪大学　大学院医学系研究科および医学部附属病院では，早くから，未来社会における健康・長寿を達成するための新しい医療開発を目指す「未来医療」，医学・工学・情報科学分野を融合させ国民の健康と福祉の向上および新産業発展への貢献を目指す「国際医工情報センター」などを通じ，研究成果を実用化に繋ぐ橋渡し研究の推進や，医工連携の人材育成など多様な分野の協力機関と連携し，社会実装の加速化に取り組んできた。

2015年12月には，大学を起点とした医療・健康分野のクロス（オープン）イノベーション実現を目指して，「産学連携・クロスイノベーションイニシアティブ」を設置し，以下取り組みを展開している。

①多様な企業・研究機関などとの連携強化，事業化（オープンイノベーション）の加速

②医療・健康分野の知財戦略，ベンチャー設立と運営の支援

③科学的視点に立った政策の提言

④行政との協働による社会的課題への挑戦

また，研究から事業化（社会実装）に至る多様なフェーズ，多様な診療分野の関心のもと，医療・健康分野におけるAIの開発・活用推進，「メディカルヘルスケア×AI」の事業化（社会実装）推進に向けたフォーラムを開催したところであり，医学系研究科・医学部附属病院さらには関連病院を含めた臨床研究中核病院として，AIメディカルヘルスケアプラットフォーム機能の提供・拡充を通じて，医療・健康の革新に取り組んでいる。

＊1　Yoshiki Sawa　大阪大学　大学院医学系研究科　心臓血管外科学　教授，
大学院医学系研究科・医学部附属病院
産学連携・クロスイノベーションイニシアティブ　代表

＊2　Yuji Tokumasu　大阪大学　大学院医学系研究科　特任教授（常勤），
大学院医学系研究科・医学部附属病院
産学連携・クロスイノベーションイニシアティブ　副代表

産学連携・クロスイノベーションイニシアティブ
Strategic Global Partnership Cross-Innovation Initiative

【目的】
* 多様な企業・研究機関等との連携強化、事業化（オープンイノベーション）の加速
* 医療・健康分野の知財戦略、ベンチャー設立と運営の支援
* 科学的視点に立った政策の提言
* 行政との協働による社会的課題への挑戦

【主な活動内容】
1. 学内体制の整備（産学連携・クロスイノベーションイニシアティブ）
2. 「大阪大学　健康・医療クロスイノベーション会議」の開催
3. 組織間の「包括連携協定」の推進

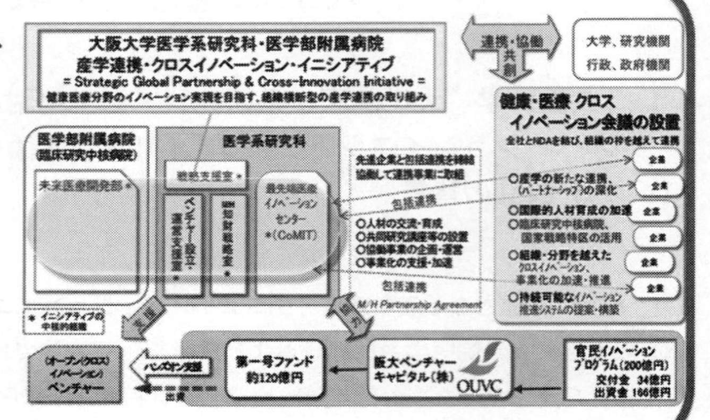

図1　大阪大学医学部・産学連携・クロスイノベーションイニシアティブ

表1　産学連携・クロスイノベーションイニシアティブ設置の目的

◦多様な企業・研究機関などとの連携強化，事業化（オープンイノベーション）の加速 ◦医療・健康分野の知財戦略，ベンチャー設立と運営の支援 ◦科学的視点に立った政策の提言 ◦行政との協働による社会的課題への挑戦 であり，臨床研究中核病院である医学部附属病院，および医学系研究科を組織横断的にまたぐものであり，附属病院の未来医療開発部，医学系研究科の戦略支援室・ベンチャー設立運営支援室・Medical／Healthcare 知財戦略室，最先端医療イノベーションセンターを中核メンバーとしている。

1.2　AIメディカルヘルスケアプラットフォームの目的

医学・医療・健康に応用される技術は，バイオ・情報・コンピューターの統合技術となろう。どれかひとつではない。学術的には，バイオの特性を解析する方法の創造でもある。これまでの古典数学＝解析的方法・統計的方法が対応できない問題の解法（線形・非線形いずれとも異なる）になるであろう。

ディープラーニングによって，創薬の効率化とオーダーメイド医療の提供，パーソナル化された健康管理に繋がり，医療の革命的な変化が起こることは論を待たない[1)]。さらに重要なのは，医療技術のイノベーション創発が生じることである。表2に機器装置技術への応用をまとめた。

人工知能が医師と競合するのではないかと取りざたされるが，人工知能はどこまで発展しても人間が作ったものであって，医師に拮抗する存在にはならないと筆者は考えている。むしろ，医療を補完し，これまで医師以外では困難であった医療の高度・知的な部分を補佐するパラメディカルとして，重要な柱になっていくであろう。医師はこの知能システムを利用することによって時間の余裕が得られ，より高度な医療を実現できる。救命システムの制御，来院者の診療科案内

表２　AIメディカルの機器装置技術への応用

1）病理診断支援装置・次世代内視鏡（分化誘導・癌化など）
2）X線・画像解析装置（エコー画像など全ての形状）
3）心電図解析装置（全ての物理測定への応用可能）
4）生化学検査装置（物理・化学総合的検査評価方法の開発）
5）行動解析装置
・患者状態の判定
・疾病の影響を見出す・リハビリの効果を検証する
・薬剤の効果を見出す
・放射線治療の効果判定
6）臨床治験解析プログラム（コホート，プラセボ）
7）カルテ・検査統合プログラム
8）複合システムへの応用
・ウイルスの同定・伝染予測・細菌系感染症の同定・予測
・疾患モデル動物の選定
・治療機器・計測機器の設計・評価
・カルテ情報から疾病の推定

やケアの補助，病院の経営合理化，リハビリの管理，在宅医療などを自律的に進めることができるならば，医師の負担を減らすとともに，次の重要な基幹産業として，社会的な価値の生産にも資すると思われる。

文　　献

1）総務省情報通信国際戦略局・技術政策課・研究推進室，次世代人工知能技術の研究開発目標の策定に向けて（案）～情報通信審議会 AI・脳研究 WG 報告書～　平成 28 年 6 月 30 日（2016），http://www.nedo.go.jp/content/100793063.pdf

2 AIメディカルの重要性と方向―大阪大学医学部におけるAIメディカル研究の取り組みを中心に―

三宅　淳*1，徳増有治*2

2.1 はじめに

大阪大学　大学院医学系研究科・医学部附属病院は新技術発展のためのプラットフォームを提供する試みを進めている。AIをツールとして，質の高い臨床・研究データを多様な分野で展開し，新しい創薬や治療法の開発に繋がる研究開発やビジネスの創出など，企業と共に様々な取り組みが生まれ，より一歩進んだ「AI×医療」を実現していくことが期待される（AIメディカルヘルスケアプロジェクト）。

AIメディカルヘルスケアプロジェクトの目的・ポイント。

①医学者，工学者，企業研究者，などの連携研究体を構想

②新規医療，医療情報工学，人工知能学の形成

③医療器械ビジネス，新規医療マネージメントビジネスの開発

④リハビリ，看護，病院の社会との連携とありかた提案

これまで，2016年9月に「AI・ビッグデータ」をテーマとした第3回「大阪大学健康・医療クロスイノベーション会議」を開催した。医療現場はもとより，多様な医療・健康システム開発における医療情報の活用基盤の構築に向け，多様な側面からの意見交換がなされた。また，同じく2016年に医学系研究科・医学部附属病院の研究者・医療従事者を対象としたセミナー・勉強会を重ね，医療・ヘルスケアの現場がその課題解決のためのAI技術開発のプラットフォームとなる必要性を実感している。そこで，2017年5月に「AIメディカルヘルスケアプラットフォーム・プロジェクト」キックオフフォーラムを行ったが，多くの参加者があり，他大学を含めた学生の参加も見られた。国を上げた健康・医療データの活用についての取り組み（経済産業省）や，大阪大学での人工知能研究などの紹介と，医学系研究科・医学部附属病院の様々な教室・診療科（放射線医学，腎臓内科学，医療情報学，遺伝統計学，疾患データサイエンス学，慢性心不全総合治療学，病態病理学）における課題や本プロジェクトへの期待，また先進的な産業界における取り組み事例が議論されている。

2.2 人工知能応用型医療技術開発内容について

医学部・病院は正に技術開発のフィールドであり，医と産との連携コンソーシアムを構築する

＊1　Jun Miyake　大阪大学　国際医工情報センター　特任教授（常勤）

＊2　Yuji Tokumasu　大阪大学　大学院医学系研究科　特任教授（常勤），
大学院医学系研究科・医学部附属病院
産学連携・クロスイノベーションイニシアティブ　副代表

表1　AIメディカルの応用可能性

1）放射線データ（画像）の読み取り技術開発
2）細胞・組織データの読み取り技術開発
　再生医療への応用，がん診断，病理診断
　内視鏡・その場判定
3）遺伝子データの解読技術開発
　アッセイ系の開発
　感染症遺伝子解読への応用
　創薬ターゲット探索技術
　がん遺伝子への応用
4）医療情報解読技術開発
　病院データの活用方法の検討
　システム開発
5）健康管理・リハビリ技術開発
　動作からの疾患予兆検出技術
　リハビリの効果判定技術
　身体動作解析と併せて
　脳疾患予測・予兆検出
　集団検診への応用，栄養学への応用（いわゆる栄養バランスなど）
6）自己免疫疾患などへの応用など難病研究
　遺伝子解析企業と共同研究
7）その他・応用可能な医療関連技術
　遠隔医療
　結核予防　集団検診の予備評価診断
　内視鏡その場検出
　手術予測
　　整形外科最終状態予測・成績予測
　人間ドックの新規手法・健康管理全般
　　自己管理手法の創出
　　学校検診　予測技術
　産婦人科　胎児状態予測　出産後管理
　小児科　感染症の解析・ワクチン予測　副次影響解析
8）医療データに特有の問題点
　診断画像や電子カルテをはじめとする医療現場にある多様で膨大な量のデータは，既に整頓された状態にあるのではなく，不定形なものを適切に処理することにより様々な用途に使える可能性があるものの，臨床では，手間がかからず，かなりの有用性がないと使用されないことなどが問題とされている。

ことが求められよう。当初取りかかるべきテーマとして，表1にまとめる。

2.3　産業応用の視点

2.3.1　医学と人工知能の組み合わせは必須の産業プラットフォームとなる

医学と情報・人工知能技術が連携して次世代の領域をデザインし，形成することが求められる。医学に有用な人工知能製品を提供するのではない。医師がマーケットに有る適切な人工知能プログラムを購入して応用するのではない。人工知能が最大限の力を発揮して，医療全体をアシストするようなシステムの形成が最も必要な課題である。双方が協力する結果，新たな医工学が生まれると考えられる。

人工知能を組み込んだ機器の開発は，日本の経済に有用に働く。人工知能がもたらす性能は「もの」の性能・価値を上回る状況になりつつある（数十年前に日本の自動車メーカーがエンジン・車体制御のコンピューター化を行ったときは，ドイツなど優れた機械技術によって対抗が可能であったが，医療機器の人工知能化は圧倒的なパワーを生むことが想定される）。

メディカル関連装置はすべて情報機器になると考えて良い。医学の要求に即した情報の取り方などが考慮される必要がある。当該要求レベルは急速に高まるために，少なくとも数年先の着地点の予測が必要である。例えば，超巨大遺伝子構造の解析装置（従来の名称としてはゲノムシークエンサー）が，医療に必須になるであろう。一つ一つの塩基を読む型のシークエンサーでは時間的に間に合わない。また，染色体レベルでは，一つ一つの塩基を知ることだけでは大きな意味の把握が難しい。

例えば，情報工学と組み合わせた3次元立体構造の解析装置である。皮下のみならず，消化管の表皮下の構造などをX線ではなく，人工知能・情報工学的に解析することができれば医療に有用な技術となろう（X線＝物理技術。光学＋情報工学＝非物理技術。すなわち，情報の助けを借りて本来光では見えないものを見る）。

2.3.2 人工知能の経済への影響

NEDOは，平成28年4月に「次世代人工知能技術社会実装ビジョン」を発表した。内容は，ものづくり，モビリティ，医療・健康，介護，流通・小売，物流に関する調査である。医療関係について調査も行われている。バイオ技術と人工知能（AI）を組み合わせた新産業を育成するため，経済産業省が産学官の共同研究組織の創設を検討。バイオ技術はAIの活用で遺伝子情報の解読，解析などのスピードアップが可能で，関連費用が7年前に比べ1万分の1まで低減してきている。これにより医療分野の関連産業が平成62年に38兆円規模まで成長すると見込まれ，製造業や食料分野などにも大きな変革をもたらすと指摘される。

EY総合研究所によれば，わが国のAIに関連する市場は，3.7兆円（2015年），GDPの0.7%程度である。医療費の10分の1以下。14年後の2030年には，87兆円と23倍に拡大するという。このうち，医療・福祉（遺伝子解析，新薬開発支援，診断支援，介護・手術支援関連のAI）は2.2兆円である（EY総合研究所）。

2.3.3 日本の国際競争力のシフト：ものつくりから新領域へ

医学領域が先端機器開発のフィールドとなり，AIが基本技術となると考えられるが，日本にも多くの問題がある。教育体制，研究者・技術者の数に大きな欠陥がある。技術レベルに急速な変化が生じるここ数年の間に資源の集中投下が必要である。また，中国の進捗が著しい。中国本土の研究者・技術者の数は日本の10倍に達する。米国における研究者などにおいても中国系が多くを占める。ものつくり技術の場合のように，日本にリードタイムがあると思うと全く誤解である。

新たな分野において他の国がトップリーダーとなると，社会・生活・人種的にも異なった方法が医療のスタンダードになる。日本の高度な医療技術の発展に影響が生じる。世界的に見ても，医療機器における優位が失われる。特にアジアにおける日本の精密機器の優位が厳しくなり，情報・人工知能部分を失うことで，機器＝ものつくり領域まで大きな影響が出る可能性がある（情報・人工知能領域が，チョークポイントである。ここを確保することで「総取り」になる)。

人工知能による特許法の保護は有効ではない。アルゴリズムが対象とならざるを得ず，請求範囲は限定される。特許出願時に適用事例を例示することによって技術のボリュームゾーンを開示してしまうことにもなりかねない。知的成果を保護しようとすれば，開発プラットフォームを高度化かつ大型化することによって，事実上のデファクトスタンダードを確立し，開発速度の高さで優位を形成・維持するしかない。プラットフォームを大きく強くするには，オールジャパンでの拠点を設けて集約することが一つの方法であろう。ただし，競争力を高めるには，重複を許して拠点を複数設けることも必要と思われる。

2.4　メディカル・人工知能領域の教育体制

バイオメディカルと人工知能にまたがる領域について，次世代の医療および医療機器の幹部分に成長すると考えられていることから，当該分野を推進できる人材の教育プログラムを早期に開始すべきである。情報系や工学系に任せるのではなく，医学系が中心となった目的志向の明確な医療従事者や研究者の養成が求められる。

産業技術は急速に情報化しつつあり，「ものつくり」からデザイン・知能化部分の付加価値が増大している。一方，大学の工学系においては，伝統的にものつくりを最上位に置き，情報化・人工知能との融合による新規製品開発を副次的なものとする傾向がある。当該領域の教員の数が限られ，その結果卒業生の数が少なく，他の産業分野との競合になる。さらに，日本の情報科学の教育では，医療応用への講座は限られ，研究者も希薄である。

仮に情報系で新たな医学系向けの教育を行うことを想定しても，修士レベルで2年，さらに医学の専門教育を行うと，現状から数年の時間差が生じる。急速に進歩しつつある当該領域での時間ロスは大きな遅れを生じる。

上記，医学・人工知能技術は高度に知的な科学技術であって，高学歴者に有利である。いわゆる工業専門教育による技術者のマスプロダクションにはなじまない。日本の技術者の急速な配置転換が必要であるが，ものつくり工学の慣性は容易・短期間には移せない。オープン教育も含めて，従来型の教育と異なった教育方法を確立すべきである。

情報工学の教育および受講学生の関心は物質的な技術から距離がある。また当該分野の卒業生人数は極めて限られる。当面は，他学科の学生の活用を考えるべきである。例えば，機械工学の学生は，知能機械の概念が進んできたので，情報工学への親和性が高い。医学系に大学院やあるいは社会人コースが設けられると，即戦力になるであろう。かかる技術に対応できる技術者を養成するには，大学教育においてダブルメジャーを考慮すべきである。

2.5　まとめ

人工知能やロボット制御の研究から，機械学習・ニューラルネットワークの技術が急速に発展してきた。中でもヒントンらが提案したディープラーニングは，圧倒的な能力があり，自動運転，デザイン，設計など幅広い分野で実用化され始めている。現象としては，第四次産業革命であり，モノの価値から知恵の価値へ社会の軸を移し替えるかつてない大変動が起こるであろう。日本はこの種の流れに最も早くかつ深く関わっている国の１つであり，すでに産業構造に不可逆の変化が起こりつつある。

モノ作り産業がたちまち衰退するわけではないが，産業経済の主役から基盤維持の役割に移動するであろう。生活は豊かに便利になるが，職種の社会的立場は大いに変化を受ける。製造業の域外移転が促進され，国内は情報社会となる（Industry4.0 および IoT）。ただし，ものつくりにおいて大きく遅れをとると，機器部分を含めて人工知能技術もリーダーシップが弱まるので，バランスは重要であろう。

3　人工知能 Deep Learning の医学応用

三宅　淳[*1]，田川聖一[*2]，新岡宏彦[*3]

3.1　緒言：技術概観

深層学習（ディープラーニング）は，医学に新たな方法を導入し，また医療の革新をもたらすものと思われる。医療現場では，患者のカルテ，MRI や CT 画像，病理画像，DNA の配列などの形で大量のデータが蓄積されつつある。そこから，医学に意味のある情報を取り出す方法の開発が必要とされる。人工知能のうち深層学習（ディープラーニング）は解析的な法則性で理解しきれていない対象においても識別が期待できる手法であり，複雑系の代表である医学への応用をはじめとして医学をはじめとするバイオ諸科学とは相互に強い関係を生じるであろう。本稿ではその現状と可能性を概観する。

3.1.1　画像解析・病理診断

人工知能の最先端であるディープラーニングを用いて，X 線写真から極微小な癌を見つけ出す技術はすでに実用の開発段階にある。今後 2〜3 年の主たる応用は画像解析の分野である。X 線画像，CT/MRI などの画像解析，細胞治療・再生医療にかかわる細胞画像の解析，癌細胞・組織の検出などが主要な対象と考えられる。

画像情報，検査情報，診断情報などが大量にネット上を行き来する時代となるために，クラウドビジネスの深化を促進すると考えられる。このような流れは遠隔医療に対する影響が大きく，医療の方法として実現されると思われる。

クラウドビジネスの深化が促進され，遠隔医療への扉が開かれる。技術進化は科学より技術レベルでの発展が主になると思われる。細胞・組織画像解析は次いで発展し，疾患分析では多量変数を必要とする成人病などへの応用，精神疾患などの診断基礎への応用，ウイルス感染症への応用は直ちに始まるものの，遺伝子解析の十分な支援が必須となろう。

3.1.2　診断・カルテ解析

カルテデータは任意の記述であるが，1 次元多項目データとも考えられるので，ディープラーニングで解析は可能である。カルテ解析は始まっているが，疾患の人的な把握との関係が焦点であり，部分的には成功するものも出るかもしれない。ただし，項目間の相互独立性など，実用に至るには，より高度で詳細な検討が必要である。

IBM ワトソンの診断への応用が進んでいるが，技術としては上記ディープラーニングとは大きく異なり，いわゆるエキスパートシステムの高度なものと考えられる。すなわち，文脈解析や推論機能をベースとした既存技術の高度化である。そのシステムは大量の既知情報を処理し，それらに基づいた結論を提供することができる。関係する論文を読み込むことで多くの知識だけで

＊1　Jun Miyake　大阪大学　国際医工情報センター　特任教授（常勤）
＊2　Seiichi Tagawa　大阪大学　先導的学際研究機構　特任助教（常勤）
＊3　Hirohiko Niioka　大阪大学　データビリティーフロンティア機構　特任准教授（常勤）

なく，その知識を得るに至った医師・科学者の思考の方法も獲得することができる。医療に適用した場合は，人間（医師）と同程度の知識を持ち，専門家の推論方法に倣ってそれら知識を使う能力を持つことになる。人間にとって馴染みやすい方法であるが，入力に膨大な時間とコストを要する。また，推論の高速化やデータの精緻さによる高度な判断は可能であるが，人間の考えられない新たな考え方を生み出すわけではない。総じて疾患の症状と原因に関する問い直しや，人為分類と自然分類の関係，が問われることに。基礎科学での応用は多々考えられるが例示すればタンパク質構造の解析が格段に進むと考えられる。コホートへの応用は時として成果を与えると信じられるが，家系分類にかかわる科学の深化も並行して進むこととなるであろう。

3.1.3　在宅医療

ディープラーニングは優れた認識機能を有するために，見守りに用いることが可能である。診断を行うのではなく，また特別のセンサーも必要としない。自宅の一部に設置したカメラによる動画などの簡易な方法によって長期短期の異変を検知して住居者に診断を促すことが可能である。医療行為に抵触しない方法で行うならば地域や中核病院にデータセンターを設ける必要もなく，簡易実用的な方法で地域医療の質の向上に資すると考えられる。ただ，現時点では画像で得られる運動・行動の解析と医療である疾患診断の関連について，年代別などの細かなデータは得られておらず，今後地域の医療機関などの連携によって質の良い多くのデータを集める必要がある。総じていえば，リハビリ・保健・健康への応用は主要な応用分野へ成長するものと思われる。

一般に動画解析は画像解析とは別に扱われる。医療用としては特に複雑な動画解析を必要としない。患者の動き，例えば歩行の動画を撮影し，健常人の歩行と比べて何らかの疾病にかかわる特徴がないかどうか調べれば良い。歩行は身体全体の調和が必要であるので，内臓疾患なども反映できる可能性が高いと考えられる。勿論，脳神経系の疾患であれば強く反映され問題が顕在化するであろう。逆に疾病からの回復があればその評価も可能であり，リハビリの効果の定量的な把握に有用と考えられる。疾病の兆候を把握することができるとすれば，在宅医療には有用な手法となろう。診断ではなく健康状況の評価とするならば医療の枠組み以外でも実施可能であって，医療費の低減に役立つ可能性もある。図1には簡易なカメラを用いて人の歩行行動を測定する実例を示す。白色の点はカメラが関節位置を特定してマークしたもの。

3.1.4　創薬

前述の細胞の分化状態を知るについて，CNNを用いた手法では非侵襲的であるため，再生医療への応用が考えられる。未分化のiPS細胞などは移植後に癌化する恐れがあるため事前に検出する必要があり，今後CNNによって非侵襲に検出できれば画期的な技術となると期待する。創薬のために細胞の応答を観察するには有用な技術であり，薬剤の効果や分類を解析する手法になると考えられる。

これまでの創薬スクリーニングは，病態を解明し，その病態を治癒しうる薬剤のスクリーニング（ターゲットスクリーニング）が主であった。勿論このようなターゲットスクリーニングを用いて，薬剤のスクリーニングは有用な技術である。ターゲットスクリーニングは，ゲノム解析に

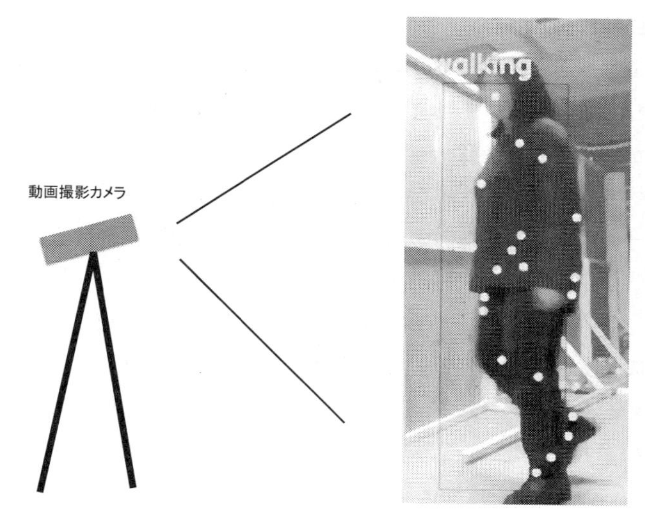

図1　歩行の解析
歩行時の姿勢などの解析によって，健康状態と疾病の関係を評価できる可能性が検討されている。

て発見した病態を治癒しうる薬効のわかった薬剤を探索することは有用であるが（例えばCaチャンネルの異常であれば，Caチャンネルに関する既存薬剤が有効の可能性あり），全く薬効に関する情報のない薬剤をライブラリー内から拾ってくるには適さない。ターゲットスクリーニングは，ライブラリー内の化合物の構造と薬効を推論し，ゲノム解析で見つけ出した病態に見合った薬効を持つ薬剤を予想する必要があり，一部の薬品，特に既存薬の改良の場合は有効であるが，薬効，構造情報の少ないライブラリーから薬物を選択するのは，極めて困難である。

一方，フェノタイプスクリーニングが可能になれば，当該方法が広く使われるようになると考えられる。これまで，フェノタイプスクリーニングは細胞などのフェノタイプの定義が困難であったために，当該方法が採用されないことが多かった。人工知能は，それを自動的に行う（特徴量抽出）ので，容易になっている。現在，フェノタイプスクリーニングによる薬剤スクリーニングに関する製薬会社との共同研究が始まっており，目的とする薬剤の選択に有用性が認められている。上記のように既存薬のない場合は，フェノタイプスクリーニングが必須であると考えられる。

3.1.5　ウイルス・病原菌解析

インフルエンザなどのウイルス性疾患，細菌性の感染症など，対策に苦慮する課題は多い。ジカウイルスやエボラウイルスは深い森の中に棲む動物とともに存在してきたものであるが，気候変動や伐採によって人間との接点が発生してしまったものと考えられる。後述するように，ディープラーニングはこれらウイルスの遺伝子シークエンスを解読することで，進化・変異および感染の拡大などの解析に応用が可能と考えられる。ウイルスだけでなく，細菌による感染も同じである。

3.1.6 実用・医療経済との関連

今後数年の状況を考えると，総じて科学より技術レベルでの発展が主である。企業の参入（主に診断補助）も進むと思われる。細目を考えると，細胞・組織画像解析は次いで発展するが，顕微鏡の高度化に繋がり，これも企業ベースで進む可能性がある。疾患分析では，多量変数を必要とする成人病などへの応用，精神疾患などの診断基礎への応用も実用的な対象となろう。遺伝子レベルの解析をベースに，感染症への応用は直ちに始まるものの，遺伝子解析の十分な支援が必須であり，直ちに感染症予防の決定打になるとはいえないが，データの蓄積とともに有用性が高まり，10年程度で実用的な技術になるであろう。多くの人間の健康にかかわる保健・健康は，主要な応用分野へ成長すると思われる。またそのような大規模健康情報は医療だけでなく，創薬へ大きく影響を与えるものと思われる。医療・福祉（遺伝子解析，新薬開発支援，診断支援，介護・手術支援関連のAI）は2.2兆円のビジネス規模に達すると予想されている（EY総合研究所調べ）。元々研究者・技術者養成が大規模に行われていなかった状況であり，関連の人材確保は厳しい。

3.2 オートエンコーダーによるウイルス遺伝子解析

数千から数万の塩基対からなる遺伝子のシークエンスはまさに長大であり，人間の本来の能力では塩基シークエンスの違いを分別することは不可能である。シークエンス全体を指標とする方法としてディープラーニングの一つであるオートエンコーダー法の応用が期待される。この方法では，n個の塩基からなるDNAをn次元の1次元配列であると考える。希望する次元までこのデータを圧縮するが，圧縮の前後で情報量が変わらないことが特徴である。すなわち，任意の次元（長さ）まで圧縮しても，元の次元に戻す（塩基シークエンスを再現する）ことができる。人間が理解しやすいのは2次元平面への写像であるので，n=2として圧縮している。得られた2次元平面上の位置は，シークエンスの特性を示すものである。類似のシークエンスは類似の位置を占める。この特性によってクラスターが形成される。

我々はヒトミトコンドリアの解析を行っており，人類移動の解析に新たなツールを与えうると考えている[1)]。また，各種のウイルスに解析を遺伝的な近さと類似性の観点から行っている。ウイルスは蚊によって媒介され短時間で多くの人が感染する可能性がある。人への感染後にワクチンを作っていたのでは間に合わず，さらに感染が拡大することとなる。これらのウイルスのDNA情報をディープラーニングで解析することで，ウイルスの特徴を抽出し，治療薬の迅速な開発や流行予測などに役立てることができないかと考える。図2においては，ジカ熱ウイルスを含むフラビウイルス属のもの。種ごとにクラスターを形成して明瞭に分離されている[2)]。

3.3 必要なコンピューターとプログラム

図3に我々が自作して用いてきたコンピューターの写真を示す。ディープラーニングによる解析には膨大な計算が必要であり，超高速の計算機が必要である。とはいってもスーパーコン

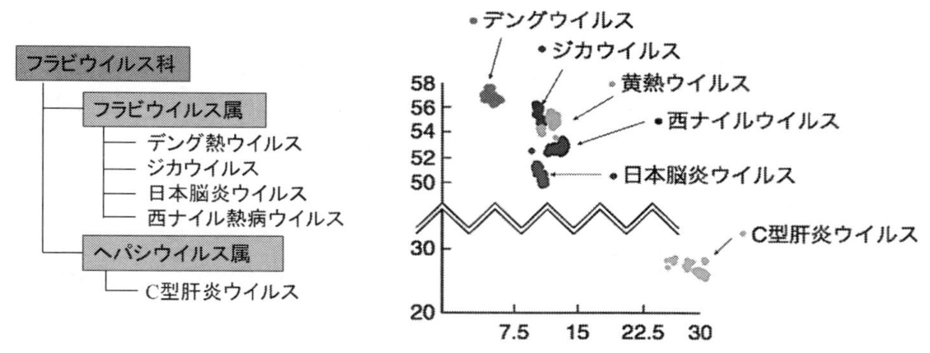

図２　フラビウイルスの遺伝子の分類
各ウイルスの遺伝子の解析によって，ウイルス分類と相同なクラスターが形成されることが理解された。

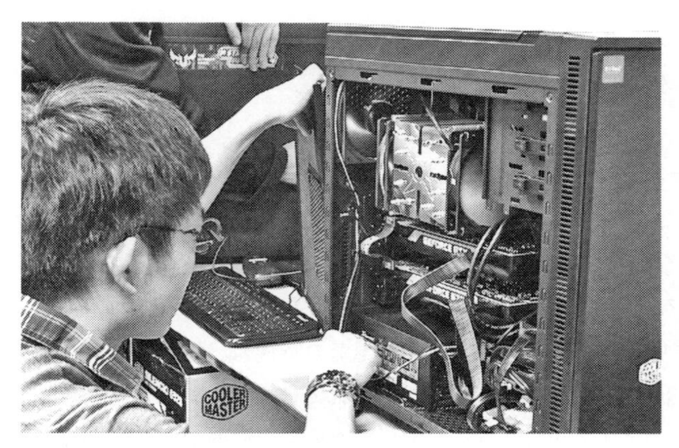

図３　研究グループ自作の GPU コンピューター
GPU：NVIDIA GTX 980Ti 6G～24G
CPU：Intel Corei7-4790K（or higher class）

ピューターは必要ではない。画像解析やウイルス解析に用いるのであれば，Graphic Processing Unit（GPU）を用いて自作したもので十分有用である。この種のコンピューターでは CPU は計算を行う素子ではなく，GPU がそれを行う。CPU は入力データの読み込みと送信を行い，GPU で行列計算を行った後に誤差値やクラス分類結果などを CPU に転送する。ディープラーニングにかかわる計算速度は CPU ベースのものに比べて数千倍になる。医療現場で用いる人工知能用コンピューターはかくの如く簡単なもので十分であろう。

また，我々はプログラムも研究室で開発したライブラリ Sigma を用いている[3]。ネット上にはいくつかのプログラムが公開されており（例えば，Google の提供している Tensor Flow など），自由に利用することができる。

システムに関する大きな問題は，医療へ応用する時に，情報やコンピューターの専門家だけでは医療の本質を踏まえたシステムの構築が不可能なことである。このような目的に対応できる有能な「医療用人工知能システムのエンジニア」が育成されなければならないが，現状では数が極めて限られかつ偏在していて，その支援を受けられる可能性は高くない。人材マーケットから選び出して雇用できるほどの数が得られないのである。医療で得られる情報は，バイオテクノロジーなどの関連分野の知識がないと扱うことが難しい。純粋のコンピューター技術者だけでは十分なサポートが得られない。短期的には増大する需要と人材の数のミスマッチの問題は解決しにくい。長期的には，大学において，医用応用人工知能学などとして，情報科学やコンピューター科学とは別のカテゴリーで教育を行い，即戦力となる卒業生を多数育成することが求められる。

医療の現場で得られるデータは，その時々の必要に応じて様々な形式や範囲で計測されることもあり，また患者の病状も様々である。ディープラーニングはかなり複雑な構造の情報であってもその中から本質を抽出することが可能ではあるがそれにも限度があるので，場合によってはデータ取得の時に特定のフォーマットの設定が望ましい。あるいは過去のデータを用いるとすればデータのクレンジングが必要となるかもしれない。データ取得や処理についてはケースバイケースでの対処が必要となるが，簡単でない場合もあり得る。

3.4　ディープラーニングと科学と複雑系

画像を解析するためのツールとしてのディープラーニングは多くの医療関係者に着目されている。何故特徴のある細胞や組織を見出すことが可能であろうか。そもそも我々が特徴と認識しているものは何であろうか。

人間にかかわること，人間を構成している要素の特性は，複雑系に属する。天気，歴史，株価，などなど殆どの現象は「複雑系」として認識されている。別の表現をすれば，物理や数学の方法（解析学）で定式化できない現象は全て複雑系である。自然界の殆どは複雑系であり，解析学や物理学の通用する範囲は実はごく僅かな部分に過ぎない。医学が対象とする人体とその機能の大部分は複雑系に属すると考えられる。この種の現象は物理学で説明できるのではないかと思われるかもしれないが，人体の全ての分子を観測することは将来においても実用的とは思われない。医学が物理学を用いて，あるいは物理学の法則に従って全ての現象を説明できるようになるとは考えにくい。

ディープラーニングはこの複雑系と深い関係がある。ディープラーニングは数値表現をするものではない。人が特定の現象や機能と比較して数値に直しているので，そもそも数値としてものを認識する訳ではない。前述の如く，ディープラーニングの機能は現象の概念化であり，自動的に現象のカテゴリーを形成するものである。この機能は人間の認識と同じである。自然科学が，認識主体と客体（物体）との間に距離を置いたのと異なり，ディープラーニングでは人間の認識機能の一部を実行するのである。自然科学とは全く異なる方法である。ディープラーニングを物理学と同様の自然科学の道具として見なすと大きな誤解と誤用を招くであろう。人間が解析的に対象を把握しにくい時に，その対象（複雑系）を人間にとって解りやすい別種の複雑系に置き換える操作ともいえる。

例えば，病理切片の画像は複雑系である。物理学的な法則で記述できないからである。癌化している部分があるかどうかについて，細胞内の核の大きさ比率などを用いて可能性を記述する方法は以前から研究されてきた。しかし，この方法では人間が予め定めた方法や比率があり，様々な組織に対して適用は難しい。ディープラーニング（CNN）では，自己学習によって特徴抽出を行う機能があり，人間の認識やカテゴリー分けを（能力は限られるものの）相当程度自動的に行うことが可能である。真の熟達者を不要とするのではなく，医療において大まかな分類や予備的な検討を代行できるものになるであろう。

3.5　医療と社会的な視点からの議論

ディープラーニングによって，創薬の効率化とオーダーメイド医療の提供，パーソナル化された健康管理に繋がり，医療の革命的な変化が起こることは論を待たない[4)]。さらに重要なのは，医療技術のイノベーション創発が生じることである。機器装置技術への応用をまとめる（第 4 章 1 節の表 2 参照）。

ディープラーニングなどの人工知能の普及は，科学革命をもたらす。デカルト以来の物理学世界に変更が求められる。解析学の枠を超える認識，演繹・帰納の方法論が問い直される。これらはまた，第四次産業革命であるエネルギー問題の解決・軽減に繋がり，製造業の変革や移転が促進される。先進国の国内は高度な情報社会（Industry4.0 および IoT）となり，先進国発展途上国の関係が変化するであろう。

人工知能の応用のうち，自動車運転への応用やゲームなどは技術的に初歩的なものである。外界とのインターフェース技術が主。人工知能については，多くの領域へ同様に適用可能と思う，安易な理解が根強い。本格的な応用が始まれば，情報科学の発展だけではない独自のものとなる（むしろ次世代複雑系科学）。ディープラーニングは，複雑系に対応する普遍的方法として価値がある。人間にかかわる事象の大多数が複雑系である。

医学・医療・健康に応用される技術は，バイオ・情報・コンピューターの統合技術となろう。どれか一つではない。学術的には，バイオの特性を解析する方法の創造でもある。これまでの古典数学＝解析的方法・統計的方法が対応できない問題の解法（線形・非線形いずれとも異なる）になるであろう。

人工知能は理系の技術ではない。文系でも専門家になれる。必要なものは理系の知識ではなく，高度な概念判断能力である。同様に，コンピューター技術が必要とは限らない（プログラム以前の問題が大きい）。一方，ベンチャー企業に適した技術であり，すでに世界的大競争が始まっている（第 2 のシリコンバレー時代が始まっている）。日本は，世界の中で科学者技術者の数が少なく不利な点もあるが，社会や医療の質が高い分だけ有利なところもあり，関連産業の発展や社会的価値を作り出していく世界のフロントランナーになりうると考えている。

文　献

1) 金下裕平，杉山佳奈子，浅谷学嗣，新岡宏彦，平野隆，三宅淳，Proc. 16th SICE System Integration Division Annual Conference, 2015 Nagoya Dec. 14-16，1267（2015）
2) 化学掲示板，人工知能を活用したウイルスの分類ソフトの開発，化学，**71**，73（2016）
3) https://github.com/SIGMA-OU
4) 総務省情報通信国際戦略局・技術政策課・研究推進室，次世代人工知能技術の研究開発目標の策定に向けて（案）～情報通信審議会 AI・脳研究 WG 報告書～　平成 28 年 6 月 30 日（2016），http://www.nedo.go.jp/content/100793063.pdf

4　人工知能の医療画像解析への応用

新岡宏彦[*1]，山本修也[*2]，大東寛典[*3]
浅谷学嗣[*4]，三宅　淳[*5]

4.1　はじめに

バイオテクノロジー分野のデータもディープラーニングによって新たな展開が期待されている。ビッグデータという言葉が登場したことに象徴されるように，現代では非常に大量のデータが容易に手に入るようになった。医療やバイオの分野においてもデータは常に蓄積されており，患者のカルテ，MRI や CT 画像，病理画像，DNA の配列などである。蓄積され続ける大量のデータをどう扱うかが課題となっている。ビッグデータを扱おうとすると大きな計算コストがかかり，また，どのように解析すればよいかという点において人が特徴量を設定するとその数が膨大かつ煩雑になるという問題があった。これらの問題を解決するとして期待されているのが人工知能，特に深層学習（ディープラーニング）である。CT 画像，MRI 画像，病理画像など，画像は畳み込みニューラルネットワークの対象となり，データに対してその相関関係を得ようとする際は AutoEncoder によって解析できる。

本稿では，我々の研究例から，ディープラーニングを用いた細胞画像解析手法について紹介し，さらにそのバイオ応用について概説する。

4.2　畳み込みニューラルネットワークによる細胞画像判別

畳み込みニューラルネットワーク（CNN：Convolutional Neural Network）は深層学習法の1つであり，画像識別において現在最も有力な手法である。2012 年の ILSVRC（ImageNet Large Scale Visual Recognition Challenge）という，一般画像認識課題において認識率を競う大会において優勝グループが用いていたアルゴリズムであり[1)]，その後 2015 年の ILSVRC まで同様のアルゴリズムが優勝を続けている。2015 年にはエラー率が 3% 程度となり[2)]，人によるエラー率（5% 程度）を超える値を出している。既に，人の顔認識[3)]や画像のセグメンテーションに用いられている[4)]。

CNN を培養細胞の画像へ応用した例について，分裂中の細胞を識別したという報告はあるものの[5,6)]，未だ端緒についたばかりであるといえる。我々は CNN と培養細胞の画像を用いて，細胞の分化状態の自動識別を行った。

＊1　Hirohiko Niioka　大阪大学　データビリティフロンティア機構　特任准教授（常勤）
＊2　Shuya Yamamoto　大阪大学　大学院基礎工学研究科　機能創成専攻
＊3　Hironori Ohigashi　大阪大学　基礎工学部　生物工学科
＊4　Satoshi Asatani　大阪大学　基礎工学部　生物工学科
＊5　Jun Miyake　大阪大学　国際医工情報センター　特任教授（常勤）

4.2.1　細胞画像の準備

細胞として，C2C12（マウス筋芽細胞）を用いた。コンフルエントになるまで培養した後，培地を無血清培地へ交換することにより，筋芽細胞から筋管細胞への分化が始まる。筋芽細胞はやや丸みを帯びた形状をしているが，細胞同士が融合し多核で繊維状の筋管細胞へと分化する（図1）。培地交換日をDay 0，培養3日後をDay 3，6日後をDay 6とし，それぞれの細胞を位相差顕微鏡で観察すると，図1(b)に示すような細胞の形状変化がはっきりと観察される。200×200 pixelの画像を1枚とし，各日にち（Day 0，Day 3，Day 6）毎に数千枚の画像を用意して，それぞれCNNの学習用データおよびテストデータとした。

4.2.2　CNNの構造

CNNとして図2に示すような構造を，自作のライブラリSigmaを用いて構築した。特徴抽出を行う構造として畳み込み層が2層，マックスプーリングを行うプーリング層が2層，その後識別を目的として3層の全結合層で構成されている。出力は3ノードで，例えばDay 0の画像を入力すると図中一番上のDay 0と書いたノードが1を出力し，他の2つの出力ノードが0を出力することを目標として学習を行う。カーネル（畳み込みやプーリングの計算を行う領域）のサイズはそれぞれ9×9，3×3，5×5，3×3 pixelであった。畳み込み層のフィルターの数はそれぞれ64と128とし，ストライドが2であるためFeature mapのサイズはそれぞれ100×100および50×50 pixelである。全結合層のノード数はそれぞれ1,024，512，3層とした。学習に用いた活性化関数はReLU関数であり，出力の活性化関数のみSigmoid関数を用いた。

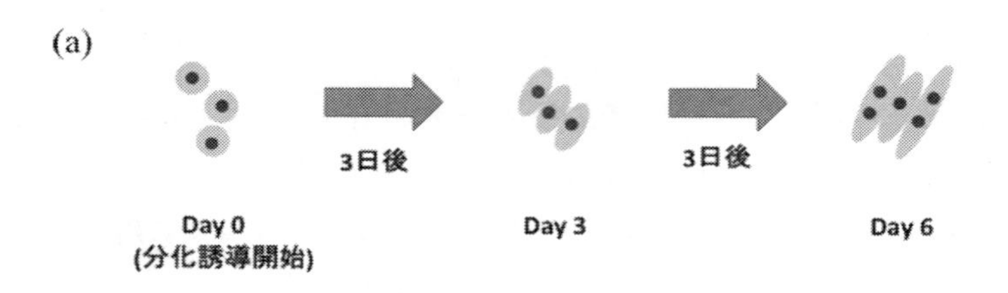

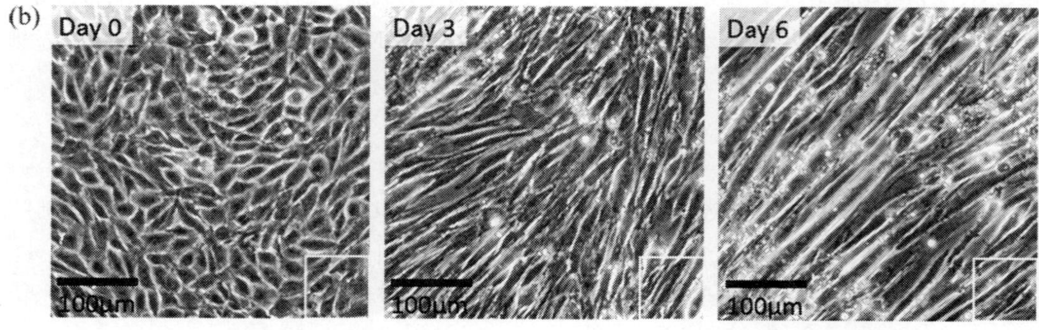

図1　(a) C2C12細胞の分化と(b) Day 0，Day 3，Day 6のC2C12細胞の位相差顕微鏡像
図中右下の四角は200×200 pixelの領域を表している。

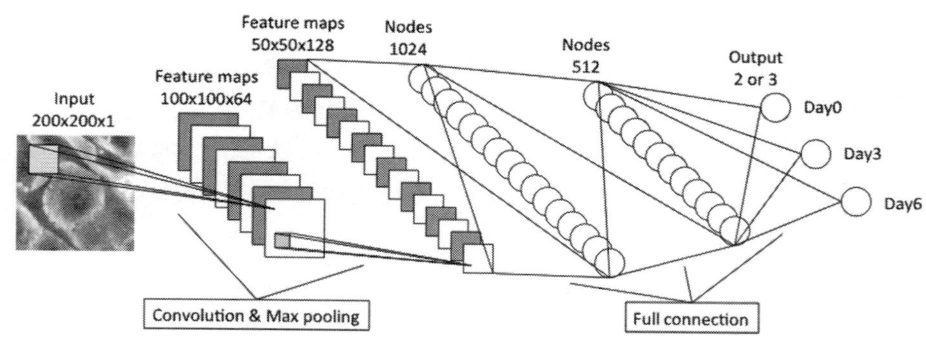

図2　細胞画像の解析に用いたCNNの構造

CNNを含む深層学習プログラムでは，特徴量を自動的に獲得してくれるという利点があるが，上記に示すような層数やカーネル，フィルター数，活性化関数などは人間が設定する必要がある。これらの設定により，結果が大幅に変わってくる重要なパラメータであるが，今のところ最適な値を求める方法はなく，ハイパーパラメータ問題といわれる。正答率が高くなるように様々なパラメータを設定しては計算を繰り返しているのが現状である。

4.2.3　細胞分化の識別

上記4.2.2項で示したCNNを用いて，100万回の学習（100万回の重み更新）を行い，テストデータを用いて正答率を求めた。表1に示すように，Day 0，Day 3，Day 6の平均識別率は79.3%となった。また，Day 0とDay 6の画像のみを用いて同様に平均識別率を求めたところ96%となった。細胞分化の指標であるミオシン重鎖の発現を免疫染色にて調べたところ，3日目から発現が確認された。Day 3は分化の中間状態，Day 6が分化した細胞であると考えると，蛍光分子を使わず非侵襲的に分化前後の細胞を識別できたといえる。

今後，層数などハイパーパラメータを設定し直すことでより高い識別率が得られると期待される。Day 3とDay 6の細胞の識別率が低かったが，今回用いた小さい画像サイズ中ではそれぞれの細胞形状が似ており，区別が付きにくかったためと思われる。

細胞を扱う研究者は，毎日細胞を観察することで細胞の調子を判断している。細胞の見た目からその状態を判断することができるような，人間の感覚や経験知というものをディープラーニングによって数値化できるのではと考える。

表1　細胞分化の識別率

(a) Day 0とDay 6の識別，(b) Day 0，Day 3，Day 6の識別。

	Day 0	Day 3	Day 6	平均
(a)	98.0%	—	94.0%	96.0%
(b)	85.0%	72.0%	81.0%	79.3%

4.2.4 細胞画像識別について今後の展望

細胞の分化状態を知るには，免疫染色の他にも遺伝子解析や緑色蛍光タンパク質（GFP：Green Fluorescent Protein）を利用する方法があるが，どれも侵襲的であった。CNN を用いた手法では非侵襲的であるため，再生医療への応用が考えられる。未分化の iPS 細胞は移植後に癌化する恐れがあるため事前に検出する必要があり，今後 CNN によって非侵襲に検出できれば画期的な技術となると期待する。

ラマン顕微鏡や自家蛍光顕微鏡を用いた細胞分化状態の識別手法が報告されている[6,7]。どちらも，細胞内分子に由来する情報を画像化する観察手法であり，これらの画像データを組み合わせることでより正確に細胞判別が可能になると思われる。

再生医療応用であれば，非侵襲的な計測手法を用いる必要があるが，創薬のために細胞の応答を観察するというのであれば，蛍光分子など侵襲的な手法を用いても問題はない。今ではハイコンテントアナリシスを用いることで様々な条件で培養された細胞から透過像および蛍光像を自動かつ大量に取得することが可能となっている。学習に大量の画像が必要な深層学習と相性が良く，今後，細胞の形状だけでなく，核やミトコンドリアなど細胞小器官の形状情報も加味し，薬剤の効果や分類を解析する手法になるだろう。

顕微鏡だけでなく，内視鏡を用いた診断への応用も考えられる。現在は 2 K カメラを用いた内視鏡映像が得られるが，8 K カメラの臨床応用が進められており，高精彩な画像により細胞が観察されるほどになっているため，CNN による診断が可能になるといえる。生検などで患者から取り出した組織をヘマトキシリンエオシン染色し観察する，いわゆる病理画像を CNN により解析するという試みは既に報告されているが[8]，今後 8 K 内視鏡を用いたその場診断が可能になることが期待される。

4.3 おわりに

ディープラーニングを用いた細胞画像解析について，我々の研究データをもとに解説した。今後，MRI や CT 画像，病理画像などへの応用，ヒトゲノムやタンパク質のアミノ酸配列などの 1 次元情報への応用が進むと思われる。さらに，オミックスと呼ばれる情報と有機的に結合することで，様々な解析が可能になっていき，有益な医学・生物学的情報知見が得られると期待される。

このように書くと，良いことばかり書いているように思われるかも知れない。実際に，ディープラーニングをバイオ情報へ応用することで，様々な知見が得られそうなのは確かである。しかし，全く問題がないわけではなく，使用者は以下のことを踏まえた上で，データの解析を行う必要がある。

1 つ目は，ディープラーニングがなぜこれほどまでに高い性能を出すのかはわかっていない。ハイパーパラメータ問題でも示したように，層数やノード数がそれぞれどのようにして結果に影響を与えているかは今のところ不明である。一般的に，活性化関数として Sigmoid 関数よりも ReLU 関数を使った場合に学習が収束しやすく，正答率も高くなることが多いということが知られている。こういった経験からディープラーニングの構造を決定している部分が大きい。

2つ目は，ディープラーニングで得られる結果は，入力したデータの相対関係を示しているということである[9)]。すなわち，自然科学において重要視される因果関係というものは無視されている。機械学習やディープラーニングを用いるより前は，様々な条件で得られたノイズも含まれるような大量のデータを扱うことは殆どなく，質の良いデータのみを扱い，論理的に因果関係から新たな知見を構築していた。それに対して，機械学習やディープラーニングでは，上記のようないわゆる質の悪いデータから，埋もれた知見を抽出する。このとき得られる知見は，データが持つ相関関係であり，尤もらしさである。確率的なものであり，常に誤りのリスクを伴うものであるため，得られた結果に対しては慎重になる必要がある。最終的な判断には，人がデータや得られた結果をよく吟味することが必要になるだろう。

ディープラーニング解析によりデータの相関関係がわかってもそのデータが内包する因果関係まではわからない。しかし，得られた相関関係が新たな知見を含むものであれば，その結果を説明する新たな理論（因果関係）を構築すれば良いといえる。今後，ディープラーニング解析とそれに伴う新たな理論構築の両輪を回すことで医学・生物学の理解が深まっていくものと期待する。

文　　献

1) A. Krizhevsky, I. Sutskever, G. E. Hinton, Advances in Neural Information Processing System 25 (NIPS2012), 1106 (2012)
2) K. He, X. Zhang, S. Ren, J. Sun, The IEEE Conference on Computer Vision and Pattern Recognition (CVPR), 770 (2016)
3) Y. Taigman, M. Yang, M. A. Ranzato, L. Wolf, The IEEE Conference on Computer Vision and Pattern Recognition (CVPR), 1701 (2014)
4) J. Long, E. Shelhamer, T. Darrell, The IEEE Conference on Computer Vision and Pattern Recognition (CVPR), 3431 (2015)
5) A. Shkolyar, A. Gefen, D. Benayahu, H. Greenspan, 37th Annual International Conference of the IEEE Engineering in Medicine and biology Society (EMBC), 743 (2015)
6) T. Ichimura, L. Chiu, K. Fujita, H. Machiyama, S. Kawata, T. M. Watanabe, H. Fujita, *Scientific Reports*, **5**, 11358 (2015)
7) K. P. Quinn, G. V. Sridharan, R. S. Hayden, D. L. Kaplan, K. Lee, I. Georgakoudi, *Scientific Reports*, **3**, 3432 (2013)
8) D. C. Ciresan, A. Giusti, L. M. Gambardella, J. Schmidhuber, Medical Image Computing and Computer-Assisted Intervention — MICCAI 2013, volume 8150 of the series Lecture 31 Notes in Computer Science, 411 (2013)
9) 西垣通，ビッグデータと人工知能—可能性と罠を見極める，中公新書 (2016)

第5章　ヘルスケアへの展開

1　機械学習クラスタ解析を応用した感染症スクリーニングシステムの研究開発

孫　光鎬*

1.1　はじめに

近年，生体情報を計測するセンサ技術とその情報を処理するデータマイニング技術の進歩はすさまじく，生体センシングと機械学習を融合することで，医療分野への応用が注目を集めている。生体センシングによる個人ごとの生体情報が急激に増大し，膨大な医療データを機械学習に利用可能になり，一定の成果を挙げるようになった[1,2]。本節では，医療情報分野における機械学習に関する研究現状を踏まえ，代表的な機械学習の手法について紹介する。次いで，応用例として，機械学習クラスタ解析を用いた新型感染症スクリーニングシステムの研究開発について述べる。

1.2　機械学習の概要と感染症スクリーニングへの応用

機械学習（machine learning）は，膨大なデータベースから反復学習（training）によって，データに潜んでいる特徴や法則性を見つけ出し，新たなデータにその法則性を適応させて予測する（testing）ことである。反復学習に利用できるデータ量が多いほど，モデルの適応能力が向上する。このような特徴から，医療情報データ解析には高いポテンシャルを持つ。機械学習で使用されるアルゴリズムは様々な種類があり，「教師あり学習（supervised learning）」と「教師なし学習（unsupervised learning）」に分類できる。表1でまとめたように，教師あり学習アルゴリズムは入力データに対し，正解とともに学習させ，予測モデルを形成する。それから，予測モデルを新たなデータへ適応させ，識別する。線形回帰，ロジスティック回帰，サポートベクターマシン，判別分析などが挙げられる。教師なし学習アルゴリズムは，k-means 法，自己組織化マップ，ニューラルネットワーク，階層クラスタリングなどが挙げられ，入力データの持つ規則性を発見し，類似度で分類する。このように，機械学習アルゴリズムが多数あるが，解析対象のデータの種類などに応じて，適切なアルゴリズムを選定し，その学習パラメータを最適化することが予測結果に大きく影響する。ここでは，生体計測センサから計測されたバイタルサインである心拍数・呼吸数・体温データを解析対象とし，自己組織化マップと k-means 法を併用した感染症スクリーニングへの応用の研究例を紹介する。

---

* Guanghao Sun　電気通信大学　大学院情報理工学研究科　助教

表1　機械学習の分類

種　類	手　法	特徴・説明
教師あり学習	線形回帰 ロジスティック回帰 サポートベクターマシン 判別分析 決定木	入力データに対し，正解とともに学習させ，予測モデルを形成する。予測モデルを新たなデータへ適応させ，識別する。
教師なし学習 （クラスタリング）	k-means 法 自己組織化マップ ニューラルネットワーク 階層クラスタリング	入力データの持つ規則性を発見し，類似度で分類する。

1.3　感染症スクリーニングシステムの紹介と自己組織化マップを用いた感染症判別

1.3.1　バイタルサイン計測に基づく感染症スクリーニングシステムの開発

新型インフルエンザの大流行や新興感染症に備えた，新たな検疫システムの開発が重要視されている。筆者らの研究グループではバイタルサインを用いた感染症スクリーニングシステムを開発した。本システムは，約 10 秒でサーモグラフィを用いた顔表面温度の測定と，マイクロ波レーダを用いた呼吸数及び心拍数の測定を行う。これらの測定から得られる 3 つのバイタルサインの判別分析の結果から，対象者が「感染」しているか，もしくは「正常」であるかを客観的に判定する[3~7]。

1.3.2　自己組織化マップと k-means 法を併用した感染症の判別

感染症判別において処理するデータの特徴は，高次元データ，明確な判別基準がない，ビッグデータにより多様な感染症に対応などが挙げられる。まず，本研究では複数の生体センサから計測された高次元データを取り扱っているため，複雑なデータ構造となり，統計的及び機械学習的な観点からデータマイニングする必要がある。また，本研究では提案するバイタルサインを用いた感染症スクリーニングシステムは空港や病院などの公共施設で利用し，マス・スクリーニングを目指している。しかし，このような公共施設において集団検査を行う場合は，多様な年齢層，性別，人種などによりバイタルサイン値が変わってしまう点から感染症判別に明確な判別基準が存在しない。最後に，大型空港での利用者は多く，本システムで集団検査を行う場合は蓄積されるデータは莫大に増え，ビッグデータになる。このビッグデータを解析し，有効に活用することで感染症発生のモニタリングさらに流行を予測することで，多様な感染症への対応も期待できる。従って，ビッグデータにより多様な感染症に対応するため，高度なデータ処理の手法が求められている。

以上の問題点を踏まえ，機械学習の一種である自己組織化マップ（Self-Organizing Map, SOM）と k-means クラスタ法を提案する。SOM は，神経回路を模倣した数理モデルであるニューラルネットワークの一種であるが，多次元（多変数）データのパターン認識や，抽出したパターンを基にしたデータ分類などを行うことができ，多変量解析手法の 1 つともみなせる。ま

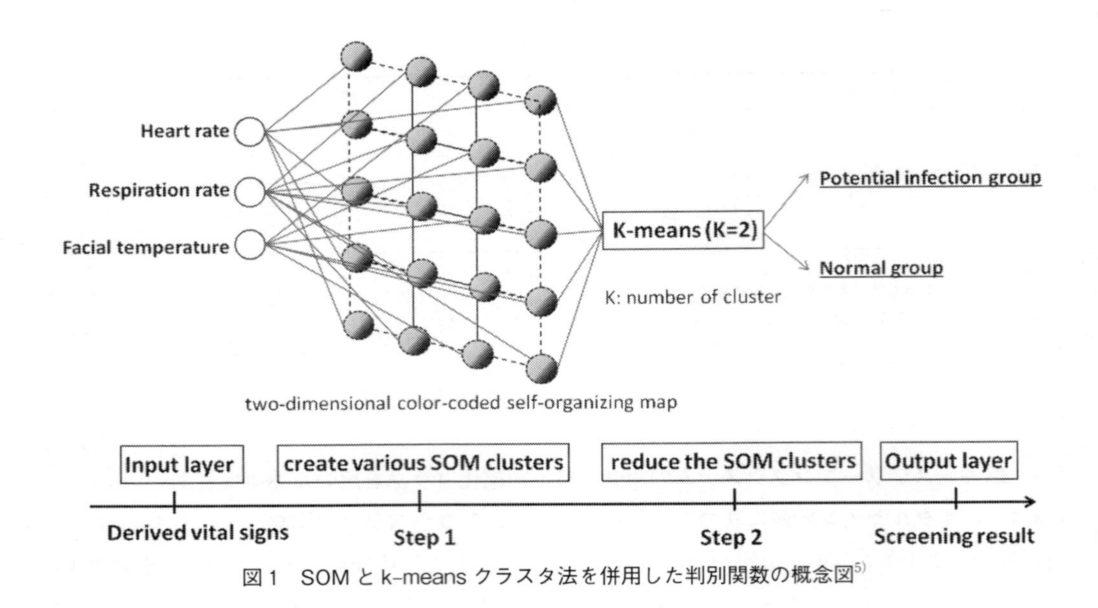

図1　SOMとk-meansクラスタ法を併用した判別関数の概念図[5)]

た，SOMはデータ圧縮の手段として優れた性質を持ち，多次元データ（例えば，本研究の心拍数・呼吸数・顔表面温度）の位相関係を保持しつつ，低次元（通常は2次元平面）上に表示できる。本研究では，心拍数・呼吸数及び顔表面温度を説明変数として入力層にインプットさせる。データの類似度によって2次元マップ上でクラスタを形成し，出力層でその結果を可視化する。しかし，感染症のスクリーニングは「感染」あるいは「正常」の2クラスタ問題なので，クラスタの数を指定できるクラスタ法が求められる。そこで，k-meansクラスタ法を自己組織化マップの出力層に再度分割を行う。図1ではSOMとk-meansクラスタ法を併用した判別関数の概念図を示す。

1.4　季節性インフルエンザ患者を対象とした感染症スクリーニングの検出精度評価

2009年季節性インフルエンザ流行時，57名のA型インフルエンザ患者と35名の健常者のバイタルサインデータを用いて，SOMマップを学習させ，クラスタリングを行った。全92名分のバイタルサインデータ（季節性インフルエンザ患者57名と健常者35名）のラベルはNOR1～NOR35，INF1～INF57とする。ラベリングされた計測値から構成した数値ファイルを自己組織化マップの入力データとする。自己組織化マップの学習回数，学習係数，近傍半径，マップサイズなどの主要なパラメータを検出エラー率が最小となるように設定した。

季節性インフルエンザ群と健常者の分類結果を確認するため，統合したU-matrixマップにラベルを表示させると図2(a)となる。ラベルの分布をみると，インフルエンザ患者（INF1，INF2，…）がマップの下部に分布する傾向があり，健常者（NOR1，NOR2，…）がマップの上部に分布する傾向を示している。カラーレベルによっていくつかのクラスタを観察することが可能であ

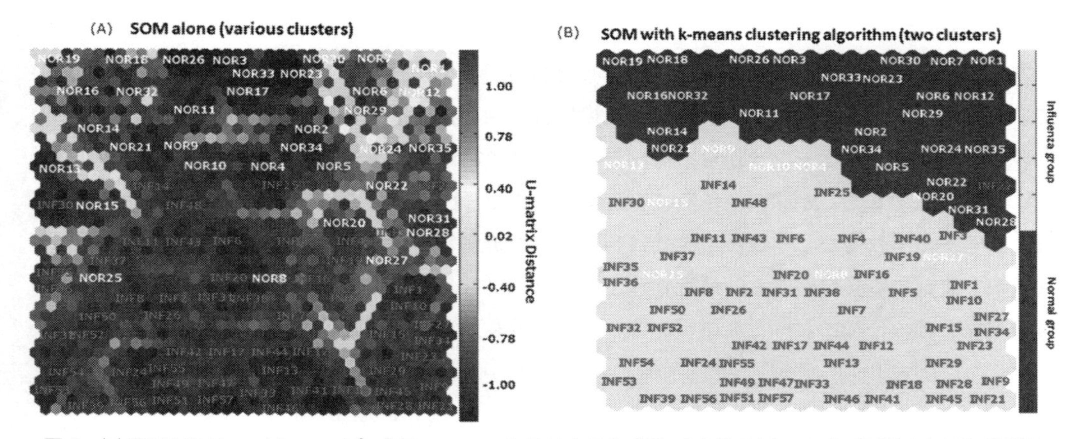

図2　(a) SOMのU-matrixマップ，(b) k-meansクラスタリング法で全体のデータを「感染」及び「正常」に分割[4)]

るが，感染症のスクリーニングは基本的に「感染」か「正常」の2群問題であるため，自己組織化マップの結果をクラスタ数の指定できるk-means法で2群に分割する。その結果を図2(b)に示す。マップ上部の健常グループには，1名のインフルエンザ患者（INF22）が誤判別で分類された。マップ下部のインフルエンザグループには，8名の健常が誤判別で分類された。診断テストの結果，感度（Sensitivity）=98%，特異度（Specificity）=77%，陽性反応予測値（Positive predictive value，PPV）=87%，陰性反応予測値（Negative predictive value，NPV）=96%が得られた。

また，多種の機械学習アルゴリズムがバイタルサインデータ解析の適合性を評価するため，線形判別関数，*k*最近傍法，サポートベクターマシン法判別関数，自己組織化マップ・k-means判別関数の検出精度の比較を行った。表2では，それぞれアルゴリズムの診断テストの値をまとめた。線形判別関数の感度が88%になり，提案した4つの判別関数の中で比較的に感度が低い結果となった。それに対し，*k*最近傍法，サポートベクターマシン法判別関数，自己組織化マップ・k-means判別関数は非線形的にバイタルサインデータを分割することによって，いずれも94%以上の高感度のスクリーニング結果が得られたと考えられる。

表2　線形判別関数，*k*最近傍法，サポートベクターマシン法判別関数，自己組織化マップ・k-means判別関数診断テスト比較

判別方法	感　度	特異度	PPV	NPV
線形判別法	88%	89%	93%	82%
k 最近傍判別法	94.7%	82.9%	90%	87.2%
サポートベクターマシン判別法	96.5%	88.6%	92.7%	92.1%
SOM・k-means判別法	98%	77%	87%	96%

1.5 おわりに

本節では，機械学習クラスタ解析を応用した感染症スクリーニングシステムの研究開発について紹介した。しかし，生体センシングと機械学習の融合技術は，実用化に向けて解決すべき課題は多い。例えば，生体センサからの計測データにノイズが多く，本当に意味のあるデータを自動的に特徴抽出することが診断・予測に影響する。また，医療データには正解データが少なく，教師なし学習や半教師なし学習法を有効に利用し，解析するデータの特徴に合わせて適切なアルゴリズムを決定する必要がある。最近，ディープラーニングという深層学習手法が医療画像処理や診断支援などの分野における高いポテンシャルを持ち，実用化に向けて研究開発が進められている[8)]。

文　　献

1） Rahul C. Deo., *Circulation*, **132**, 1920 (2015)
2） Kononenko I., *Artif. Intell. Med.*, **23**, 89 (2001)
3） Matsui T., *J. Infect.*, **60**, 271 (2010)
4） Sun G., *J. Infect.*, **65**, 591 (2012)
5） Sun G., *Conf. Proc. IEEE Eng. Med. Biol. Soc.* (2013)
6） Sun G., *Jpn. J. Disaster Med.*, **20**, 10 (2015)
7） Sun G., *Int. J. Infect. Dis.*, **55**, 113 (2017)
8） Litjens G., *Med. Image Anal.*, **26**, 60 (2017)

2　細胞培養におけるAI関連技術の応用—画像解析による細胞品質管理

加藤竜司*

2.1　はじめに

近年，人工知能（Artificial Intelligence：AI）を実現しようとする様々なAI関連技術は，既に人間には理解することが困難となったビッグデータに対して，これを有効活用するための次世代技術として多方面で注目を浴びている。

ライフサイエンス研究の中でも，ヒトの機能的構成単位としての「細胞」の研究から得られるデータは，近年のバイオテクノロジーにおける計測技術の発展から爆発の一途をたどりつつある。「細胞の理解には，いろいろな現象をたくさん計測したい」。そんな根源的な欲求によって，細胞は様々な階層（遺伝子，転写産物，タンパク質，代謝産物など）のデータで表現されるようになりつつあるが，まだ「どの情報で，細胞のどこをどれだけ説明できるか」という細胞現象の理解にはまだ道のりがある。

細胞培養とは，細胞を人為的な環境において「生かしておく」技術である。上記の「細胞現象の理解」とは異なり，実は，人間は約100年程度の間，細胞を体外で培養することに成功している。しかし，細胞を培養によって制御できる，ということの生物学的制御メカニズムは，未だ多くのことが解明されていない。このため，満点の制御とは言い難いが，歴史的には世界各地で細胞培養を研究者は実現し，新しい発見を生み出すことに繋げている。つまり細胞培養という作業には，人間が感じ・記憶し・経験を積んで培養を制御できる「知覚可能な情報」があるが，これが定量的に明文化されていないだけだと言える。言い換えれば，細胞培養の中には，人間の専門家が学習できているデータが確かに存在しており，今後高度な計測技術と組み合わせることができれば「人間の専門家を超える機械」を構築することが行える可能性があるとも解釈できる。

本研究では，このような一例として，再生医療という新しいライフサイエンス分野におけるヘルスケアの実現において，AI関連技術の中核的技術でもある機械学習や画像認識技術が，細胞培養の工業化を支援できる可能性について紹介する。

ただし，最初にお断りしなければならないが，本稿で取り上げる画像情報解析による細胞培養への応用は，コンピュータが自発的にデータを学び，まるで人間のように振る舞うような「強いAI」の実例ではなく，AI関連技術のいくつかが細胞培養や細胞品質管理という分野において極めて効果的な可能性としての「弱いAI」の一事例である。筆者は，細胞培養のための画像活用という限定的な目的に特化した事例で，かつ，機械学習や画像認識に用いられる「既に存在する技術の応用」は，本来の「人間のように振る舞う＝AI」の開発とは異なると考えており，本稿で各技術は「AI関連技術」と区別して表記する。

---

*　Ryuji Kato　名古屋大学　大学院創薬科学研究科　基盤創薬学専攻　創薬生物科学講座
細胞分子情報学　准教授

2.2 細胞培養の発展と現状

細胞培養とは，細菌など原核生物から微生物・植物・動物などの真核生物を含む生命活動の基本単位である「細胞」を，制御された環境において人為的に維持する技術である。

特に，動物細胞の一つである「ヒト細胞」は，ライフサイエンス研究において基礎から応用までを担う貴重な材料として，これまで多くの科学研究を支えてきた。20世紀初頭における動物の組織や細胞を「体外で維持して観察できる」という大きな発見は，1910年以降の培地（細胞を維持するための栄養素を含む液体）の開発を原動力に大きく発展し，1950～60年代には様々なヒト細胞株（長期間体外で維持可能なように不死化した特別な細胞）の樹立へと繋がった。ヒト細胞株は，創薬や医療の観点からも様々な生命機構の発見を生み出した他，遺伝子工学などによる細胞機能性の制御テクノロジーの開発に大きく貢献してきている。1981年には胚性幹細胞（Embryonic Stem Cell：ES細胞）が樹立され，ヒトの体を構成する様々な種類の細胞を，人間が体外で作り出せる可能性が示唆された。そして2006年，人工多能性幹細胞（induced Pluripotent Stem Cell：iPS細胞）の発見により，多種多様な体内の細胞を人間が人為的に作り出せる効率とスピードを飛躍的に増大できる可能性が示され，世界は「好きな種類の細胞を，好きなだけ」作り出すことができるコア技術を手に入れることができたとも言える。

2000年代，正常ヒト細胞（不死化していない健常者や疾患患者から得られた細胞で，もとの性状をより正確に示す細胞）は，まだ入手の難しい希少品であった。また，入手可能な細胞の種類は極めて限定的であり，そもそもの生体内機能が大きく失われてしまっている細胞しか入手できないことも多く，研究を進めること自体が難しい疾患や生体機能が多かった。しかし，現在のライフサイエンス研究において，状況は大きく変化しつつある。

2.3 細胞培養における新しいフロンティア

細胞培養技術の進展によって大きく可能性が花開いたフロンティアに，再生医療がある（図1）。再生医療とは，人の細胞が持つ「再生する能力」を人為的に活用することによって疾病の治療や予防を行おうとする，歴史的にも新しい医療である。

この新しい医療の大多数において，ヒト細胞は治療用の「材料」となる。細胞は，従来の医薬品である低分子化合物やバイオ医薬品（抗体やホルモンなど）とは大きく異なる高い機能性を持つ。細胞は自ら増殖するだけでなく，自ら移動する機能や，他の細胞と相互作用を働かせる機能を持つため，従来では治療が困難であった疾病に対して，高い治療効果の有効性が見出されつつあるのである。

再生医療は，医療としてだけではなく，これを支える周辺産業を活性化する新産業としての可能性にも注目が集まっている。これは，医療として再生医療や次々世代の医薬品としての細胞が広く普及するためには，様々な周辺技術やサービスを捲き込んだ「細胞製品」を取り扱う多様な業務活動の活性化が見込まれるからである。

第一に期待が持たれる分野が創薬研究である。創薬開発において，新薬上市への道のりは極め

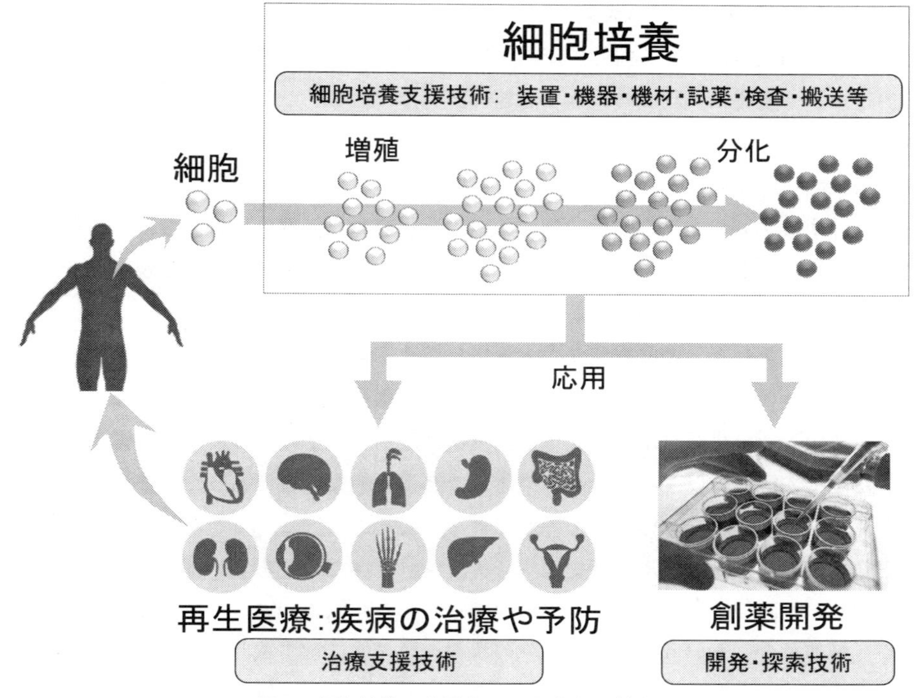

図1　細胞培養の応用とこれを支える技術

て厳しい道のりとされる。1つの新薬開発には，近年では平均10年の歳月と3,000億円規模の投資が必要でありながら，候補化合物の中で成功を収めることができるのは3万分の1という厳しい確率がある。このため，いかに研究開発の段階からその安全性と有効性の評価を正確に行えるかが重要であるとされる。このとき，ヒト細胞を用いた研究開発や安全性検証という基盤技術そのものが，その成功確率を高めると期待されている。さらに，細胞を用いた医薬品開発に成功することができれば，全く新しい治療効果をもたらす市場開拓が可能となり，製造技術としての高度さからも他社を寄せ付けない独占的製品を手にする可能性が高まる。

このような新しい研究ジャンルの拡大や製品の拡大は，さらに細胞培養を取り巻く産業の活性化をもたらしている。それが，細胞製造に関わる装置・機器・機材・試薬・検査・搬送などのテクノロジーを提供する産業である。事実，これまで電子機器や他の工業製品を製造の主軸としていた企業が，再生医療や細胞培養分野への参戦を表明している。我が国では，このような医療および周辺産業の活性化を導くため，再生医療推進法（H25.5）を皮切りに，医薬品医療機器等法（改正薬事法）（H25.11），再生医療等安全確保法（H25.11）の施行を通じて，「医薬品」「医療機器」とは別の「再生医療等製品」という新しいカテゴリーが創設され，材料としての細胞製造を外部委託できる可能性（細胞培養加工の外部委託）が認可されるなど，新しい市場と産業が産まれる土壌も整備されつつあり，そのスピードは海外からも注目されつつある。

2.4 細胞培養の実用化における課題

このように「細胞」に対する研究・産業・社会からのニーズが急速に高まりつつある中，細胞培養の生産を担う現場は，現実の大きな課題に苦しんでいる。これは，細胞が，従来の工業製品や，医薬品としての実績を有する低分子化合物やバイオ医薬品に比べて，極めて製造が難しいことにある。

そもそも「生モノ」である細胞は，細胞の由来（患者や組織部位）の影響だけでなく，人為的な生産プロセスの影響を受けてしまうことが多く，細胞培養が進歩している現在でも，工業的な製造の実現には，技術と規制の課題が山積している。

培養細胞を工業製品として「安定かつ大量に」製造しようとしたとき，最も難しいのはその品質管理である。その品質管理の難しさは，製品として生産する細胞を直接評価できないことに大きく起因している。再生医療用の細胞は，貴重な治療用材料そのものである。従来，細胞科学を支えてきた多くの評価法は「抽出」や「染色」など侵襲的な手技であった。このため，最終製品として出荷されるべき細胞そのものを評価できないのである。

では細胞培養とは，どのように歴史の中で実現されていたのだろう。細胞培養の有史以来，このように難しい細胞培養を支えてきたのは「細胞の形の顕微鏡観察」であった。細胞の「形態の変化」や「増殖具合」という情報は，細胞の状態を間接的に示す重要な指標である。そして細胞観察というスキルは，現在も細胞培養の教科書で重要とされる評価手法であり，世界中で日々の細胞培養を成り立たせている実績ある技術である。

しかし，それは人間の高度な視覚認識力と，情報抽出，記憶と連動した情報処理によって実現されてきていた。残念ながら，その評価はセンスや経験に左右され，定量的な数値目標や標準化文書が存在してこなかったため，別な人間に伝授することも難しかった。しかし実は，このような「目利き」の経験の勘にリードされる熟練の技は，細胞培養以外にも，発酵技術，金属加工技術，病理検査など，様々な分野に存在し，その分野を牽引してきた。そしてこれらの熟練の技は，近年は様々な工学的技術との融合によって，機械化・自動化が急速に進展している。

これを支えるテクノロジーが，画像情報を用いた機械学習である。細胞培養へのAI関連技術の応用コンセプトについて図2にまとめる。

2.5 細胞培養におけるAI関連技術の応用事例

筆者達は，細胞培養を支えてきた「目利き」のスキルにヒントを得て，細胞画像から得られる「形態情報」の機械学習によって，細胞品質を非破壊的に予測する技術として『細胞形態情報解析技術』を開発し，再生医療のための細胞培養工程における様々な細胞品質管理に応用できることを示してきている。本項では，その具体例について2つ紹介する。

2.5.1 間葉系幹細胞の分化予測

第1の例は，間葉系幹細胞の培養中の顕微鏡写真から抽出した「細胞の形の特徴量」の機械学習による，将来の分化培養結果の予測を行う試みである（図3）[1~3]。

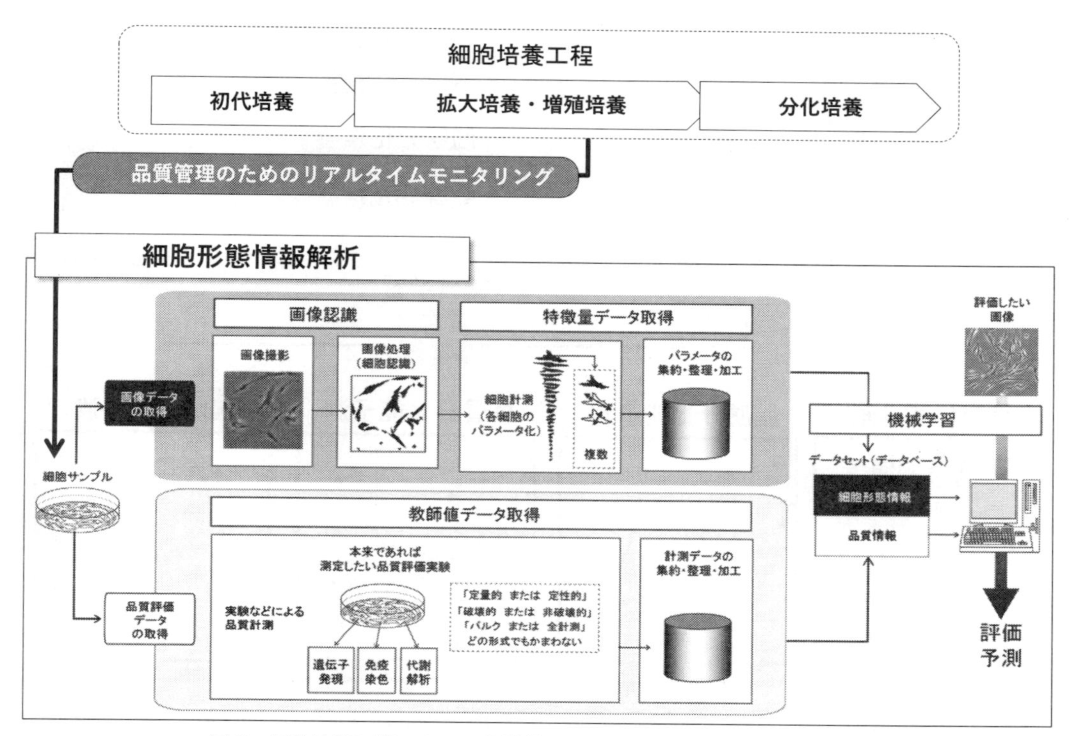

図2　細胞培養工程における品質管理を目的とした細胞形態情報解析

ヒト骨髄由来間葉系幹細胞（Mesenchymal Stem Cell：MSC）は，臨床的な経験・成功例の多い幹細胞であり，安全性および有効性が歴史的にも実証されつつある細胞治療源として，現在実用化の期待が高い幹細胞である。

骨髄から穿刺によって簡易に取得できる骨髄液に含まれるこのMSCは，治療に必要な細胞数を得るための「増殖培養」と，移植部位での治療効果を高めるために目的の細胞へと成熟させる「分化培養」という細胞培養工程を経て充分な数と量へと加工され，治療に利用される。しかしこの工程は，極めて高価かつ労力のかかる工程である。

まず，細胞培養には大量の培地が湯水のように必要とされるが，特に分化に必要な培地は極めて高価である（約200 mlで3〜5万円）。また分化培養は長い。通常，2週間から2ヶ月の間，毎日この培地を取り替えるコストと作業が発生する。これだけのコストをかけた後，「今日の細胞の状態は良くない」などとなることは，決して避けなければならない。

さらにMSCは，人為的な操作によるストレスにあまり強くなく，拡大培養の途中で起きる品質劣化の程度が読めない細胞でもあることが知られる。製造する細胞の安全性と有効性を担保するためにも，この品質管理に注意が必要である。

そこで筆者らは，MSCの培養中の画像（それもできるだけ早期の画像）のみから，将来の分化培養の成功率や，細胞の増殖の度合いを予測することに，機械学習を応用した。具体的には，

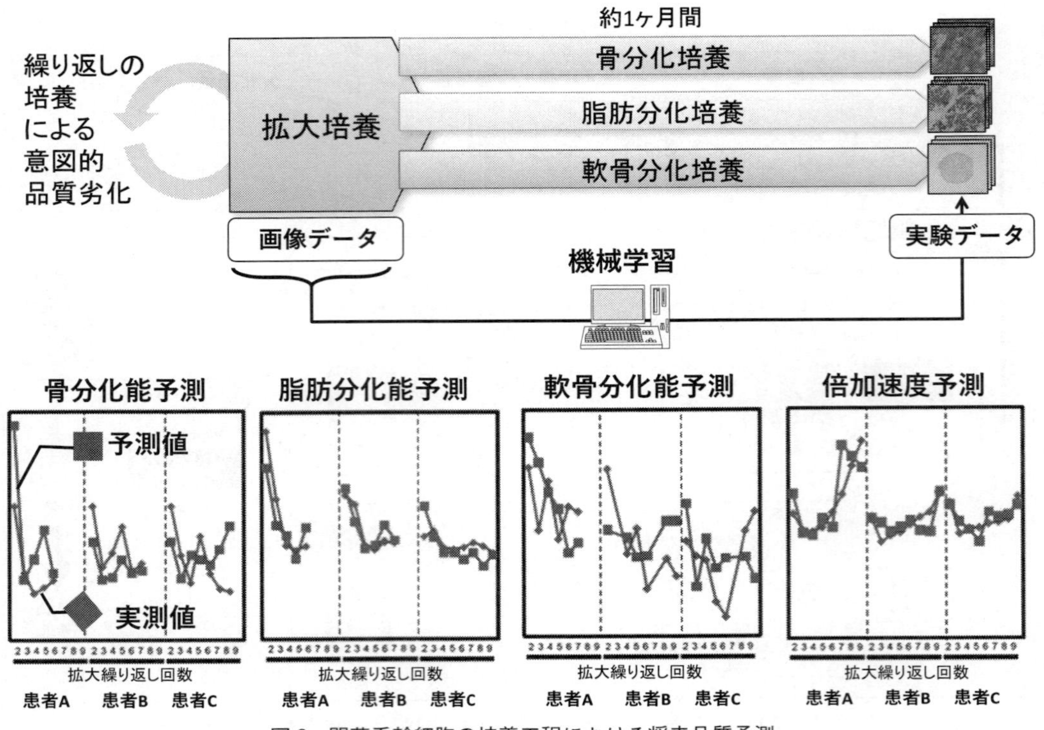

図3　間葉系幹細胞の培養工程における将来品質予測

MSC（3ロット×約10継代分の過継代）をサンプルとし，各サンプルの拡大培養時の顕微鏡画像（培養初期7日分）から，「培養熟練者であれば注目するであろう細胞の形」を特徴量として抽出し，その細胞を1ヶ月間分化培養したときの実験結果（①骨分化度，②脂肪分化度，③軟骨分化度，④増殖速度）を教師値として機械学習を行った。機械学習では，約2千枚の細胞画像から9つの形態特徴量（長さや丸さなど）の時系列情報を無作為に抽出・数値化した特徴量データを用い，機械学習による特徴量選択によって最適な特徴量の組合せを探索した。結果，実際の研究では大量に収集した画像由来の特徴量データの中でも，分化を開始する前の安価な培地しか使わない増殖培養工程のたった4日分の特徴量だけを組み合わせれば，約1ヶ月後の4つの品質（分化能および増殖速度）をどれも極めて高精度で定量予測できることがわかった。

人間の熟練者は，細胞観察の目利きによって，なんとなく細胞培養がうまくいくか，いかないかを推定することが可能である。しかし，1ヶ月後の分化の結果を全て予測すること（それも何倍不安定化するかの数量予測）は無理であり，特に初期の画像のみからこれを正確に行うことは不可能であった。即ち本件は，AI関連技術によって人間しかできなかった細胞品質管理を機械化・自動化できる可能性を示唆するものである。

このような画像を用いた早期分化度予測は，我々は他の骨分化[1,2]や神経分化[4]においても同様の結果を得ており，画像から得られる特徴量の機械学習が，細胞の非破壊品質管理に有用であることを強く感じている。

2.5.2　iPS細胞の培養状況モニタリング評価

第2の例は，iPS細胞における培養中の顕微鏡写真の「画像認識」と，iPS細胞コロニーのビッグデータ解析から，有用品質コロニーの選抜や，細胞培養工程における手技の評価を行った試みである（図4）[5,6]。

iPS細胞は，自身と同じ性質を持つ細胞を複製する自己複製能，様々な細胞へと分化する多分化能を持つことから，大量かつ自在に目的の細胞を人工的に製造することを可能とする技術である。このため，創薬研究への多種多様な細胞源の供給など幅広い分野への応用が期待されている。しかし一方で，iPS細胞はその可能性と同時に，培養の方法や手技の影響を大きく受けやすいデリケートな細胞であることも知られる。特に，増殖培養中に発生する「未分化状態を逸脱してしまった細胞」は，多能性を品質として担保したい幹細胞製品の製造目的からは重大な品質逸脱品となってしまう。

このような品質逸脱を減らす現状の最も有効な作業は，人間の目視観察である。プラスチック容器の中で平面培養されたiPS細胞は，コロニーと呼ばれる「平たい塊」を形成して増殖するが，各コロニーの形の異常（輪郭の乱れや，コロニー内部の細胞が肥大化や不均質な様相）は，生物学的にも未分化の逸脱や染色体異常と関連していることが知られつつあり，このコロニーの形状

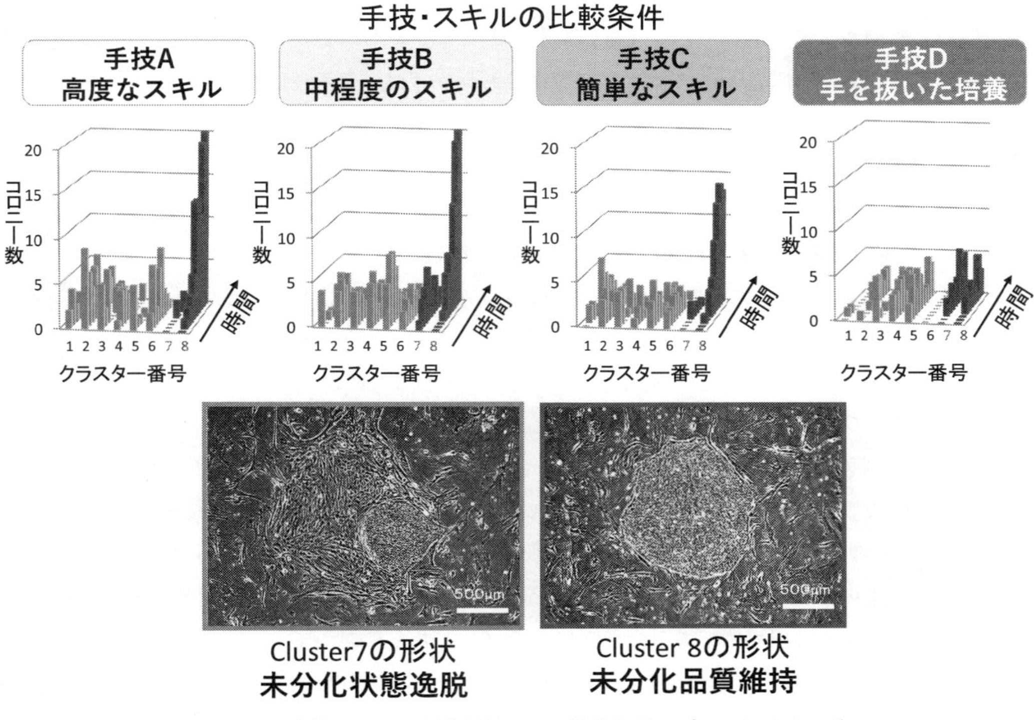

図4　iPS細胞コロニー形状解析による培養集団のプロファイリング

パターン解析は，iPS 細胞の製造自動化や，品質向上に重要であると期待されている。iPS 細胞コロニーは，前述の MSC に比べると平面内の移動が少なく，コロニーという巨大なオブジェクトを形成するため，画像中の認識が比較的行いやすい。このため，画像中の iPS 細胞コロニーを認識した後，機械学習によって「品質の良いコロニー」を学習・判定させるような試みも行われてきている。しかし，機械学習には，そのデータの質や量および応用目的に応じ，「教師あり学習」「教師なし学習」「半教師あり学習」など多様なアプローチが存在している。どの手法にも一長一短があり，その使い分けと，データに応じた解析方針の見極めは重要である。

一つの事例として，我々は自動化された光学装置の活用によって，大量のコロニー形態情報をデータベース化し，このデータを活用したクラスタリング解析による培養細胞の性の経時変化を視覚化することを試みた。具体的には，iPS 細胞 201B7 株における多数のコロニー情報を含む大量の画像情報を取得した。ここで共同研究開発を行った㈱ニコンの「機械学習」を用いたコロニー認識技術を応用し，経時画像から高精度でコロニー領域のみを抽出した。その後，コロニーの形態特徴量を数値化したデータを用いてクラスタリング解析を行い，培養容器の中の「コロニーの顔つきの変化」を自動的に抽出・可視化した（図３）。

結果，目標である未分化能を維持した形状に近いクラスター（クラスター８）の経時的な増減変化の度合いに対し，異常と人間が判別することが多い形状に近いクラスター（クラスター７）の変化を，リアルタイムで可視化することができた。またその可視化プロファイルを，複数の培養手技で比較した結果，従来「難しく・高度な培養手技が良い」とされがちなプロトコルにおいて，極めて簡便な手技でありながら「良い形」のコロニーを多数維持することができる手技を客観的に見出すことができた。このように，従来であれば「自分の手技は良い」「人の手技は悪い」など，比較が困難であったような細胞培養のスキルを，画像解析とその解析によって客観的に分析できる可能性が示唆されたと言える。

2.6　画像を用いた細胞品質管理に期待される AI 関連技術

近年「AI」という用語は，過剰な期待やあまりにも抽象的な用語として乱用されてしまうことが多い。バイオ分野や細胞研究分野を取り扱う記事には，「細胞画像」と「AI」という言葉を極めて安易に組合せることが多く見られ，ほとんどは「AI＝何かよくわからないが新しくすごいこと」のキーワードとして利用していることが多い。

特に近年は，「AI を用いた細胞画像の解析」や「細胞画像と AI 技術の融合」などのキャッチーながらも曖昧な表現が多く見られるが，多くの場合これは２つの全く異なる技術を指している。1 つは「画像認識＝細胞画像の中からいかに細胞を見つけ出すかという技術」，もう１つは「機械学習＝画像をいかに機械に教え込むかという技術」，である。これらは技術的な難しさや，目標設定が全く異なる応用事例である。さらに言えば，どちらにおいても「人間のように考えて振る舞う AI」が実装されたようなことはまだなく，AI を実現するための技術の１つを使ってみたら良かった，という程度である。このため，AI 関連技術が，細胞画像の応用の「どこに」「どれだけ」効果を発揮するかを整理したい。

筆者達の提唱する「画像を活用した細胞品質管理」は，前述図1に示すように

①細胞に目を向ける技術＝イメージングによる計測技術，

②細胞を細胞以外の中から見極める技術＝画像認識技術，

③細胞の形から状態を判断する技術＝データ解析技術，

という大きく3つのステップによって成立している。

筆者は，この全てのステップにおいて，異なるAI関連技術の活用が有効かつ重要であると考えているが，各々の応用には異なるニーズや課題が存在している。

逆説的には，「画像を活用した細胞品質管理」は，上記①～③のどれか1つだけが高度化しても実現はできない。それだけ，人間の目利きは複雑な作業を実施しているのである。

2.6.1　イメージング計測技術に求められるAI関連技術

『①細胞に目を向ける技術』は，細胞の形をデータ化するための第一ステップであり，画像撮影のためのイメージング技術を指す。人間の目利きは，細胞の入った容器を顕微鏡下で移動しながら，その全貌を極めて迅速に見渡し，大事な情報のみを明確に記憶しており，容器全面を記憶するまで見ているわけではない。

単純に，イメージングの「範囲」や「頻度」を網羅的に高めることは，機械の最も得意とするところであり，人間を遙かに超えた網羅性を実行できる。しかし，現状の細胞培養でこれを実施すると「多数の無意味な画像」を「必要以上の高解像度で記録」することとなり，研究者のハードディスクはあっという間に一杯になってしまう。即ち，今後のイメージングに必要とされるのは「賢い」撮影技術である。

筆者らはこれまで，培養中の細胞画像を解析する際のポリシーとして「どこまでの画像が本当に必要なのか」を分析し，品質管理の実装を現実的に検討してきている。具体的に我々は，細胞品質管理を行いたいと思った工程において，まずハードウェアの性能をフル活用し，最大限の撮影によるデータ収集を実施する。培養容器の全視野の撮影や，長期間の経時観察など，人間が行っていなかった規模での撮影を敢行する。その後，画像から得られる特徴量をデータベースとした後，「どこが要らない情報だったのか」について特徴量の「差し引き」の効果検証を網羅的にコンピュータ解析するのである。

一例として，我々はリアルタイム撮影で膨れあがりがちな経時データにおいて，「1ヶ月後の予測には初めの4日間だけの画像で充分」（2.5.1　間葉系幹細胞の分化予測）というような解析結果のフィードバックを行っている[1~3]。この事例が示唆するのは，細胞培養工程におけるイメージングデータの蓄積と，これを用いた機械学習が自動的に実施されることで，「本当に意味のあるデータ」「意味のないデータ」が選抜され，その後のイメージングをより効率化する細胞培養における「Internet of Things（IoT）」である。

2.6.2　画像認識に求められるAI関連技術

『②細胞を細胞以外の中から見極める技術』は，細胞画像の中から「何を計測するか」を与え

る最も重要な技術である。細胞を撮影しておきながらも,「本当は細胞ではないもの（ノイズ)」を計測した情報がその後のデータに混入してくるようでは，画像から得たデータを深く活用することは不可能となる。

非染色の細胞画像は，蛍光画像と比べてダイナミックレンジが狭く，細胞領域と背景のシグナル・ノイズ比が低い。特に薄く伸びた細胞の認識は，人間であっても不可能に等しい。また，時系列データを取得したい場合においても，細胞が増えて積層・密集するとその境界の見極めは困難を極める。非染色の細胞画像解析はまるで，シルエット画像から「顔を正確になぞりなさい」と言われるようなものである。正面を向いて一人で立っている短髪の男性シルエットであれば可能かもしれないが，髪の長い人，頭をかかえている人，となりの人と肩を組んでいる2人，などのシルエットからは容易ではない。

このような難しい画像であっても，顕微鏡下で細胞を観察する人間は，様々な特徴を「重ねる」ことで「細胞とおぼしき部分」を瞬時に認識している。ところが実際，細胞のどこを見て「細胞と認識」しているかを，定量的に記述することは実はとても難しい。これは実は，人間が「どんな特徴量で猫を見分けているか」という問題と似ている。どんな猫の品種であっても人間はそれを瞬時に見分けるが，その特徴量を文章として書きだそうとすると，あまりにも多い例外や特例的条件の重なりに，表現できなくなってしまう。実はこのような「画像認識」こそ，近年のAI関連技術が高い性能を示しているところである。

第一に期待される技術は，人間の画像認識の高度なルールを機械学習によって自動的に抽出するものである。近年，㈱ニコンやDRVision Technologies LLCなどが提供する画像解析ソフトウェアは，このような「学習機能」を提供している。これらのソフトウェアでは，画像中で「認識したい領域」・「認識したくない領域」をユーザーが手で抽出する。その情報から機械が領域間の「違い」を自動学習し，以降の細胞認識に適応してくれるのである。実際，我々の研究でもこれらのソフトウェアを導入した結果，細胞形態の計測データにおけるノイズが減少し，人間のセルカウントに極めて近い細胞認識が得られ，さらにはその後の細胞品質の機械学習精度も安定化することを確認している[5,6]。

第二に期待される技術は，近年画像認識分野で圧倒的な性能を誇るDeep Learning（深層学習）の応用である。Convolutional Neural Network（CNN）やRecurrent Neural Network（RNN）などのアルゴリズムは，ニューラルネットワークの中間層を多層化することで，人間が最初に思い描くような特徴量（例：細胞の形）を超えて，画像中に含まれるありとあらゆる特徴量を複合的に使って機械学習を実行するのを得意としている。Deep Learningを用いれば，筆者が前述の図1で示したような「細胞形態情報の抽出」という工程はもはや必要ない。「画像を構築する画素全体」が特徴量として扱われるため，形態特徴量の抽出アルゴリズムをデザインする人間のアイディアの限界を超え，知見や偏見に一切囚われない細胞品質判定が可能になる可能性が高いと考えられる。

2.6.3　データ解析技術に求められるAI関連技術

細胞画像から得られる特徴量は，極めて多い。筆者達の研究では，「人間が行っていた感覚に近づける」ことを最初のトライアルと位置づけているため，「人間が理解しやすく，これまでの経験との照合がしやすい情報」として，限定された特徴量の数を扱っている。それでも，リアルタイム観察によって大量に蓄積される経時データを含めると，1サンプルを表現しようとするときの画像特徴量は数百～数千へと増大してしまう。

しかし一方で，細胞の実験から得られるデータを構築するサンプル数が，数万に達することは極めて難しい。1患者の細胞が約10万円，かつ，その維持管理に1ヶ月200万近い金額が必要とされるコストを考えるとき，「何千人もの患者細胞のデータ」を簡単に集めることができないのはご想像頂けるかと思う。

ところが，細胞のデータにおいて各サンプル間のバラツキは，極めて大きい。細胞は患者間で異なる個性を有するばかりか，培養する施設，プロトコル，作業者，人の手技などの差異に応答してしまう。即ち細胞から得られるビッグデータは，特徴量とサンプル数のバランスが崩れているばかりか，バラツキが大きい可能性の高いデータである。このようなデータの特性に応じたデータ解析にむけて，AI関連技術を活用する必要がある。

細胞画像から得られる情報の機械学習において大事な点の一つは，爆発する特徴量をいかに「まとめあげるか」である。このような画像の膨大な特徴量の有効活用技術が，ニューラルネットワークをもととした前述のDeep Learning（深層学習）である。筆者らの扱う特徴量以外にも，細胞を表現する画像特徴量には様々なものが今後想定されるため，網羅的かつ最適な特徴量の活用が行えるDeep Learningには大きな期待が持たれる。

もう一つの細胞画像情報の機械学習における重要な点の一つは，「学習をどのように行うか」というコンセプトである。細胞画像の活用において期待されるのは，画像から細胞品質を予測評価するような応用技術である。この構築には，機械学習が必須であり，一定以上の性能を有するためには「一定量のデータ（知識）」の蓄積が必要となる。単純に言えば，人間を超える機械を作るためには，しばらく従来通りたくさんお金と労力をかけて実験データを教えなければならない，ということである。

このために第一に重要なことは，いかに早く・効率的・低コストで「充分な知識」を準備できるか，である。しかし，最も要なポイントは，この実現が人手とお金だけでは為し得ないことである。データ解析において最も困る事例の多くは，「人手とお金はかかっているが，解析に使えないデータばかりが山積しているビッグデータ」である。即ち，最終的に高度な機械学習を実現することを視野にいれた「有効データ蓄積のためのプランニング」と，実験手法やこれまでの研究事例のデータマイニングを通じた「データ蓄積に足る実験の洗練」である。

第二に重要なことは，機械学習における「教師あり」「教師なし」「半教師」学習の使い分けである。前述のように細胞のようなバイオデータにはバラツキが多いわりに，サンプル数が少ない。筆者らの解析経験においても，形状から得られる特徴量の多くは「ただの個体差を示している」。言い換えれば，データが含むバラツキをよく考察せずに教師あり学習などを行うと，手持ちのデータしか説明できない偏ったモデルが構築されるリスクが高い，ということである。このような細胞データのバラツキを鑑み，近年AI実現にむけて機械学習分野で進む様々な学習法（近年報告されている様々な教師なし学習法を含む）を検証することが重要となるだろう。

2.7 まとめ

再生医療を含め，細胞培養を取り巻く環境は，飛躍的な科学技術に牽引されながらまさに産業革命のような様相を示している。

その飛躍的技術の中でもAI関連技術（特に「画像認識」と「機械学習」）は，人の細胞の視覚情報に依存しながらも歴史をもって発展してきた細胞培養技術を，新しいステージへと引き上げ，産業化のための機械化・自動化を推進することができる大きなポテンシャルを有している。しかし同時に，細胞の画像データのようなバイオビッグデータには，まだ数値的に明確化されていない「バイアス」や「バリエーション」が存在している。

筆者らも日々このような新しいタイプのデータの可能性と難しさと格闘しているが，今後の細胞培養とAIという二つの異分野の融合が進むことによって，「新しい細胞培養」と「新しいバイオデータ解析のためのAI関連技術」が生まれていくことを祈念し，本稿がその一助となれば幸いである。

謝辞

本稿における成果の一部は，NEDO若手グラント09C46036a，JST Sイノベ，NEDO「ヒト幹細胞産業応用促進基盤技術開発／ヒト幹細胞実用化に向けた評価基盤技術の開発」，NEDO「再生医療の産業化に向けた細胞製造・加工システムの開発」，AMED「再生医療の産業化に向けた細胞製造・加工システムの開発」，科研費23650286，26630427，野口遵研究助成金，JST大学発新産業創出プログラム（START）の支援のもとで遂行されました。この場を借りて深く感謝申し上げます。

文　　献

1）Matsuoka, F. *et al.*, *PLoS One*, **9**, e55082 (2013)
2）Matsuoka, F. *et al.*, *Biotechnol. Bioeng.*, **111**, 1430 (2014)
3）Sasaki, H. *et al.*, *PLoS One*, **9**, e93952 (2014)
4）Fujitani, M. *et al.*, *J. Biosci. Bioeng.*, doi:10.1016/j.jbiosc.2017.04.006 (2017)
5）Nagasaka, R. *et al.*, *Regenerative Therapy*, **6**, 41 (2017)
6）Nagasaka, R. *et al.*, *J. Biosci. Bioeng.*, **123**, 642 (2017)

第6章　ものづくりへの展開

1　微生物によるモノづくりのためのトランスオミクスデータ解読をめぐって

松田史生*

1.1　はじめに

持続可能な社会の発展には，再生可能資源であるバイオマスから，微生物の代謝能力を用いてバイオ燃料，バイオ化成品原料を生産するバイオプロダクション技術が重要な役割を果たすと期待されている[1]。我が国の優れた醸造技術から発展したアミノ酸，核酸，脂肪酸発酵技術は，農芸化学分野が中心となって開拓した日本のお家芸といわれている。天然あるいは突然変異株から優れた微生物株を見出し，その背景にあるフィードバック阻害のような代謝制御機構を解明することで，さらなる育種への応用が行われてきた。

近年はこれに生物化学工学的なアプローチが融合した，バイオプロダクション技術の構築が試みられている。これまでの分子生物学的，生化学的な知見に加えて，ゲノム情報が大量に蓄積したことで，ブラックボックスだった微生物中心代謝の理解が進み，合成生物学的に代謝経路を「設計（design)⇒構築（built)⇒試験（test)⇒学習（learn)」する，DBTLサイクルの実現が可能になってきたと考えられている[1]（図1）。このうち「設計⇒構築⇒試験」部分は要素技術が出そろいつつある。化学量論に基づくフラックスバランス解析法が登場し，微生物代謝の初歩的なシミュレーションが可能となった。これを元に，高い理論最大収率で目的化合物を生合成しうる代謝経路を計算機上で探索し，目的物の生産収率の計算機シミュレーション結果から，収率向上に有効な代謝経路の改変法を探索するという代謝設計技術がすでに幅広く活用されている[2]。

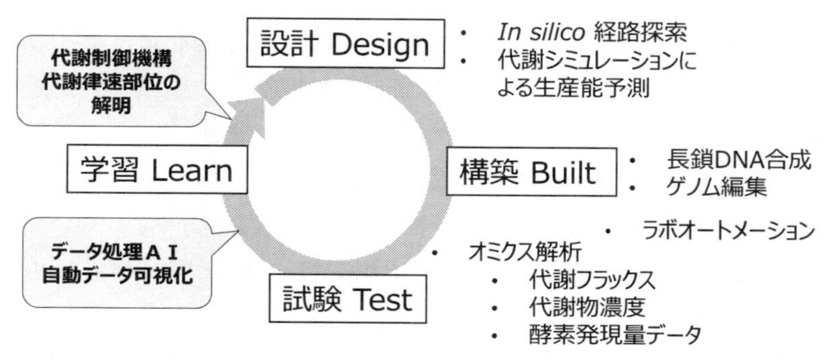

図1　微生物によるモノづくりのためのDBTL（設計（design)⇒構築（built)⇒試験（test)⇒学習（learn)）サイクル

＊　Fumio Matsuda　大阪大学　大学院情報科学研究科　バイオ情報工学専攻　教授

また,「構築」で用いる遺伝子改変技術の制約が大きなボトルネックになっていたが,長鎖DNA 合成技術,ゲノム編集技術が登場して,従来よりも 1 桁多い遺伝子を自在に改変し,微生物中の代謝経路を設計通りに構築できるようになってきている[1)]。構築した形質転換株の物質生産能を培養評価し,さらに遺伝子発現量,酵素発現量,代謝流束(フラックス),代謝中間体含量を網羅的に計測する技術の整備も進み,階層を跨いだオミクスデータの解析から細胞内の代謝状態が把握可能になっている[3)]。これに加え,ラボオートメーション技術も実用段階に入り,形質転換株の構築から,培養評価,オミクスデータ取得までの作業の自動化,ハイスループット化もやればできるという段階にまで到達している。このように DBTL サイクルのうち,工学的な方法論が得意とする設計(design)⇒構築(built)⇒試験(test)部分の進展は著しいものがある。

1.2 学習(learn)段階の役割

一方,DBTL サイクルの学習(learn)ステップの役割は,物質生産株が設計通りに働かなかった理由を明らかにすることである(図 1)。その情報を「設計」にフィードバックし,代謝設計の修正や新たな設計のアイデアにつなげることで初めて,DBTL サイクルが完結する。学習ステップで見出したい知見とは,目的物へ向かう代謝の流れを妨げている,すなわち代謝律速部位を同定することである。化学工学分野はこの問題を古くから取り扱ってきた。システムとしての特性が明らかな化学プロセスでは,入力に対する応答が予測可能であり,律速部位候補も限られるため,試験ステップで取得するべき項目を事前に絞り込むことができる。一方,中心代謝システムの特性は理解が圧倒的に不足している。過去の生化学,分子生物学的な検討により個々の構成要素が持つ特性は解析が進んだが,それらがお互いに相互作用しながら,システムとしてどのように制御されているのかはほとんど未解明のままである。システムとしての特性が不明だと,代謝律速部位を事前に推定できず,計測すべき対象を絞り込めないため,どうしても網羅的にデータを取得する必要性が生じる。また,代謝システムを記述する反応速度式には,反応速度 v,基質濃度 $[S]$,酵素濃度 $[E]$ が含まれ,どれが重要なのかわからない以上,これに対応する代謝フラックス,代謝物濃度,酵素発現量データをそろえることが必須となってくる。つまり DBTL サイクルの学習ステップでは,大量の実測データを処理して,研究者が把握しやすく可視化し,さらには階層を跨いだトランスオミクス解析を行い,解明した中心代謝調節機構の実態から[4)],代謝律速部位を同定する作業を行わなければならない(図 1)。本稿ではまず,この学習ステップが労働集約的作業と,知識集約的分析からなる現状を紹介する。ついで研究に集中するために必要な作業を支援する人工知能をはじめとする IT 技術について展望を述べる。

1.3 データ処理の課題 ピークピッキング

学習ステップで取り扱う代謝物濃度や酵素発現量データは,クロマトグラフィーによる分離法と質量分析法の選択的検出を組み合わせた,液体クロマトグラフ/質量分析装置(LC/MS)などで取得する。得られる生データは図 2 のようなクロマトグラムであり,クロマトグラム中の

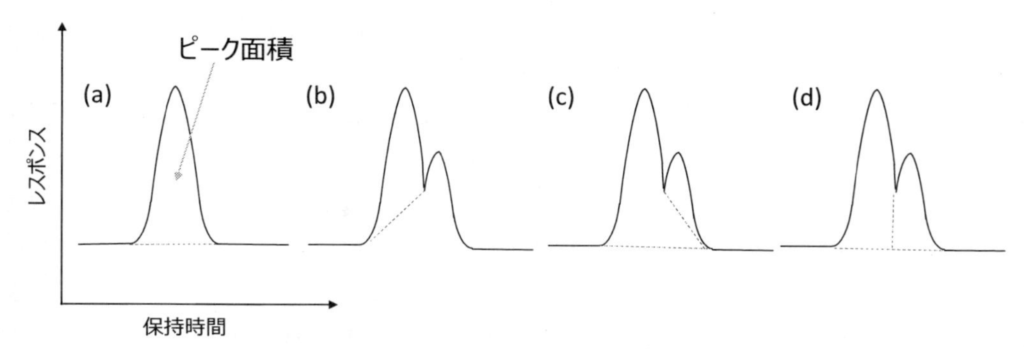

図２　ピークピッキングの概要
(b)は明らかな誤りといえるが，(c)と(d)はどちらが正しいかは意見が分かれる。

ピーク面積値が計測対象の代謝物濃度や酵素発現量を反映している。したがって，データ処理の第一歩はクロマトグラムから，計測対象に由来するピークを同定し，その面積値を積算するピークピッキング作業である。各装置メーカーは，ピーク形状から積算開始点と終了点を判定する自動ピークピッキングソフトウェアを提供しており，形状の良いピークの場合には理想的な結果が得られる（図２(a)）。しかし，夾雑物のオーバーラップなどでピーク形状の悪化がよく起きるため，不満足なピークピッキング結果になることが多い（図２(b)）。たとえばバイオプロダクション分野では，100 種程度の中心代謝中間体をターゲットとした，小規模なターゲットメタボローム解析がよく実施される[5)]。仮に 30 検体からデータを取得すると，およそ 3,000 回のピークピッキングが行われる。経験的には 2〜3 割のピークピッキング結果に問題があることが多い。したがって，データ処理過程では，分析実務者が自動ピークピッキング結果を１つ１つ目で確認し，問題がある場合は手動で修正する作業が行われている。

手動によるピークピッキングには２つの問題がある。１つは労働集約的な点にある。3,000 個のピークピッキング結果を確認するには，平均して１つ５秒としても 4.2 時間が必要であり，分析実務者の負担は大きい。今後 DBTL サイクルを回していく時のボトルネックになるのは間違いない。２つ目の問題は再現性である。ピークピッキングの積算開始点と終了点を判定する明確な基準がないため，担当者によって手動ピークピッキング結果がまちまちになってしまう。たとえば図２(c)と図２(d)はどちらも妥当な結果であり，どちらを選ぶかは担当者の方針による。さらには見落としやミスも避けられない。データ処理後のデータ解析で見出した代謝物量の有意な変動が，実は図２(b)のようなピークピッキングミスによる擬陽性だったという事態は散見される。

ピークピッキング作業は，クロマトグラムデータ処理過程の最大のボトルネックであり，機械学習を始めとするありとあらゆる IT 技術を投入して，自動化および精度向上を図るべきである。本質的には，２次元の画像データから積算開始点と終了点という特徴点を見つける作業であることから，近年発展の著しい人工ニューラルネットワークと，深層学習を用いた画像処理技術を活用することで大きく進展すると期待できる。最近になって，Woldegebriel らは，ニューラルネットワークと深層学習を組み合わせたピークピッキング AI の構築を報告している[6]。また島津製作所は富士通と共同でピークピッキング AI を開発したと発表した（2017 年 11 月 13 日プレスリリース）。現時点での性能は初歩的であるが，今後は機械学習技術をさらに活用した性能向上が試みられるだろう。

また，ピークピッキングは繊細な作業であり，求められる精度も非常に高いことから機械学習技術のベンチマークとして有用であると考えられる。たとえば，これまでのソフトウェアでは，1 つのアルゴリズムで全ピークのピッキングを行ってきた。このためアルゴリズム的に不得意なピークのピッキングで大失敗し（図 2(b)），大きな誤差がデータ解析に影響を与えてきた。これはピークピッキング AI を 1 つだけ作成した場合にも起こりえる。そこで，台風の進路予報で実用化されたアンサンブル予測のように，異なる構造の人工ニューラルネットワークやランダムフォレストなどのピークピッキング用分類器を多数（数百個）作成し，実データのピークピッキング時には，数百個の予測結果のうち最も中庸なものを選ぶことで，大失敗を防ぐことが可能になると期待される[7]。さらにアンサンブル予測した複数のピークピッキング結果がよく一致する場合は，かなり確からしい予測といえるだろう。一方，図 2(c)，(d)のようにピークピッキングの方針によって，どちらも正解といえる場合は，アンサンブル予測したピークピッキング結果も，2 つに分かれることになると考えられる。この場合，ピークピッキングの方針を事前に「ピーク分割」などと定めておけば，方針に合った結果（図 2(d)）を選択するということも可能になるだろう。さらに，アンサンブル予測のばらつき具合が大きい不確実なもののみを抽出して，それだけは人間が確認する，あるいは却下する，というようなピークピッキング結果の品質管理にもつながる。いずれも既存技術の組み合わせで実現可能なものであり，今後の数年で大きな成果につながると期待できる。

1.4　データの可視化

ピークピッキングなどのデータ処理が終わると，ピーク強度値の表（マトリクス）が得られる。たとえば 100 代謝物の含量を 30 サンプルから取得すると 100 行×30 列のマトリクスが得られる。このマトリクスは，多変量解析などの高度なデータマイニングを実施する出発点となる。一方，代謝物含量の増減を，代謝プロファイルの変化として研究者が容易に把握するには，代謝物ごとに棒グラフを作成し，代謝マップ上に配置して可視化すると直感的にわかりやすくなる（図 3）。しかしながら，手作業で行うにはきわめて煩瑣であり，代謝物量と酵素発現量といった 2 種類以上のデータがある場合は，表計算ソフトウェア上で 2 つのマトリクスを統合する作業なども必要となる。また前述のようにデータ処理には誤りがつきものであり，この作業は何度も繰り返すことが多い。

この可視化ステップを半自動化するソフトウェアとして，VANTED が幅広く利用されてきた（https://immersive-analytics.infotech.monash.edu/vanted/）[8]。VANTED は代謝マップの白地図を作成し，定量値データを読み込んでグラフ化する機能を持っている。一方，2 マトリクスの

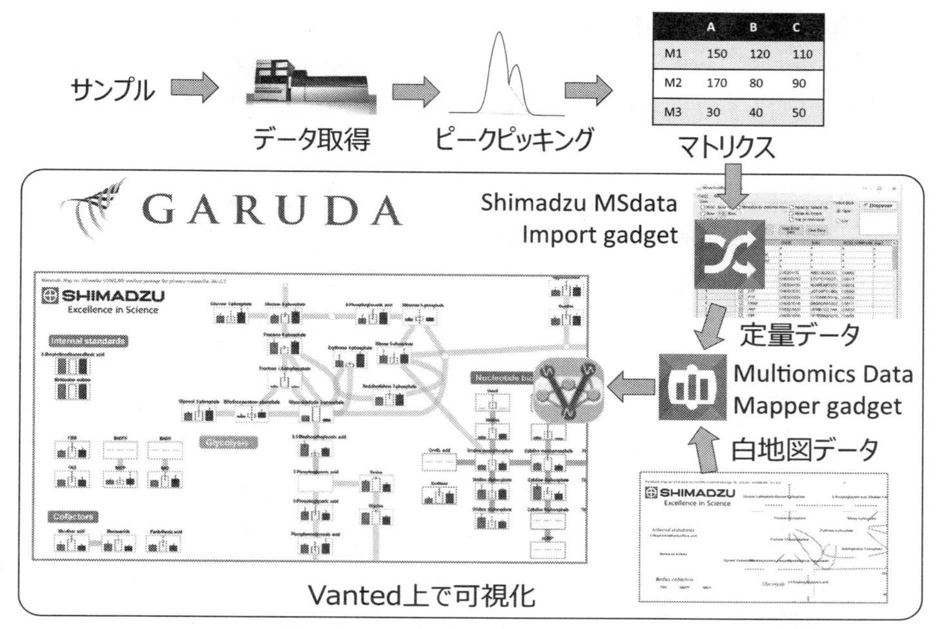

図3　統合データ解析環境のGARUDAによるデータ可視化ワークフロー

統合やVANTED独自形式への変換は，いまだ手作業で行う必要がある。

そこで，島津製作所と筆者らのグループでは，特定非営利活動法人システム・バイオロジー研究機構が構築を進めている，統合データ解析環境のGARUDAに注目した（http://www.garuda-alliance.org/）。GARUDAとはWindowsおよびMacOS上で動作するソフトウェアであるが，見た目はスマートフォンやタブレットの操作に用いるAndroidあるいはiOSに近く，VANTEDなどの複数のアプリ（GARUDAではガジェットと呼ぶ）を組み合わせた，データセントリックな解析を可能としている。スマートフォンでは，カメラアプリで写真を撮影した後，リンク機能で連携可能なアプリから画像修正アプリを選んで写真を修整し，その後SNSアプリに連携して投稿する，という作業が容易にできる。このような連携をデータの可視化と解析においても実現するため，SBIと共同して複数のガジェットを開発し，Shimadzu Multi-omics Analysis Gadget Packとして公開した（http://www.garuda-alliance.org/gadgetpack/shimadzu/）。

これを用いると次のような作業が可能となる（図3）。まず，島津製作所製LC/MS/MSメソッドパッケージを用いて代謝物含量のデータを取得する。得られた生データのピークピッキング作業を専用ソフトウェアで行う。マトリクスデータをテキスト形式で書き出す。GARUDA上でShimadzu MSdata Importガジェットを用いてこのマトリクスデータを読み込む。Shimadzu MSdata ImportガジェットのDiscovery機能を用いると連携可能なガジェットが表示されるので，Multiomics Data Mapperガジェットを選択する。Multiomics Data Mapperガジェットでデータを投影する白地図のファイルを選択し，データと白地図を結合する。Discovery機能を用いて VANTED に連携しデータを可視化する。また，Shimadzu MSdata Import ガジェットの大きな特徴は，複数のデータマトリクスを読み込み，1 つに統合する機能を持つ点にある。たとえば出芽酵母から代謝物蓄積データ，酵素発現量データ，および ^{13}C 代謝フラックス解析データの 3 つのマトリクスを，Shimadzu MSdata Import に読み込み，統合してから可視化する作業を数分で行うことを実現している。前述のように，DBTL サイクルの学習ステップでは，大量の多階層定量データを統合的に解析して，中心代謝調節機構についての洞察を得つつ，代謝律速部位を同定する必要がある。研究者がデータ解読により注力できる環境を整備するには，その作業の第一歩であるデータ処理および可視化作業の自動化を進めることが DBTL サイクルを回すために必須である。

1.5　データ解読の実際

トランスオミクスデータの解読作業では，まず含量が変動した代謝物や酵素タンパクを同定し，そのリストを既存の知見と照らし合わせて推論を行う。たとえば 2 群間で有意に含量が増減した代謝物や酵素タンパクをリスト化するためにボルケーノプロット法が良く用いられる。また定量値データの相関係数から相関ネットワークを構築すると，協調して増加減少する代謝物や酵素タンパクのクラスターを見出すことができる（図 4）。

次の作業はリストを既存の知見と照らし合わせ，生物学的な意味付けを行うことである。この部分は出芽酵母 *Saccharomyces cerevisiae* 遺伝子欠損変異株の定量プロテオーム解析を例として解説する[9)]。中心代謝経路中の酵素が欠損すると，酵素発現レベルでの代謝調節メカニズムを通じて機能補完が行われると考えられる。その実態を明らかにするため，中心代謝酵素遺伝子が欠損した出芽酵母 30 変異株の粗タンパク液から，トリプシン消化ペプチドサンプルを調製した。

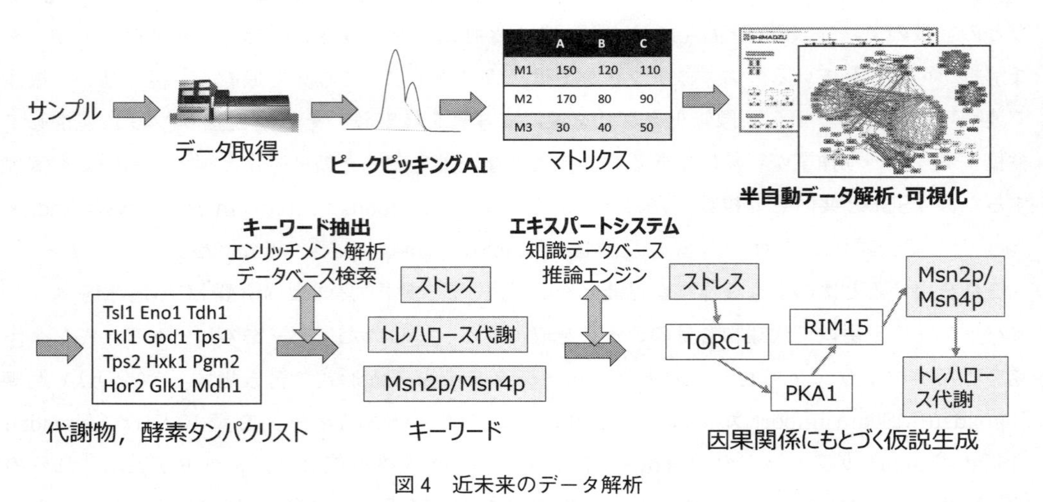

図 4　近未来のデータ解析

ピークピッキング AI がデータの自動処理を行い，半自動化されたデータの可視化，解析結果から抽出したキーワード間の因果関係の推定と仮説生成をエキスパートシステムが支援する。

ターゲットタンパクに由来するペプチド含量を，LC-MS（島津製作所 LCMS-8040）と LC/MS/MS MRM ライブラリ代謝酵素（酵母）を用いて定量した。データ解析ソフトウェア（Skyline）を用いてピークピッキングを行い，110 個の中心代謝酵素タンパクの発現量を相対定量することに成功した。このデータから相関ネットワークを作成すると，2つの大きなクラスターが観察された。このうち大きいほうのクラスター A には，解糖系酵素タンパクが多く含まれており，解糖系マスター転写因子である Gcr1p/Gcr2p による協調制御を反映したものである，と筆者の知識から容易に推論することができた。一方，2番目に大きなクラスター B は筆者の知識からその生物学的意味を推論することができなかった。このようにデータの解読作業を行うと，担当した研究者の知っていることは容易に見つけることができるが，知らないことは見つけることができないという典型的な事態に陥る。DBTL サイクルの学習ステップでは，中心代謝の多階層データを統合的に解析する必要があり，その全体に一人で精通することは不可能であるといえるだろう。データ解読のヒントをもたらすツールが必要である。

1.6　エンリッチメント解析

このような課題はトランスクリプトーム解析ですでに認識されてきた。そこで，発現量が有意に変動した遺伝子リストにはどのような機能を持つ遺伝子が多く含まれているか，を解析する遺伝子セットエンリッチメント解析（Gene set enrichment analysis，GSEA）が開発された[10]。機能 A を持つ遺伝子が全 6,000 遺伝子中に 60 個あるのに対し，発現量が変化した 30 遺伝子のリスト中の 15 遺伝子が機能 A を持つとき，統計的に有意に出現する機能 A をキーワードとして生物学的な意義付けへとつなげることができる。本法を代謝物に拡張した代謝物セットエンリッチメント解析もすでに開発されている[11]。

そこで，クラスター B のタンパクリストを用い，YeastMine（https://yeastmine.yeastgenome.org/）で解析を実施すると，中心代謝に関わる phosphate-containing compound metabolic process（p value = 4.1e-4，12 タンパクが該当）に加えてストレス応答に関わる cellular response to stress（p value = 0.005，5 タンパクが該当）がキーワードとしてヒットした。しかしこれでもまだひらめきには至らず，公共データベースで遺伝子機能を1つ1つ確認すると，Tsl1，Tps1，Pgm2 はトレハロース代謝に関与することが明らかとなった。さらに，リスト中の酵素タンパクの発現を制御する転写因子があると想定し，transcription factor と遺伝子リストをキーワードとして google 検索を行った結果，塩ストレス時に Msn2p/Msn4p という転写因子を通じてこれらの遺伝子群が発現制御されることを示唆する論文がヒットした[12]。

これらの実例からわかることは，興味ある代謝物や酵素タンパクのリストから得られる情報とは，ストレス，トレハロース代謝，Msn2p/Msn4p というようなキーワードであるという点である（図4）。キーワードを探す手がかりは，リスト中の代謝物や酵素の共通点になるだろう。その手段としてエンリッチメント解析は非常に強力であり，様々な観点から遺伝子や代謝物の共通点を整理した情報を蓄積することで，専門家でしか気づき得ないようなキーワードを，非専門家が見出すことが可能になる。さらに，公共のビッグデータの中から遺伝子や代謝物の未知の共通点を抽出できたら，専門家も知らないような知見の発見も可能だろう。また，キーワード探しという観点からは，公共データベースやgoogle検索も依然有力であり，検索結果の上位トップ100から頻出するキーワードを抽出する，というような要約技術の開発が作業を効率化するブレークスルーになると期待される[13]。

1.7 因果関係のグラフ表示

ストレス，トレハロース代謝，Msn2p/Msn4pというキーワードから，メカニズムの解明へと展開するには，キーワード間の因果関係を推定する必要がある。因果関係はAがBに何らかの作用をもたらす（A→B）と表記することができる。たとえばこれまでの知見から，Msn2p/Msn4pはトレハロース代謝に関わる遺伝子の転写制御を担うことがわかっているのでMsn2p/Msn4p→トレハロース代謝は直接矢印でつなぐことが可能である（図4）。一方，ストレスとMsn2p/Msn4p間の因果関係を見出すには，風が吹けば桶屋が儲かるとのことわざ通り，この2つのキーワードの間を別のキーワードとの因果関係を介してつないだお話（仮説）を生成する必要がある。キーワード間を矢印でつないだ図をグラフと呼ぶ。多くの研究論文では，実験から得られた知見の関係を矢印で示したグラフ（ポンチ絵）として要約することが多い。たとえば，これまで明らかにされてきた転写因子が発現制御を行う遺伝子，キナーゼがリン酸化する標識タンパクのリストのような知見を集約したデータベースが構築されている。このような情報を用いてキーワードをつないだグラフを生成することができれば，そこから制御メカニズムに関する仮説を生成することが可能になるだろう。上述の場合は，総説のポンチ絵を複数組み合わせることで，遺伝子欠損による代謝機能低下が栄養ストレスとして*TORC1*を活性化し，*PKA1*，*RIM15*を通じてMsn2p/Msn4pに至る因果関係すなわちメカニズムが推定できた（図4）。

また，キーワード間の因果関係や関連をビッグデータから抽出できれば，様々な仮説生成に使う知識として利用できると考えられる。たとえば，キーワードが出現する文脈をベクトル化し，キーワード間の類似性を数値化するWord2Vecと呼ばれるような技術が開発されビッグデータ解析に利用されている。すでにPubMedの膨大な論文アブストラクトから生成されたWord2Vecデータが公開されている（http://bio.nlplab.org/）。もし，我々の知識とは，キーワード間の関係を矢印でつないだグラフであると極論するなら，様々な知識をグラフ化することで，エキスパートシステムのような推論エンジンで仮説を生成することが可能となるだろう。ケモインフォマティクス分野では，以前から藤田らによる医農薬開発支援システムEMIL（Example Mediated Innovation for Lead Evolution）などのエキスパートシステムの開発が試みられており[14]，同様のアプローチを今後も模索していく必要がある。

1.8 まとめ

近未来の「学習」段階では，データの自動処理をピークピッキングAIが，データの可視化と解析をGARUDAのような統合環境が，キーワードの探索と因果関係の推定をエキスパートシステムが行ってくれるようになるだろう（図4）。これまで作業として行っていた部分をIT技術が支援してくれれば，研究者は代謝制御機構に関する仮説の検証や代謝律速部位の同定といった，高度な判断が必要な仕事に集中できるようになる。また，このアプローチはバイオプロダクション分野のみならず，疾患の進展メカニズムや，バイオマーカー代謝物の増加減少メカニズムの解明に，そのまま適用することが可能な汎用性の高い技術である。分析をしても結果の解読ができず研究が進まないという現状から，分析するとIT技術による支援で，仮説生成が容易にできるようになると，研究開発が加速されるだけでなく，よりよい分析のニーズが高まり，より高い網羅性，定量性を実現する分析法や装置の開発が求められるようになるだろう。データ解読のためのIT技術の創出は分析装置メーカー，分析化学者，分析実務者，データを使う研究者を巻き込み「答えが出て役に立つ」分析を実現するための原動力になると期待される。

謝辞

本稿は大阪大学・島津分析イノベーション共同研究講座飯田順子氏ら，およびシステム・バイオロジー研究機構北野宏明氏，松岡由希子氏，ゴシュ・サミック氏，島津製作所平野一郎氏，小倉泰郎氏らとの共同研究成果に基づいています。この場を借りて厚く御礼申し上げます。また執筆の機会をくださった植田充美京都大学農学研究科教授に心より感謝申し上げます。

文　献

1）近藤昭彦，植田充美，生物工学会誌，**93**，522（2015）
2）松田史生ほか，生物工学会誌，**92**，593（2014）
3）F. Matsuda *et al.*, *Biotechnol. Adv.*, in press
4）柚木克之ほか，バイオサイエンスとインダストリー，**73**，392（2015）
5）Y. Soma *et al.*, *Metab. Eng.*, **23**, 175（2014）
6）M. Woldegebriel *et al.*, *Anal. Chem.*, **89**, 1212（2017）
7）気象庁予報部，数値予報課報告，別冊第62号（2016）
8）H. Rohn *et al.*, *BMC Syst. Biol.*, **6**, 139（2012）
9）F. Matsuda *et al.*, *PLoS ONE*, **12**, e0172742（2017）
10）A. Subramanian *et al.*, *Proc Natl Acad Sci U S A*, **102**, 15545（2005）
11）M. Persicke *et al.*, *Metabolomics*, **8**, 310（2011）
12）J. Yale, and H. J. Bohnert, *J. Biol. Chem.*, **276**, 15996（2001）
13）原島純，黒橋禎夫，言語処理学会第16回年次大会発表論文集（2010）
14）藤田稔夫，*CICSJ Bulletin*，**14**，6（1996）

2 環境問題解決への微生物利用最適化に向けた展開

油屋駿介*1，植田充美*2

2.1 はじめに

近代産業革命以降，石油・石炭の消費量が増加して以来地球の平均温度は上昇し続けている。賛否は様々あるかもしれないが，我々の化石燃料の消費量と地球の平均温度が相関しているのは間違いない。また，気温の上昇だけではなく，中国では粗悪な石炭の使用に端を発して深刻な大気汚染が起きている。化石燃料の過度な消費による二酸化炭素の放出過多が環境問題に大きな影響を及ぼしているのは疑いようのない事実となりつつある。

化石燃料の代替物として2000年前後から，バイオエタノールが脚光を浴びている。バイオエタノールはデンプンなどに由来する糖成分を分解，発酵させることで生産されたエタノールのことである。このバイオエタノールは光合成により取り込んだ二酸化炭素がそのまま放出されるため，化石燃料とは異なり地球上に存在する炭素源の量を増加させない，カーボンニュートラルな燃料である。

そのような特徴を持つバイオエタノールは環境破壊を引き起こさない燃料として，世界各国で導入が広がっている。現在では，68の地域，国，州においてガソリンなどの液体の化石燃料に対して一定割合のエタノールを混合されることが義務化されている[1)]。また，中東の情勢不安により石油の値段が変動し自国の燃料を賄えない，といったことも今後は起こりかねない。このようなエネルギー安全保障的な観点からもどの国においてもバイオエタノールの需要が増大するものと考えられる。

一方現在のバイオエタノールは製造法に大きな問題を抱えている。現在のバイオエタノールはデンプンを多く含むとうもろこしなどを主原料として行われている。しかし，これらは食糧としても利用可能である。また，現在我々は地球上の人口の増加に伴った食糧の増産も必要としている。そのため，今後我々は食糧生産と競合しないような次世代のバイオエタノールの生産方法を新たに確立する必要がある。

そこで近年大きく注目を集めているのが，非可食のソフトバイオマスを用いたバイオエタノール生産である。非可食のソフトバイオマスはとうもろこしなどの可食バイオマスと異なって食糧と競合せず，食糧問題を引き起こさない。また，可食バイオマスと異なり，雑草や穀物の廃棄物も使用可能であるため，耕作面積が狭い日本においても生産可能である。

しかし非可食のソフトバイオマスを用いたバイオエタノール生産は大きな難点を抱えている。それは非可食のソフトバイオマスが強固な構成多糖から構成されているため分解が難しく，かつ多様な多糖から構成されており，全ての成分の利用が難しいという点である。木質系バイオマス

＊1　Shunsuke Aburaya　京都大学　大学院農学研究科　応用生命科学専攻　博士課程；日本学術振興会　特別研究員 DC1

＊2　Mitsuyoshi Ueda　京都大学　大学院農学研究科　応用生命科学専攻　教授

は，セルロース，ヘミセルロース，ペクチンなどの構成多糖とそれらを接着するリグニンから構成されており，非常に多岐にわたる。また，これらの構成成分は先程の可食バイオマスと比べると複雑でより秩序だった構造を取っている。そのため化学的な分解には高温，高圧でのアルカリ処理が必要となり分解プロセスにおいて，大きな環境負荷をもたらす。しかし，これらの非可食のソフトバイオマスを酵素的な処理によって分解することができるとほぼ常温，常圧でバイオマスを分解することができ，環境負荷がより少ないプロセスを達成できる。一方，酵素的な処理は非可食のソフトバイオマスを構成する種々の多糖を単一の酵素では分解できないため，複数の酵素の組み合わせが必要となる。

そこで非可食のソフトバイオマスを複数の酵素を分泌するような微生物によって分解しそれを発酵プロセスに持ち込むことで，より環境負荷の少ないバイオエタノール生産ができると考えられた。

2.2　微生物 *Clostridium cellulovorans* の特徴

環境負荷の少ないバイオエタノールの生産プロセスを確立するために注目が集まっている微生物として *Clostridium cellulovorans* があげられる。2009年に京都大学と三重大学は共同でこの微生物のゲノムを明らかにした[2)]。本微生物はClostridium属に属する嫌気性細菌であり，セルロソームという細胞表層酵素複合体を生産することによって植物の細胞壁多糖を効率よく分解することができる。

セルロソームは主に2種類のタンパク質から構成される。1つ目はコヘシンドメイン，細胞膜接着ドメイン，セルロース結合ドメインの3つのドメインからなる足場タンパク質，もう1つはドックリンドメインと酵素ドメインからなるセルロソーマルタンパク質である。これらが相互に結合し，複合体を形成することでセルロソームはより効率的にバイオマス構成多糖を分解可能になる。

また，*C. cellulovorans* は他のセルロソーマル生産微生物と比べて大きな特徴をもう1つ持つ。それはセルロソーマルタンパク質だけではなく，より多くの分泌型糖質加水分解酵素（ノンセルロソーマル酵素）を持つという点である。*C. cellulovorans* のゲノム中に含まれるノンセルロソーマル酵素の数は他のセルロソーマル生産微生物と比べて数倍にも及ぶ。そのため，本微生物は他のセルロソーマル生産微生物と比べて分解，生育可能な多糖の数は非常に多い[3)]。*C. cellulovorans* は53のセルロソーマルタンパク質と63のノンセルロソーマルタンパク質を持っている。この微生物のセルロソームは53のうち9つのセルロソーマルタンパク質と複合体を形成する（図1）。

本微生物は他のセルロソーマル生産微生物と比べてより幅広い酵素活性を持つ。実バイオマスの利用を考えると主要な成分であるセルロースの分解と再利用だけではなく，その他20％以上を構成するヘミセルロースやペクチンなどといった成分も利用しなければ真の実バイオマスの利用とはいえないと考えられる。他のセルロソーマル生産菌や代謝工学的な手法により酵素群を発

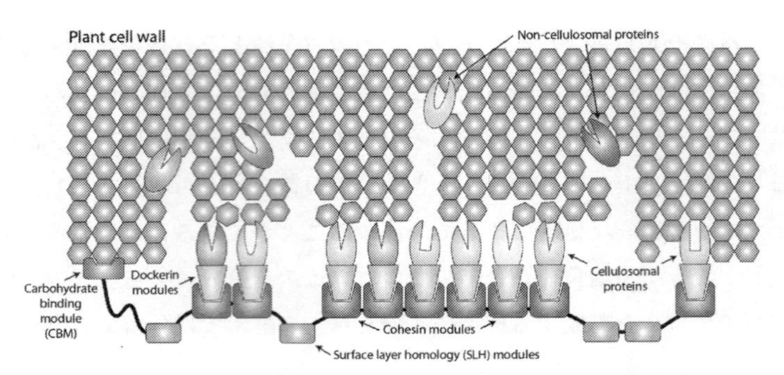

図1　*Clostridium cellulovorans* のセルロソームの模式図[4]

現させなければいけない他のモデル生物と比べて，幅広い酵素活性という点で本微生物は優れている。

しかし現状，本微生物がそれぞれの植物構成多糖に対して，どの糖質分解酵素を分泌しているのか，またどの代謝経路を活性化させてそれらの植物構成多糖を分解しているのかといった情報はまだ得られていない。そこで *C. cellulovorans* を環境問題などに適用するため，上清，菌体のプロテオーム解析を行い，それぞれのタンパク質の発現情報を得ることが求められた。

2.3　環境問題解決を目指した *C. cellulovorans* の定量プロテオーム解析

C. cellulovorans の上清，菌体それぞれのタンパク質の発現情報を得るためプロテオーム解析が行われている。プロテオーム解析とはその生物が生産しているタンパク質全てを網羅的に同定，解析する手法のことである。他のセルロソーム生産菌におけるプロテオーム解析は何例もやられているが，これらの多くはセルロース培養条件下で生産されたタンパク質を対象としている。そのため，セルロソーム生産菌がヘミセルロース培養条件下においてどのような糖質分解酵素を分泌して植物多糖を分解した後に，どの代謝経路を用いてそれらの分解産物を代謝しているのかは未だ明らかになっていない。

現在プロテオミクス解析には液体クロマトグラフィー―タンデム型質量分析器システム（LC-MS/MS）が主として用いられている。まずサンプルから得られたタンパク質溶液は基質特異性の高いプロテアーゼによってペプチド断片まで分解される。得られたペプチド断片をLC-MS/MSによって分析し，ペプチド断片の配列情報とゲノム情報から得られるタンパク質の配列情報を対応させることでタンパク質の存在情報を得ることができる。近年の技術の発展により，MS/MSの感度，スキャンスピード，分解能は以前と比べて数十倍から数百倍にまで発展している。一方LCに関しては，分析の高速化は進んでいるものの，網羅的なプロテオーム解析に重要な分離能の向上は得られていない。この問題点，すなわち網羅的なプロテオーム解析のためにLC部分の分離能を向上させることを目標としてモノリスカラムがプロテオミクス解析に用いられた。

モノリスカラムとは従来の粒子充填型カラムと異なる構造を持つカラムである。従来の粒子充填型カラムでは粒子状の担体がカラム中に詰められている。この粒子状の担体で高分離能化を達成しようとすると，粒子を小さくする必要があり，その結果カラム圧は上昇する。また高分離能化を達成するにはカラム長を長くする必要があるが，そのカラムも長ければ長いほど圧力が上昇する。そのため，粒子充填型カラムによる高分離能化の達成にはLCの高耐圧化が必要となる。そこで，カラム担体そのものを変更すれば高分離能化が達成できるといった考えのもと，網目状の構造を持つ新規担体のモノリスカラムの開発が進んできた。モノリスカラムの担体の構造を担う部分は粒子充填型カラムと同程度の小さな構造を持っている。一方で網目状の構造を持つため，通液できる部分は従来のカラムに比べて大きい。そのためモノリスカラムは粒子充填型カラムと同程度の分離能を持ちながらも圧力をより低くでき，メートル長にすることが可能となる。このメートル長モノリスカラムを用いたプロテオミクス解析によって，1分析で1000タンパク質以上を一度に同定することに成功している[4]。このモノリスカラムを用いて，*C. cellulovorans* のプロテオミクス解析を行った（図2）。

まず *C. cellulovorans* がバイオマスを構成する個々の成分多糖，セルロース，ヘミセルロースの代表成分であるキシラン，ペクチンをどのような酵素を分泌することによって分解しているのかを調べるため *C. cellulovorans* の分泌タンパク質のプロテオミクス解析を行った[5]。結果，本微生物が各構成多糖に応じて，セルロソーマルタンパク質ではなく，主としてノンセルロソーマルタンパク質を最適化していることがわかった。旧来このようなプロテオミクス解析は，LCの分離能の限界などからセルロソーマルタンパク質のみを濃縮して行われている場合がほとんどであった。そのため，各セルロソーマルタンパク質の変動は追うことができたが，それぞれの微生物のノンセルロソーマルタンパク質の変動を追えなかった。モノリスカラムを採用することで，セルロソーマルタンパク質を濃縮することなく上清中に含まれるタンパク質全てを分析することが可能となり，バイアスなくセルロソーマルタンパク質，ノンセルロソーマルタンパク質それぞれを同定することができた。このことから，世界で初めてセルロソーマル生産菌におけるノンセルロソーマルタンパク質の植物構成多糖分解への寄与を明らかにできた。

続いて，*C. cellulovorans* がどのようなタンパク質を分泌して実バイオマスを分解しているのかを明らかにするため，分泌タンパク質のプロテオーム解析を行った[6]。実バイオマスは先程の

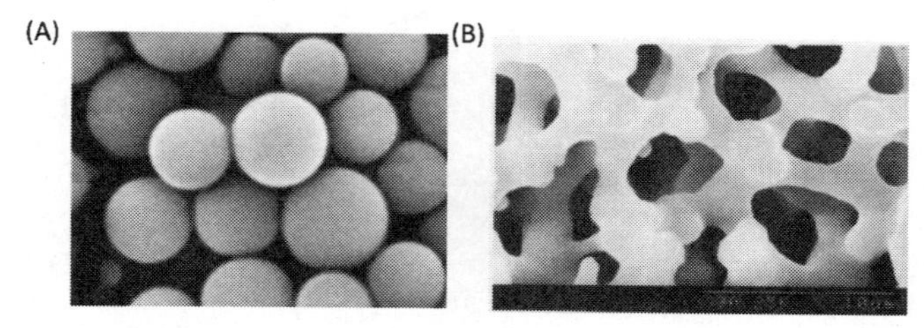

図2　(A)従来の粒子充填型カラムの構造，(B)モノリスカラムの秩序だった組織構造

プロテオミクス解析で用いたセルロース，ヘミセルロース，ペクチンなどに加えて，タンパク質成分やリグニンなども含まれている。そのため，こちらの解析では先程の個々の構成多糖のプロテオーム解析からは得られないような情報が得られることが期待される。実バイオマスとしては，バガス，コーンジャーム，稲わらの3つを選択した。これらのバイオマスは現在も産業廃棄物としての利用法が確立されておらず，産業利用が求められている。結果として，*C. cellulovorans* は構成多糖と同様に組成の異なるバイオマス毎にノンセルロソーマルタンパク質を主として最適化していた。また，3つのバイオマスで共通に GH130 family の糖質加水分解酵素である Clocel_3197 が同定された。本酵素はアノテーション上では上清中では機能しないような活性を有しているが，今回用いた全ての実バイオマスにおいて生産量が優位に増加していた。このことは本酵素が実バイオマスの分解において Moon-lighting protein のような働きを持っていることを示唆している（図3）。

加えて *C. cellulovorans* がどのような代謝系を用いて菌体外で分解した構成多糖を資化しているのかを明らかにするため，植物構成多糖を用いた菌体のプロテオーム解析を行った[7]。本研究では，植物構成多糖としてヘミセルロースの一部であるキシランとガラクトマンナン，そしてペクチンを使用している。これらの多糖の糖代謝経路を確認したところ，予想通りそれぞれの多糖を代謝する経路が大きく活性化されていた。一方糖代謝と TCA 経路に関しては各多糖では大きく変動していなかった。一方でキシランとペクチンの分解産物が合流するペントースリン酸経路は，予想通りキシランとペクチンにおいてタンパク質量が優位に増加していた。また，多糖分解酵素に目を向けたところ，二糖を単糖に分解するような酵素がそれぞれの多糖において菌体内で優位に変動していた。一方，これらの酵素は分泌タンパク質のプロテオーム解析を行った際に大きく変動していなかった。このことから，本微生物はオリゴ糖として多糖の分解産物を取り込み，それを代謝していることが考えられる。この特徴は *C. cellulovorans* の生存戦略に対して有利に働くと考えられる。環境中において，他の微生物が食べられないような多糖を分解しつつ，二糖を優先的に取り込み資化する。この特性により *C. cellulovorans* は植物構成多糖を余すことなく利用することが可能となり，環境中での生存競争に生き残ってきたのではないかと推測される。

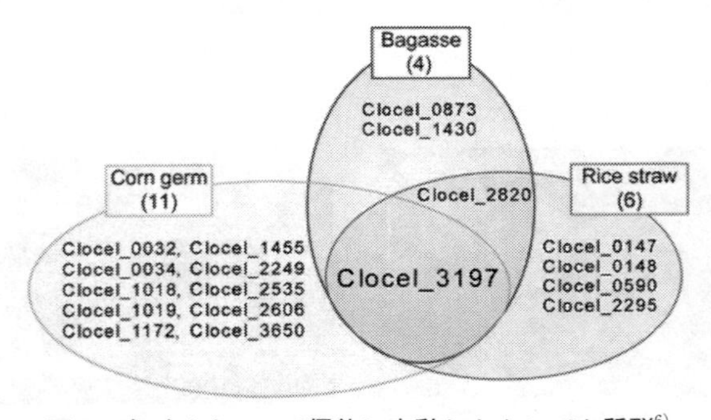

図3 実バイオマスで優位に変動したタンパク質群[6]

2.4　今後の展開

これまでは *C. cellulovorans* が植物構成多糖をどのような糖質分解酵素を分泌して分解し，またそれらをどのパスウェイを用いて代謝しているのかという基礎的な情報を得るためにプロテオミクス解析が行われてきた。結果，*C. cellulovorans* は上清に存在するセルロソーマルタンパク質，ノンセルロソーマルタンパク質を上清中の植物構成多糖，実バイオマスに対してその都度最適化しそれらにあったタンパクプロファイルを作り出していることがわかった。また，その分解された多糖の代謝に関しても同様に，適切な輸送系，解糖経路を用いて戦略的に細胞外多糖を資化している。このように実バイオマスの構成多糖のほとんどを分解・代謝可能な微生物は他には類を見ない。またこれまでの研究はプロテオミクスのデータをとり，それらを人の手でデータ解析することでこれらの分解・代謝メカニズムの解析は行われてきた。今後 AI などの新しいデータ解析手法を導入することによって，より一層詳細なメカニズムの解明，あるいはより迅速なデータ解析法の確立が期待される。

今後は *C. cellulovorans* を代謝工学的に改変し，それらをバイオエタノールに代表される有用物質に変換していく必要がある。酵母 *Saccharomyces cerevisiae* などに実バイオマスを分解させようとすると実バイオマスの構成成分毎に用いる酵素を変更する必要が出てくる。一方，*C. cellulovorans* においては基質毎に用いる微生物を変更する必要がなく，単一の微生物を実バイオマスに添加すれば有用物質の生産が可能となるような，セルファクトリーの構築も可能である。現在行われているモデル生物の代謝工学的な改変に基づくバイオマスの利用だけではなく，このような強烈な個性を持つ微生物を用いたバイオマスの利用法を確立することも今後は必要なのではないだろうか。

今回得られたプロテオームデータを AI などの機械学習と融合し，植物を構成する多糖を予測するようなシステムが構築できないかと考えている。*C. cellulovorans* が上清中の植物構成多糖に応じて分泌タンパク質の組成を変えていることから，*C. cellulovorans* は植物構成多糖を認識し，分泌タンパク質を変動させていることがわかる。すなわち，*C. cellulovorans* が構成多糖を認識した結果である上清のプロテオームプロファイルをインプットとすることで，分解した実バイオマスの構成多糖がどのような組成なのか，といった情報を明らかにすることができるのではないだろうか。現在行われているような植物構成多糖の組成解析と比べると，この手法ではより詳細な結果が得られると期待される。これは，*C. cellulovorans* がペクチンの主成分であるポリガラクツロン酸を分解する酵素だけではなく，副成分のラムノガラクツロナンなどを分解するような酵素を分泌していることからも推測される。この微生物が分泌するタンパク質のプロファイルには多糖組成に関わる情報が含まれており，これを AI によって抽出することができれば実バイオマスの詳細な多糖の構造を明らかにできるのではないかと考えている。

C. cellulovorans は実バイオマスの構成多糖のほとんどを分解，代謝可能である希少な微生物である。本微生物を実バイオマスの利用のための担体として利用できれば，カーボンニュートラルなバイオエタノールやその他の有用物質の生産が可能となる。これまで *C. cellulovorans* のプ

ロテオーム解析から，これらの微生物がどのような酵素を分泌して構成多糖を分解し，その分解産物をどのようなパスウェイを介して代謝しているのかが明らかにされてきた。今後AIなどの導入により代謝工学に基づく*C. cellulovorans*を用いた有用物質の生産，あるいは今まで得られたプロテオミクスのデータから植物の細かな構成多糖を予測可能なシステムが作成可能ではないか。本微生物はこれからの実バイオマス利用のための有力な手段となると考えられる。

文　　献

1）REN21, "Renewables 2017 Global Status Report", p. 21 (2017)
2）Y. Tamaru *et al.*, *Microb. Biotechnol.*, **4**, 64 (2011)
3）Y. Tamaru *et al.*, *J. Bacteriol.*, **192**, 901 (2010)
4）H. Morisaka *et al.*, *AMB Express*, **2**, 37 (2012)
5）K. Matsui *et al.*, *Appl. Environ. Microbiol.*, **79**, 6576 (2013)
6）K. Esaka *et al.*, *AMB Express*, **5**, 2 (2015)
7）S. Aburaya *et al.*, *AMB Express*, **5**, 29 (2015)

3　人工知能技術の代謝工学および農業への応用

青木裕一*

3.1　はじめに

近年，大規模な観測データから帰納的に法則を導き出すための人工知能技術として深層学習（Deep Learning）が注目されている。深層学習とはニューラルネットワーク（Neural Network）を用いた高度な機械学習（Machine Learning）手法の一つであり，中でも，対象とする事象をモデル化する上で重要な特徴量をデータ駆動的に獲得できる畳み込みニューラルネットワーク（Convolutional Neural Network）は，画像認識や自然言語処理などの情報科学分野を中心に応用が進められている[1)]。

昨今は，次世代シークエンサーや質量分析計といったハイスループットな分子分析装置が普及するなど，利用可能な生物学的データが飛躍的に増え続けているため，生命科学分野においても深層学習を含む種々の機械学習を活用できる環境が整いつつある[2)]。また，センサーやドローンの技術革新によって，農業の現場においても多様な観測データの集積が進んでおり，機械学習の適用による作物生育管理への応用が進められている[3)]。

筆者は，深層学習を用いた遺伝子機能予測手法の開発研究を展開するとともに，提案手法を遺伝子工学技術と組み合わせて代謝工学的に応用することを試みている。本稿では，バイオテクノロジーにおける深層学習の活用事例として，筆者が開発を進めている「タンパク質細胞内局在の予測モデル」および「遺伝子間相互作用の予測モデル」について紹介する。併せて，ものづくりの一例として農業に焦点を当て，野外環境下における植物の表現型解析に機械学習を活用した研究事例を概説する。

3.2　深層学習を用いたタンパク質細胞内局在の予測

タンパク質の機能やタンパク質同士の相互作用を理解するためには，個々のタンパク質の細胞内局在を正確に把握する必要がある。筆者は，網羅的な細胞内局在情報の提供を目指して，畳み込みニューラルネットワークを用いたタンパク質細胞内局在予測モデルの開発に取り組んでいる。従来の細胞内局在予測手法では配列モチーフやアミノ酸組成などの特徴量を事前に設計する必要があったのに対して，提案モデルでは畳み込みフィルタを用いた表現学習によって細胞内局在制御に重要なアミノ酸配列の特徴を自動的に抽出することができる。

TargetP[4)]が提供する細胞内局在が実験的に決定されたタンパク質の配列セットを教師データ（入力：アミノ酸配列，出力：細胞内局在）として畳み込みニューラルネットワークを学習したところ，予測モデルは93.2%の正確度を示し，専門家が手動設計した特徴量を入力としたサポートベクトルマシン（Support Vector Machine）モデル　TargetLoc[5)]に匹敵する性能を有することが明らかとなった（表1）。

＊　Yuichi Aoki　東北大学　東北メディカル・メガバンク機構　大学院情報科学研究科　助教

表1　細胞内局在予測モデルの性能比較

Dataset	Method	Category	Sensitivity	Specificity	Accuracy［%］
Non-Plant #Train : 2191 #Test : 547	TargetLoc	mi	0.91	0.77	92.5（±1.2）
		SP	0.95	0.92	
		OT	0.91	0.97	
	TargetP	mi	0.89	0.67	90.0（±0.7）
		SP	0.96	0.92	
		OT	0.88	0.97	
	iPSORT	mi	0.74	0.68	88.5
		SP	0.92	0.92	
		OT	0.90	0.92	
	Proposed	mi	0.79	0.99	93.2（±1.5）
		SP	0.99	0.98	
		OT	0.97	0.92	

他の予測モデルの性能値は文献5）より引用

提案手法では，任意のタンパク質についてN末端アミノ酸配列を入力すると，細胞内の各部位に局在する確率が出力される。出芽酵母のミトコンドリア局在性タンパク質Q04728の場合，ミトコンドリア局在確率 P_{MT} が最大の値を示していることから，細胞内局在が正しく予測されていることがわかる（図1）。

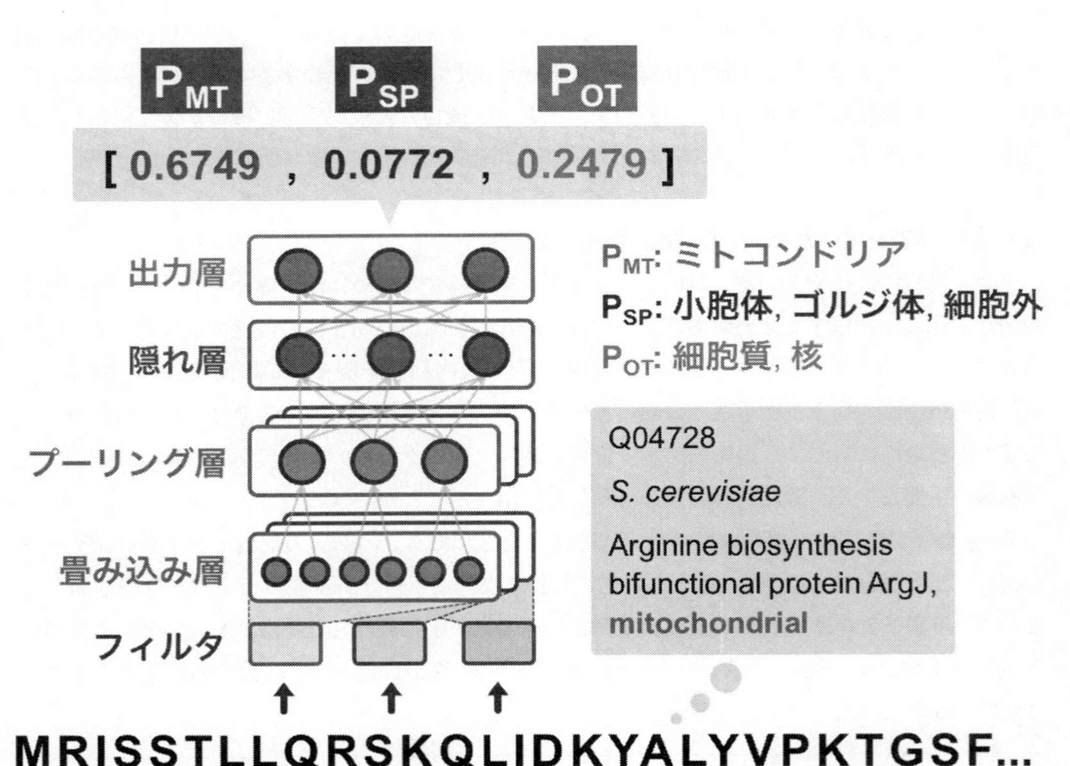

図1　畳み込みニューラルネットワークによるタンパク質細胞内局在の予測

予測モデルが学習した畳み込みフィルタの重みパラメータを解析した結果，特徴的なアミノ酸配列パターンが複数見出された（図２）。この中には，既知のシグナル配列と類似性が高い配列パターンに加えて，研究例がない配列パターンも含まれていた。したがって，提案手法が表現学習によって獲得した配列パターンを分子生物学的実験で詳細に機能解析することで，新たなシグナル配列の同定などを通して細胞内局在制御機構の理解促進に貢献することが期待される。

また，Q04728 の天然配列の各座位を異なるアミノ酸に置換した変異配列について，個々のアミノ酸置換が細胞内局在に及ぼす影響を定量的に評価する変異導入シミュレーション実験を実施した（図３）。その結果，同一座位における置換において，アミノ酸の物理化学的な性質の違いに応じて細胞内局在への影響が変化する事例（図３(1)，(2)，(3)，(4)）や，複数座位における置換が細胞内局在の変化に相加的に寄与する事例（図３(5)，(6)）などが見出された。この手法を任意のタンパク質に適用することで，最小限の変異導入による細胞内局在の改変が実現できるものと期待される。

本研究で構築した深層学習モデルは，細胞内局在の正確な予測ならびにその制御機構に関する新規知見を提供するのみならず，細胞内局在の人為的改変を通して代謝工学的な応用にも貢献することが期待される。

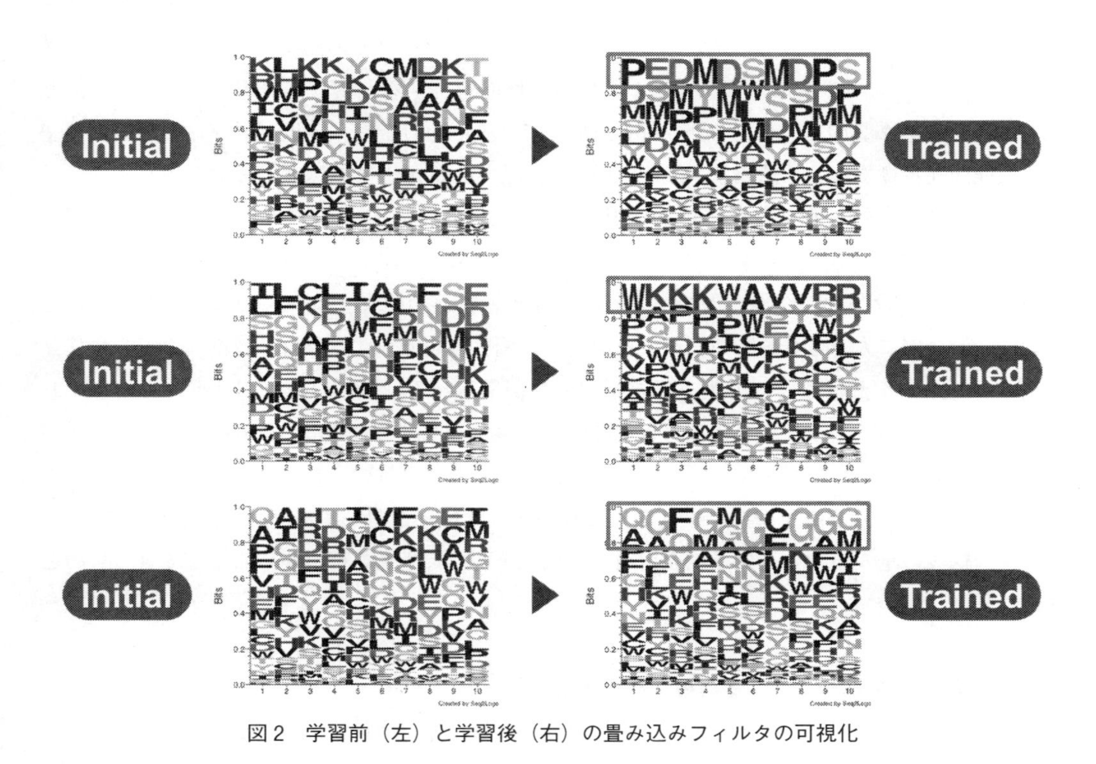

図２　学習前（左）と学習後（右）の畳み込みフィルタの可視化

		P_{MT}	P_{SP}	P_{OT}
	MRISSTLLQRSKQLIDKYAL...	**0.6749**	0.0772	0.2479
(1)	MRISST**E**LQRSKQLIDKYAL...	0.1666	0.0245	**0.8089**
(2)	MRISST**EE**QRSKQLIDKYAL...	0.0245	0.0064	**0.9690**
(3)	MRISST**R**LQRSKQLIDKYAL...	**0.6644**	0.0353	0.3003
(4)	MRISST**RR**QRSKQLIDKYAL...	**0.6363**	0.0218	0.3419
(5)	MRISST**A**LQRSKQLIDKYAL...	**0.5579**	0.0475	0.3946
(6)	MRISST**AA**QRSKQLIDKYAL...	0.4715	0.0359	**0.4925**

図3　変異導入シミュレーション

3.3　深層学習を用いた遺伝子間相互作用の予測

遺伝子の機能，特に分子機能（Molecular Function）ではなく細胞機能（Cellular Function）を理解する上で，遺伝子間の相互作用に関する情報は重要である[6)]。そこで筆者は，前項で述べたような従来の（1入力1出力の構造を持つ）深層学習モデルを拡張して，任意の2つの遺伝子の配列データを入力すると遺伝子間の相互作用の程度を出力する新たな（2入力1出力の構造を持つ）深層学習モデル「ペアワイズ深層ニューラルネットワーク」の開発に取り組んでいる（図4）。ここで，予測する遺伝子相互作用としては，機能連携するタンパク質同士の物理的な接触である「タンパク質間相互作用（Protein–Protein Interaction）」や，発現パターンの類似性に基づく機能関連指標である「遺伝子共発現（Gene Coexpression）」を対象としている。

ここで，細胞内局在予測モデルが局在制御の表現（シグナル配列）を学習できたように，相互作用の発現に寄与する配列特徴ペアをデータ駆動的に獲得できる能力を持たせるために，2つの入力を統合する役割を持つ混合層の実装として「重み付き相関フィルタ」の導入を試みている（図5）。混合層に入力される特徴ベクトル同士の相関係数を計算する際に，特徴ベクトルに任意の重みベクトルをかけることで重み付き相関係数が得られる。複数の重みベクトルを用意すれば，一対の入力ペアから多様な重み付き相関係数が得られる。この際に，重みベクトルを学習パラメータとしてモデルを訓練すれば，最終出力に寄与する特徴量の影響が大きくなるように個々の重み値が更新されることが期待できる。これが「重み付き相関フィルタ」の基本概念であり，モデル訓練後の重み値から遺伝子相互作用の発現に重要な特徴量を理解することができるものと期待される。

3.4　植物の表現型解析における機械学習の活用

冒頭で述べたように，センサーやドローンの技術革新に伴い植物体の表現型データや生育環境

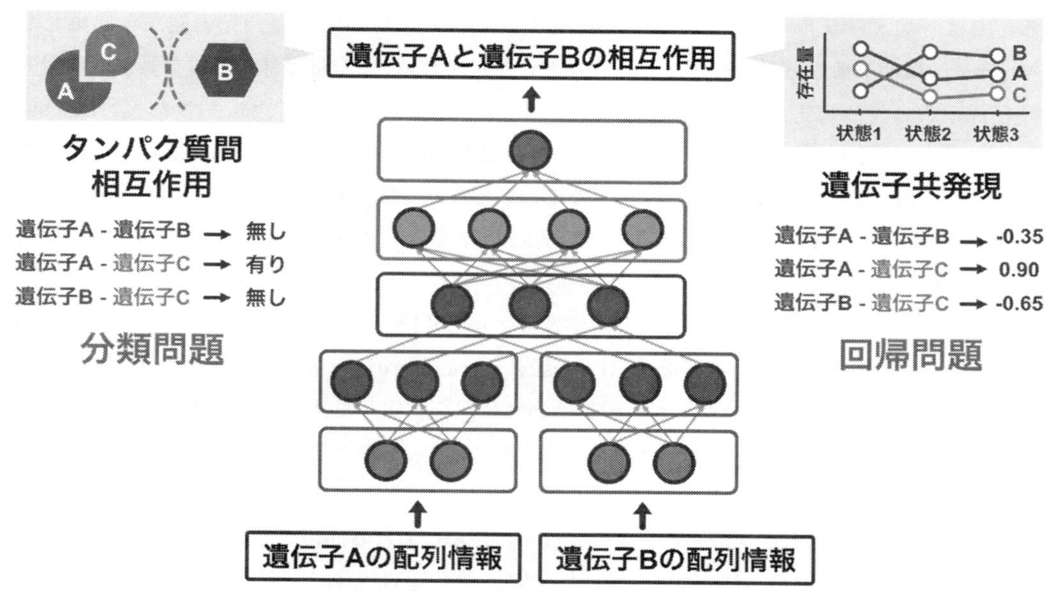

図4　ペアワイズ深層学習モデルによる遺伝子間相互作用の予測

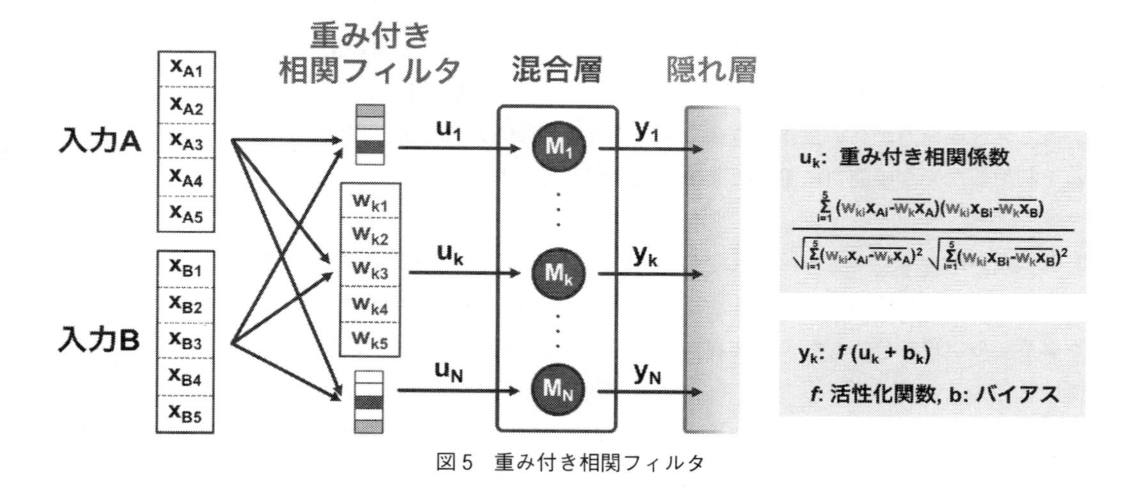

図5　重み付き相関フィルタ

データを簡便に収集できるようになったことから，機械学習を活用した植物の表現型解析が加速している[3)]。

表現型解析における機械学習の活用事例を大別すると，同定（Identification）・分類（Classification）・定量（Quantification）・予測（Prediction）の4種類がある[3)]。同定とは，ある1つの表現型の有無を判定することを指し，うどんこ病（Powdery Mildew）の有無を葉の熱画像から判定するためにサポートベクトルマシンを適用した研究などが報告されている[7)]。分類は同定の発展形であり，対象が複数の表現型のいずれを示すかを定性的に区別する行為である。例としては，ニューラルネットワーク（Neural Network）を用いて葉の分光画像から感染したAlternaria属病原菌の菌種を分類する研究などが挙げられる[8]。定量は量的形質を対象に回帰分析を行うことで，病害解析の場合は，病害の程度を定量的に表現した疾病重症度（Disease Severity）を利用する[9]。同定や分類と比べると難易度が高いため研究事例は少ないが，線形判別分析法（Linear Discriminant Analysis）を応用して，航空機搭載センサーで取得したデータから圃場におけるバーティシリウム萎凋病（Verticillium Wilt）の蔓延を評価した研究などが報告されている[10]。

予測では，同定・分類・定量で得られた学習モデルを「植物ストレスの早期検出」や「作物の収量向上」に応用するなど，精密農業（Precision Agriculture）の実現に向けた取り組みが進められている。Mohantyらは，専門家が手動で病害状況を判定した葉の画像セットを教師データとして畳み込みニューラルネットワークを学習することで，99%を超える正解率で葉の正常／異常を判別できる識別モデルを構築することに成功した[11]。さらに，識別モデルをスマートフォンのアプリケーションとして実装することで，農業の現場における簡便・迅速な病害診断に応用することを提唱している。Heckmannらは，植物の生産性への影響が大きい光合成能力（Photosynthetic Capacity）の説明変数として葉の反射スペクトルに着目し，再帰的特徴選択（Recursive Feature Elimination）を組み合わせた部分的最小二乗回帰（Partial Least Squares Regression）を用いることで，反射スペクトルから光合成活性を高い正確度で予測するモデルを構築した[12]。予測モデルを用いた育種シミュレーション実験の結果，予測値に基づく選抜育種によって光合成能力が高い個体を選抜できることが示唆されたため，現実においても反射スペクトルを利用した光合成能力に優れた品種の開発が期待される。

3.5　おわりに

ロボット技術や情報通信技術を活用した低コスト・高効率な次世代型農業，いわゆる「スマート農業」の実現を目指して，産業界においても人工知能を活用したアグリビジネスが盛んになっている。

人工知能やInternet of Things（IoT）の技術開発に強みを持つ㈱オプティム（http://www.optim.co.jp）は，佐賀大学農学部および佐賀県農林水産部と産学官三者連携協定を締結し，農業の効率化・高度化・実用化の実現に向けて積極的に活動している。ドローン・ネットワークカメラ・ウェアラブル端末を活用して収集した圃場のビッグデータを画像解析や機械学習で分析することで，「病害虫の早期発見」や「農作物の生育管理」につながる製品・サービスを開発し，「病虫・鳥獣被害」や「所得の伸び悩み」などの現在の農業において顕著な問題の解決に取り組んでいる。同社が開発したアグリドローンは，人工知能技術を応用した自動飛行機能を搭載した農業特化型ドローンであり，「作物生育管理」や「ピンポイント農薬散布」などの多様な機能を用いた効率的な農作業（施肥，病虫・鳥獣被害防除，収穫）を実現し，農家の負担を軽減することに貢献している。

測定技術の急速な進歩に後押しされ，今後はますます多様な生体分子・野外環境データが蓄積されるであろう。これらの生物・農業ビッグデータを有効活用し，有用物質生産や作物収量向上などの応用につなげるためにも，深層学習をはじめとした各種機械学習技術の積極的活用に向けた，産学官一体となった取り組みの促進が期待される。

文　献

1) Y. LeCun *et al.*, *Nature*, **521**, 436 (2015)
2) C. Angermueller *et al.*, *Molecular Systems Biology*, **12**, 878 (2016)
3) A. Singh *et al.*, *Trends in Plant Science*, **21**, 110 (2015)
4) O. Emanuelsson *et al.*, *Nature Protocols*, **2**, 953 (2007)
5) A. Höglund *et al.*, *Bioinformatics*, **22**, 1158 (2006)
6) Z. N. Oltvai *et al.*, *Science*, **298**, 763 (2002)
7) S-e-A. Raza *et al.*, *PLoS ONE*, **10**, e0123262 (2015)
8) P. Baranowski *et al.*, *PLoS ONE*, **10**, e0122913 (2015)
9) C. Bock *et al.*, *Critical Reviews in Plant Sciences*, **29**, 59 (2010)
10) R. Calderón *et al.*, *Remote Sensing*, **7**, 5584 (2015)
11) S. P. Mohanty *et al.*, *Frontiers in Plant Science*, **7**, 1419 (2016)
12) D. Heckmann *et al.*, *Molecular Plant*, **10**, 878 (2017)

4　微生物のゲノム情報のビッグデータ化とAI

細川正人*1，竹山春子*2，五條堀　孝*3

4.1　はじめに

ゲノム配列情報は，生物の生態や進化を理解するための基本情報である。ハイスループットシーケンス技術の活用により，公的リポジトリ上のゲノム情報は近年大幅に増加しており，2017年1月の段階でGOLD（Genomes OnLine Database）[1]に登録されている分離細菌のゲノム登録数は70,000超にのぼる。

しかし，環境微生物のうち培養が可能なものはわずかに限られており，地球上の微生物の多様性の大部分は未知である。現在，16S rRNA遺伝子配列に基づく系統解析によって，60以上の細菌および古細菌の門レベルのグループが同定されているが，この半数以上には培養された代表株が存在しない[2]。この微生物ダークマターの存在を解き明かすために，近年大規模な微生物ゲノムシーケンスプロジェクトが取り組まれてきた。例えば，Human Microbiome Project[3]，Earth Microbiome Project[4]，Genomic Encyclopedia of Bacteria and Archaea[5]などがある。これらのプロジェクトから得られた参照ゲノムは，個々の微生物の機能とゲノム配列との関連性を知る手がかりとなり，代謝特性，系統，進化，疾患，生物地球化学的循環に関連する微生物の多様性と機能の理解に貢献している。

近年のシーケンス技術の大容量化・バイオインフォマティクス技術の進化に伴って，16S rRNA遺伝子配列など系統決定に関連する配列のみをシーケンスする手法の他，メタゲノム・シングルセルゲノム解析が新たに用いられるようになった[6～9]。現在，GOLDには，メタゲノムから再構成された4,622個の微生物ゲノム情報，シングルセルゲノムから解読された2,866個のゲノム情報が登録されている[9]。これらは，分離培養株の総登録ゲノム数を近い将来に追い抜く勢いで増加している。微生物解析は，未知・未培養の微生物ダークマターを対象とした新たな局面に移っており，微生物群衆から分離菌を探索することなく数百・数千の微生物ゲノムを複雑なサンプルから一斉決定するゲノムビッグデータ時代となっている。

4.2　国内外のメタゲノム解析の研究動向—海洋メタゲノム解析を例として

メタゲノム解析は，例えば土壌や海水などのサンプルから，そこに含まれるDNAを単離し増幅したりした後，直接にそれらの塩基配列を決定して既存のデータと照合して，微生物種や機能遺伝子の存在を調べるゲノム解析手法である。このメタゲノム解析には，大きく2種類の方法が存在する。一つは，プローブとして16S rRNAや18S rRNAといったアンプリコンを用いて種が

＊1　Masahito Hosokawa　早稲田大学　ナノ・ライフ創新研究機構；科学技術振興機構さきがけ研究者

＊2　Haruko Takeyama　早稲田大学　理工学術院　教授

＊3　Takashi Gojobori　アブドラ国王科学技術大学　教授

特定できるようなDNAだけを解析する方法（アンプリコン型メタゲノム解析）である。もう一つは，対象となる微生物のゲノムDNAをランダムに切断し，網羅的にそのゲノムDNA断片の塩基配列を決定する方法（ショットガン型メタゲノム解析）である。前者のアンプリコン型メタゲノム解析は，安価に種同定が可能なことから比較的によく使われているが，遺伝子の機能などは全く分からないままとなる。一方，ショットガン型メタゲノム解析は，費用はかかるものの，種同定だけでなく網羅的な遺伝子情報の取得によりそこに存在する微生物の機能も予測可能となる。例えば，ヒトの排泄物をサンプルとしてアンプリコン型メタゲノム解析することによって，ヒトの腸内に200兆個も存在するという腸内細菌の全容が分かってきた。この微生物叢を，バイオーム（Biome）と呼び，この種の解析はバイオーム解析と呼ばれる。この腸内細菌のバイオームが，がんや自閉症などの疾患にも強く相関していることが分かってきており，それらの解析が非常に注目を集めている。

このメタゲノム解析を海水サンプルに応用し，そこに存在するDNAから微生物叢やそれらの遺伝子を調べるのが，海洋メタゲノム解析である。初期の研究でもっとも有名なのが，クレイグ・ベンター（Craig Venter）博士のグループによるバーミューダ沖のサルガッソー海域海水のショットガン型メタゲノム解析である。彼らは，数千種に及ぶ微生物の新種を発見するとともに，数万を超える新規の遺伝子を発見した[10]。同様の例として，欧州を中心としたタラ海洋探検航海プロジェクト[11]やスペインを中心としたマナスピーナ海洋探検航海プロジェクトでは，地球規模で様々な海洋を航海しながらそれぞれの海域の海水メタゲノムの解析を行っている。

本邦では，五條堀らが，この海洋メタゲノム解析によって，日本の海域定点における微生物叢やそれらの遺伝子の組成の時間経過を追跡する調査を約10年前から開始している。本プロジェクトは，赤潮の勃発や終息を海洋メタゲノムから予知することを目的とし，有明海の大村湾や八代湾で海洋メタゲノム解析のための定点観測を実行した。その結果，シャトネラという原生プランクトンの大発生による赤潮の勃興と終息には，ある特定な微生物叢の急激な出現などのシグナルが存在することを発見するなど，今まで全く知られていなかった様々な知見が得られている[12]。

この海洋メタゲノム解析の基本的なノウハウは，2012年から2017年の5年間にわたる海洋微生物と海洋環境のモニタリングへ応用された。海の環境は風力や風向そして気温や海水温はもちろんのこと，海流の動向によっていつも変化している。しかし，水深による微生物叢の差は確かに存在するが，周辺環境が大きく変わらない限り，海洋のメタゲノム解析による定点観測は，その海域を代表する形で十分に実用に役立つことが実証されている。これは，五條堀らが開発した実験とバイオインフォマティクスをハイブリットにしたような混成パイプラインの貢献が大きい（図1）。その後，同研究チームではサウジアラビアの紅海と日本海の海洋微生物の組成や動向の調査を進めている[13]。

また一方で，この膨大なデータから，海洋微生物叢の継時的な組成や動向を調べ上げて各地域の特徴を知るだけでなく，新規の遺伝子や遺伝子産物の探索に用いることも目指されている。海洋から新たな遺伝資源の探索が非常に高効率で可能になってきており，「Bio-Prospecting」と言

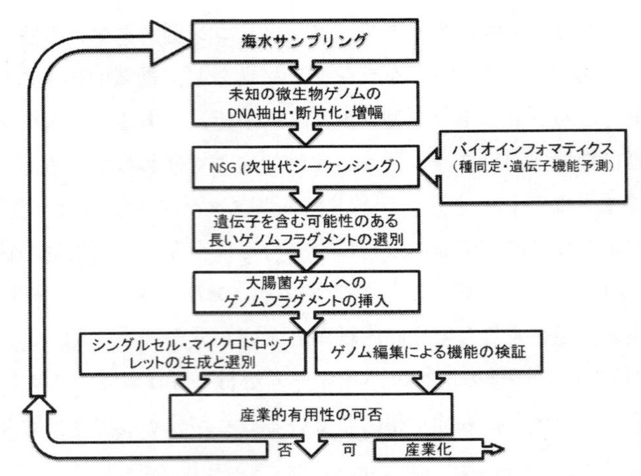

図1　海洋メタゲノミクス解析を用いた有用遺伝子の探索のためのパイプライン

われるバイオの鉱脈探しが海洋で本格化できる見通しがついている[14]。日本は，排他的経済水域を含めると地理面積的には超大国の仲間入りを果たし，海洋資源として地底の鉱物だけでなく，微生物を含む遺伝資源までも包括すれば，「資源大国」になる可能性は極めて大きいと考えられる。

4.3　メタゲノミクス・シングルセルゲノミクスの課題

メタゲノム・シングルセルゲノムを元に次世代シークエンサーから出力されたリードをアセンブリすることで，断片化した配列情報を集約し，標的微生物のゲノム配列を再構成することができる。メタゲノムのアセンブリでは，多種の微生物ゲノム情報が混在した形で得られるため，微生物群衆が多様であるほど，複雑な計算処理が必要となる[7]。微生物毎のゲノム情報を分離抽出するための手順としては，アセンブリによって得た連続配列（コンティグ）をヌクレオチド頻度などに基づき，同一細胞由来のコンティグとしてクラスター分類化し，各個情報を抜き出す方法が取られている。この操作をBinningと呼ぶ[15]。Binningによって分離されたコンティグの品質は，参照ゲノムなどと比べることで，検証・補正がなされるが，初期のアセンブリデータは多くの場合不完全であり，エラーを含んでいる。現在の大容量シーケンサーは短い配列データを並列的に取得する方法が主流であるため，ゲノム中の反復配列や類似配列の存在によって，アセンブリはより複雑化する。メタゲノムデータのみを用いて微生物群衆から個々のゲノムを確実に分離しアセンブリすることは，細菌数の豊富さ，コミュニティの多様性，系統学的に離れた分類群間のヌクレオチド頻度の類似性などのサンプル特性に大きく依存する。

一方，シングルセルゲノミクスでは単一の細胞に由来するゲノム情報のみを直接的に取得しアセンブリするため，ゲノム情報を再構成するための計算難易度はメタゲノミクスに比べて圧倒的に易しくなる[6]。しかし，もともと細胞内では1コピーしか存在しない極小量の1細胞ゲノム配列を解読することになるため，高度な解析技術や精度の課題が大きくなる。シングルセルゲノミクスのステップは，①シングルセルの分取，②全ゲノム増幅，③シーケンスデータ解析の3つに大きく分けることができるが，特に②の全ゲノム増幅は，シーケンス解析を行うための必須操作である。これには，multiple displacement amplification（MDA）法が一般的に用いられている[16]。MDAでは，微量DNAをマイクログラム量にまで増幅することが可能であり，Phi29 DNAポリメラーゼは強い校正機能を持つことから複製エラーが極めて低く，全ゲノム解析用の試料調製に優れている。しかしながら，MDAでは，反応環境中に存在するDNAを非選択的に増幅するため，増幅バイアス，コンタミナントの増幅，キメラ配列など多様な問題が生じる。従来法のデータ品質は，大腸菌などの培養細胞を用いた場合でも，正常な増幅産物が得られる歩留まりは低く40~70%程度のゲノムカバー率に留まる[17]。コンタミネーションへの対策としては，UV処理が施された試薬などがシングルセルゲノム解析用として販売されている。しかし，オープンな実験環境ではエアロゾルなどからのコンタミネーションを完全に防ぐことは難しいため，シングルセル解析実験専用の清浄実験環境が必要となる。また細胞一つ一つからシーケンスを実行する必要があるため，スループット性が極めて低いことも課題となっている。シングルセルゲノミクスはメタゲノミクスに替わる技術的な潜在性を秘めているが，技術が汎用的に使用されるには様々な課題を克服する必要がある。

4.4　シングルセルゲノミクスの課題を打破する液滴反応技術とバイオインフォマティクス技術の統合

シングルセルゲノム解析が抱える課題の一つ，ゲノム増幅の精度の改善については，微小容量の反応場の利用が有効である（図2）。一般的な反応系では，マイクロリットルの反応液を用いて核酸増幅が行われるが，反応液量をナノ・ピコリットルサイズへと微小化すると反応効率が増大し，微量な核酸を漏れなく反応に供することができる。この方法は，真核生物の1細胞のトランスクリプトミクス解析などで採用されており，ナノリットルサイズのマイクロ流路や液滴系で核酸増幅反応を行う製品が販売されている（C1™ Single-Cell Auto Prep System（Fluidigm）やChromium（10x Genomics））。こうした微小容量の反応環境では，目的外DNAの混入リスクを低

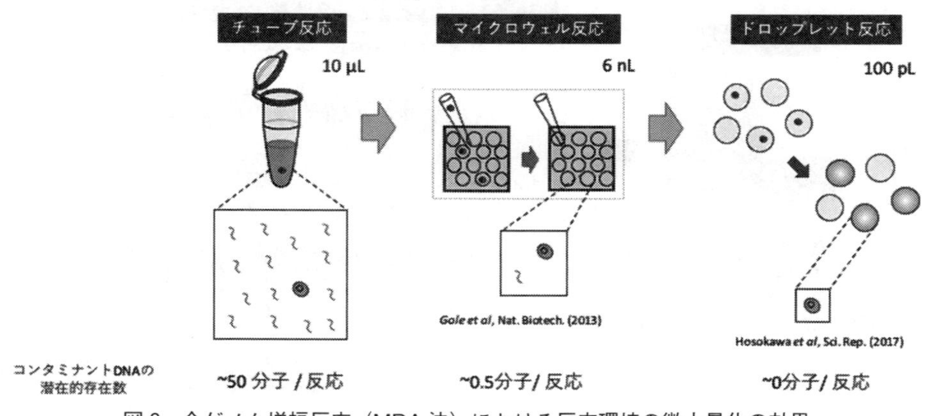

図2　全ゲノム増幅反応（MDA法）における反応環境の微小量化の効果

減することができる。また，反応効率の向上により増幅バイアスやゲノムカバー率が改善される[17,18]。

竹山，細川らは，ピコリットルサイズの液滴を反応場として用いた新しいMDA法（compartmented droplet MDA（cd-MDA））を開発している（図3）[19]。この方法では，マイクロ流体デバイスを用いてシングルセルDNA断片を含むMDA溶液を無数の液滴へと変換し，個々の液滴内部にDNA分子を液滴一つ当たり1分子以下の濃度で封入する。微小液滴は，毎秒数百から数千個の速度で高速に生成される[20]。液滴は油中水滴エマルジョンの形を取っており，内部のDNA分子が外部（オイル層）へ漏出することはなく，核酸増幅反応時の加熱処理にも耐える。液滴というピコリットルの微小空間内において，各核酸分子が独立して増幅するため，反応が競合することなく進行し，均質な増幅産物が得られる。この均質で広範なゲノム増幅の実現によって，従来の4分の1のデータ量での解析が可能となり，全ゲノム配列の90%以上を補完することができる。これらの報告以後，同様の原理にて，微小液滴を高精度な全ゲノム増幅法として利用し，シングルセルゲノム増幅精度を改善した研究例が続々と報告されており，ゲノムサイズの大きな動物細胞でも有効であることが示されている[21]。

このようにマイクロ流体技術を応用することで，液滴の融合，分割，分取などの液滴操作技術を組み合わせることができ，より複雑な反応系を液滴内で実行することができる。さらに竹山らは，微小液滴を用いた超ハイスループット1細胞全ゲノム増幅法（single droplet MDA（sd-MDA））を提案している（図4）[22]。本法では，マイクロ流体デバイスを用いて液滴中に1細胞を連続的に封入し，細胞を破砕したのち，各液滴に全ゲノム増幅のための酵素などを注入す

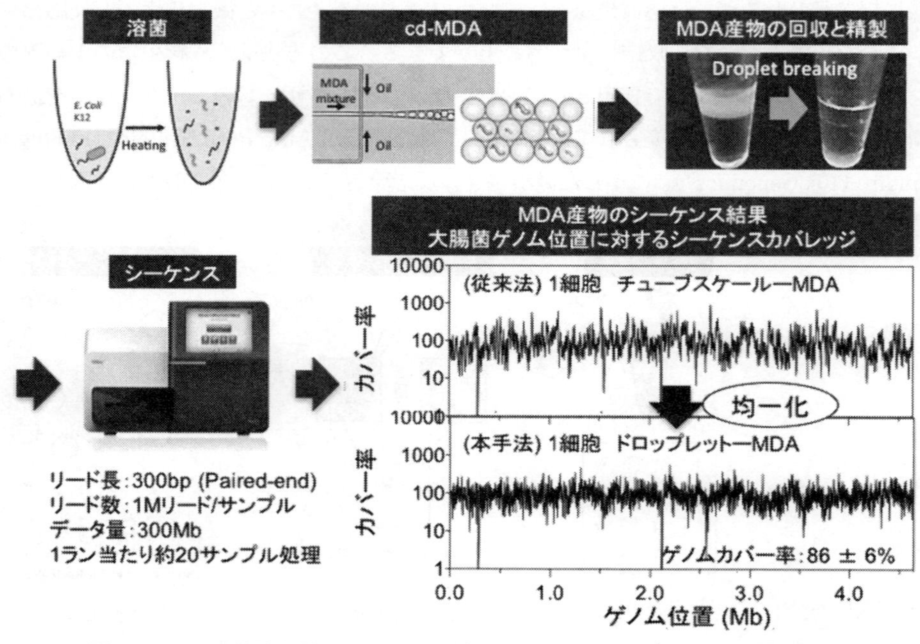

図3 マイクロ流路を用いたcd-MDA法によるシングルセルゲノムの均質増幅

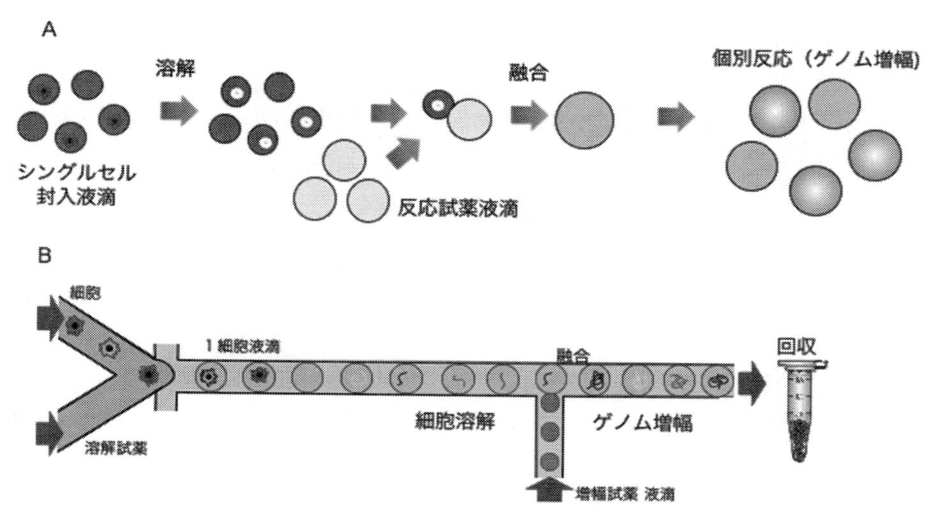

図4　sd-MDA 法によるハイスループットなシングルセルゲノム増幅
A：液滴を介して生じるゲノム増幅反応のイメージ
B：マイクロ流路の模式図

る。こうして，10万個の微生物1細胞に対して並列的な全ゲノム増幅を実行することができる。従来のウェルプレートベースの反応に比べて，圧倒的にスループットが高く，微小な液滴環境で1細胞ゲノム増幅が完結するため，目的外のDNA混入リスクを大幅に低減することができ，純度の高い増幅物が得られる。各液滴から得られる1細胞ゲノム増幅産物からは，70〜80％の全ゲノム配列情報を回収することができるが，さらに同種の細胞に由来するシーケンスデータを統合アセンブリすれば，ほぼ完全なゲノム情報（＞98％）を得ることができる。このアセンブリ精度は，10万細胞相当のシーケンスデータに相当する。本法を用いて，土壌細菌・マウス腸内細菌の解析を行ったところ，新規微生物のドラフトゲノム情報を100種近く得ることができた。さらに，同一種の未培養細菌において，特定遺伝子にSNPが蓄積していることを観測できることを確認している。

一方で，コンタミネーションの影響を受けやすいシングルセルゲノム解析において，目的外DNA配列の混入はデータ解析の大きな障壁となる。コンタミネーションが生じたシングルセルゲノムのデータから正しい結論を導くには，データのクオリティコントロールを行い，目的外DNAの配列をできる限り取り除く必要がある。これを目的とした解析手法が既往研究において提案されているが[23]，この手法は既知配列への相同性検索を利用しており，配列情報の蓄積が乏しい菌種のデータへ応用することが困難であった。そこで竹山，細川らは，より幅広い菌種のシングルセルゲノムデータへ応用可能な，既知配列情報に依存しない新しいクオリティコントロール手法を開発している[24]。

本手法は既存の配列情報に一切依存しないため，配列情報の少ない新規性の高い種を解析対象とする場合にも応用することができる。また，竹山，丸山らは本手法をSAG-QCというソフトウェアとして実装し一般公開した（https://sourceforge.net/projects/sag-qc/）。このソフトウェアは，データ解析のための技能を必要とせずに操作できるインターフェースを備えており，幅広いユーザーが容易に使用することができる。現在は，MDA 時に生じるキメラ配列を特定し，シングルセルゲノムシーケンスリードをクリーニングする方法の開発も進めている。これらの技術を統合することで，従来のシングルセルゲノミクスの課題であった，シーケンスリードの不正確性・不完全性，スループットの低さなどの一連の障壁を乗り越え，メタゲノミクスの規模に相当するビッグデータを一挙取得することが近く実現できる見込みである。

4.5 メタゲノム・シングルセルゲノムデータ解析への AI 導入による未来展望

AI（人工知能）と一口に言っても，その定義や手法は様々で，確固とした一義的な定義があるわけではない。しかし，バイオ関連でよく用いられるのは，いわゆる機械学習（Machine Learning），深層学習（Deep Learning），テキストマイニング（Text Mining）ではないだろうか。この他，決定木（Decision Tee）や遺伝的アルゴリズムを含む「進化的計算」を用いた方法や，ベージアン・ネットワークそして深層学習の基本をなすニューラルネットワークなどがよく用いられている。中でも，特に機械学習は，サポート・ベクター・マシン（SVM）を含めてバイオ分野でかなり以前から用いられている。ゲノム関連で言えば，機械学習は遺伝子領域の同定や機能予測などによく用いられており，最近では深層学習がゲノム断片のアセンブリなどによく用いられるようになっている。メタゲノム・シングルセルゲノム的手法がバイオテクノロジーに積極的に取り込まれている現在，AI は大量なバイオデータの取扱に活用されていくものと思われる。特に，本稿で紹介したようなシングルセルを用いたテクノロジーの格段の発展が見込まれる中で，実験精度の判定やアノテーションに基づいた知識抽出などで，AI を活用する機会が非常に多くなるだろう。

また一方では，ナノポアシーケンサーなどの新しいシーケンス技術も微生物ゲノム解析に取り入れ始められており，これまでよりも多様なデータを一挙に取得することが可能となりつつある。これらウェット・ドライの新技術が新たな分析プラットフォームとして整備され普及することで，幅広い研究者が自身の研究室で最先端の実験技術と高度な AI 解析パイプラインを用いてメタゲノム・シングルセルゲノム解析に取り組むことが近い将来に可能となるだろう。

4.6 おわりに

ゲノム情報に基づく新規微生物の系統分類・機能推定は，データベース上の既存の参照ゲノムデータの情報量に依存するが，特徴を説明する情報の選別は，研究者の主観，経験，技量による部分が大きい。昨今のゲノムデータ登録数の増加の影で，データベースは玉石混淆の状況となりつつあり，完成度が低く適切でないものも多く存在している。ゲノム登録情報の標準化などが進められているが，全世界的な解析の標準化・ゲノムデータ品質画一化は大きな課題である。今後さらに広がるメタゲノミクス・シングルセルゲノミクス新時代において，各研究者が大容量シーケンスデータを管理し，ゲノム配列から遺伝子機能を推定し，標準化情報を付与するだけでも大変な労力が伴うことは容易に想定できる。増大する公共ゲノム情報の中から有益な情報を抽出し，普遍的な理解をもたらす標準的な解析手順の整備が早急に必要となるだろう。データベースとAIの統合は，このようなゲノムデータの管理や，系統・機能的な理解を手助けする大きな役割がある。現在，がんゲノム解析へのAIの活用により，変異情報の高速検出と適切な抗がん剤選定の実現が期待されているが，微生物ゲノム解析においても同様に，AIの活用が望まれる広大な研究領域が存在する。実験技術が高速・自動化され，これまでに類をみないほどの精度・量のゲノムデータが生産される将来が近いからこそ，複雑化する微生物機能解析をサポートする普遍的なAIの早期導入が望まれる。

文　　献

1) S. Mukherjee *et al.*, *Nucleic Acids Res.*, **45**, D446 (2017)
2) P. Hugenholtz *et al.*, *Environ. Microbiol.*, **11**, 551 (2009)
3) P. J. Turnbaugh *et al.*, *Nature*, **449**, 804 (2007)
4) J. A. Gilbert *et al.*, *BMC Biol.*, **12**, 69 (2014)
5) D. Wu *et al.*, *Nature*, **462**, 1056 (2009)
6) T. Woyke *et al.*, *Nat. Methods*, **14**, 1045 (2017)
7) D. H. Parks *et al.*, *Nat. Microbiol*, **2**, 1533 (2017)
8) C. Gawad *et al.*, *Nat. Rev. Genet.*, **17**, 175 (2016)
9) R. M. Bowers *et al.*, *Nat. Biotechnol.*, **35**, 725 (2017)
10) J. C. Venter *et al.*, *Science*, **304**, 66 (2004)
11) S. Pesant *et al.*, *Sci. Data*, **2**, 150023 (2015)
12) S. Nagai *et al.*, *Gene*, **576**, 667 (2016)
13) H. Behzad *et al.*, *Gene*, **576**, 717 (2016)
14) R. Kodzius *et al.*, *Mar. Genomics*, **24**, Pt 1, 21 (2015)
15) M. Strous *et al.*, *Front. Microbiol.*, **3**, 410 (2012)
16) A. Raghunathan *et al.*, *Appl. Environ. Microbiol.*, **71**, 3342 (2005)
17) Y. Marcy *et al.*, *PLoS Genet.*, **3**, 1702 (2007)
18) J. Gole *et al.*, *Nat. Biotechnol.*, **31**, 1126 (2013)
19) Y. Nishikawa *et al.*, *PLoS One*, **10**, e0138733 (2015)
20) M. Hosokawa *et al.*, *Biosens. Bioelectron.*, **67**, 379 (2015)
21) Y. Fu *et al.*, *Proc. Natl. Acad. Sci. U. S. A.*, **112**, 11923 (2015)
22) M. Hosokawa *et al.*, *Sci. Rep.*, **7**, 5199 (2017)
23) K. Tennessen *et al.*, *ISME J.*, **10**, 269 (2016)
24) T. Maruyama *et al.*, *BMC Bioinformatics*, **18**, 152 (2017)

5 先端バイオ計測技術の醸造現場への導入と機械学習によるイノベーションへの期待

山本佳宏*

5.1 はじめに

清酒醸造は複数の微生物を巧みに使い分け，米からアルコール，エステル，有機酸，アミノ酸などをバランスよく含む付加価値の高い製品を製造する工業プロセスである。図1に概略を示すが，いわゆる大吟醸酒のような高級酒の生産培地1ℓ当たりの価格は先端バイオ製品である酵素とほぼ同等である。酵素生産の場合，培養時間は短いが精製工程が長いことから生産に要する日数もほぼ同じである。海外でも注目されてきている清酒であるが，生産規模からみると世界でのワイン消費量と国内の清酒製成数量とは20倍以上の開きがあり，今後，清酒が世界の市場で普及し一定のシェアを獲得することが期待されている。それに応えるには的確に製造工程を管理し品質を維持，向上させつつ，大幅にその生産量を拡大する必要があり，その実現には生産システムの大きなイノベーションが必要とされている。

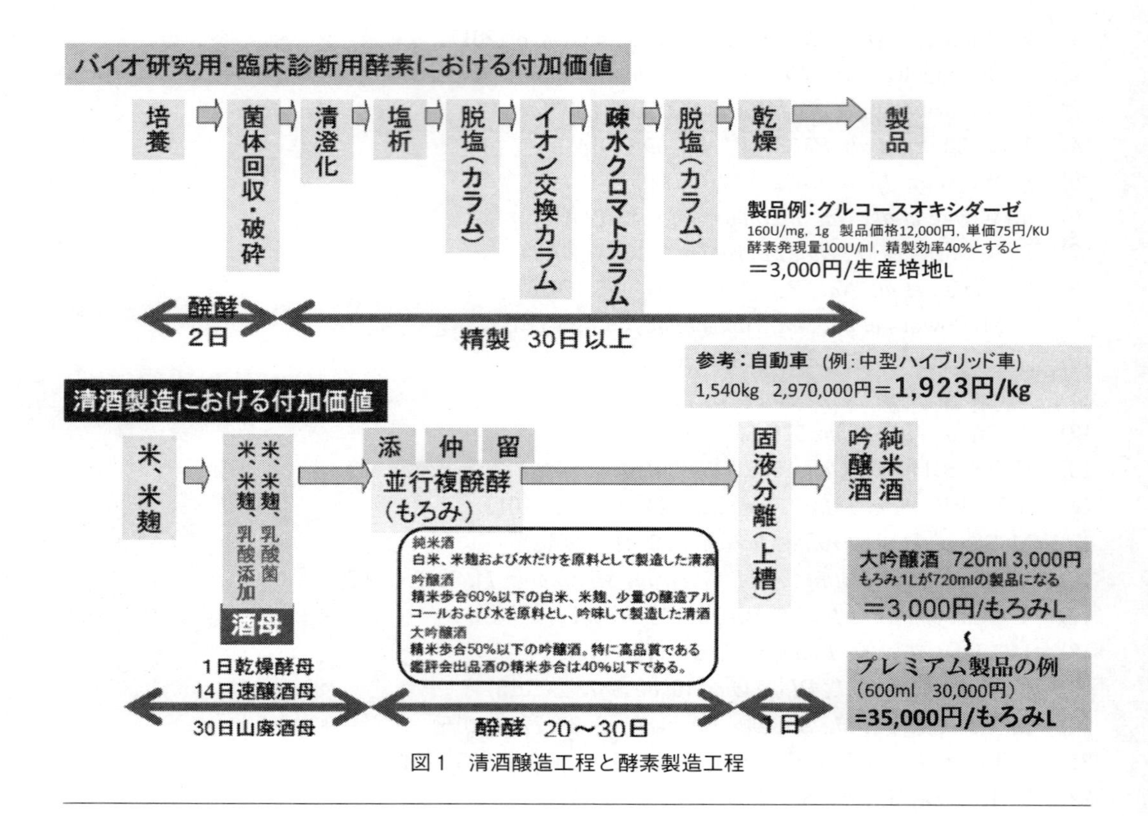

図1　清酒醸造工程と酵素製造工程

* Yoshihiro Yamamoto　（地独）京都市産業技術研究所　経営企画室　研究戦略リーダー，バイオ計測センター　管理者，研究主幹

5.2　清酒生産における品質管理の現状

清酒は麹による糖化と酵母のアルコール発酵のバランスを取りながら，酵母を増殖し，培養スケールを拡大しつつ最終的に大型タンク内で原料米をエタノールに変換し生産する。市場の求める淡麗な，または濃淳な清酒を製造するには，味の基盤となる有機酸，主要な成分であるエステルをバランスよく生成することがカギとなる。清酒製造現場では中小の蔵元でも製造責任者（杜氏）の指揮の下，各種計測データより作成したチャートを参照し，工業的な管理の下，製造を行っている。その指標となるのは，温度計で計測する品温，ガラス製の浮標で計測するボーメ（日本酒度）とアルコール（度数），ガラスビュレットを用いた滴定により求める総酸（酸度）とアミノ酸度である。この手法による生産管理体制の構築と普及は，単に品質管理の規格化だけにとどまらず，現在の流通，販売を支える製品の特長を示す指標となっている。

一方で製品品質の主幹となる酸味，甘み及び香気成分の生成量及びそのバランスについて，客観的な分析手法とその分析結果を反映できる生産支援システムの構築は未だ進んでおらず，現場責任者の五感と経験に支えられた製造管理体制により高品質の製品が生産されているのが現状である。

官能評価の再現性と精度を高めるため，製品＝清酒の品質を評価する方法が国税庁鑑定企画官室や㈱酒類総合研究所を中心に研究開発が行われている[1)]。この成果を反映した官能評価表をはじめとした評価システムが構築され，広く利用されているが，この指標は色調，香り，味，香味の調和及び総合評価である味覚，臭覚，視覚を客観的に記録するためのシステムであって，工程管理指標であるボーメ（日本酒度），総酸，アミノ酸度，アルコール（度数）と厳密にリンクするものではなく，製品の最終評価は官能試験によって行われている。

5.3　課題解決のためには…清酒製造のための工程管理指標の探索

製品生産のための工程管理は，原料から製品まで，目標の品質を達成するためのアクションを最適に配置することである。すなわち，目的地を定め，そこに至る最適の経路を求め，移動することに近い。

例えば，A 点から京都駅までの経路を求める場合，よく知った方に尋ねることも多いと思う。京都駅前の AA 旅館までの道を尋ねる場合，目的地の近くの目印となる京都駅までの道を聞くと，京都の場合，縦横の通りで形成された都市であることから，

〇〇条通を東に，烏丸通を下って，ドン突きが京都駅…

という情報が得られる。一方でこれ以外の情報がないため，周辺に面白いものがあっても，聞いたとおりひたすら明確な道を進むほかない（図２）。

食品，酒類などでは製品の品質を定める基準は，人にとって心地よい複数成分のバランスのよしあしであることから，最終的な評価は人の官能による。生産途上のもろみ管理の分析項目（総酸，アミノ酸，ボーメ，品温）からは，最終製品の品質を予想することは困難であることから，現在は，最高責任者が官能により優良と判断したタンク（仕込み）の製造経過（＝ボーメの減少

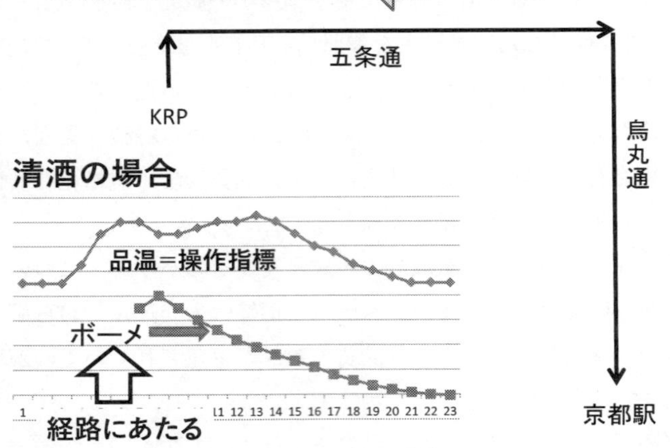

図２ 目的地までの経路をさがす（伝統的手法）

曲線）を基準として，この経過を再現できるように現場の超人的努力で品温を制御し，多くの顧客に支持される高品質製品の工業生産を可能としている。

目的地までの経路を人に尋ねる事例と同様に，現状では製造経験のある品質の製品のみ計画生産が可能である。例えば，「従来製品とは一線を画す白ワインのような清酒」を製造する製造プロセスの構築を計画的に行うことは難しく，「まずは試してみる」ところから始めるほかない。

改めて例に戻るが，最近ではスマートフォンにナビゲーション機能が搭載され，これを使うことで，容易に目的地まで到着することができるようになっている（図３）。

この技術を利用することで行ったことがない場所であっても，最適な経路で，または，自由に任意の地点を経由して，目的地まで導くことができる極めて革新的な技術である。これを達成するためには，

①目標と出発点，現在位置を同一系で表す観測データ（緯度・経度・高度）と，客観的で簡便な観測システム（いわゆる GPS : Global Positioning System）
②実際の街並みを変換可能に縮小したマップ
③経路を的確に検索するアプリケーション
④低価格で扱いやすい端末装置

が必要になる。

清酒と同じ醗酵プロセスで製造される酵素製品では，予め定められた計測可能なスペックを満たすため，製造現場においては酵素収量（単位培地当たりの活性），比活性，精製工程での収率

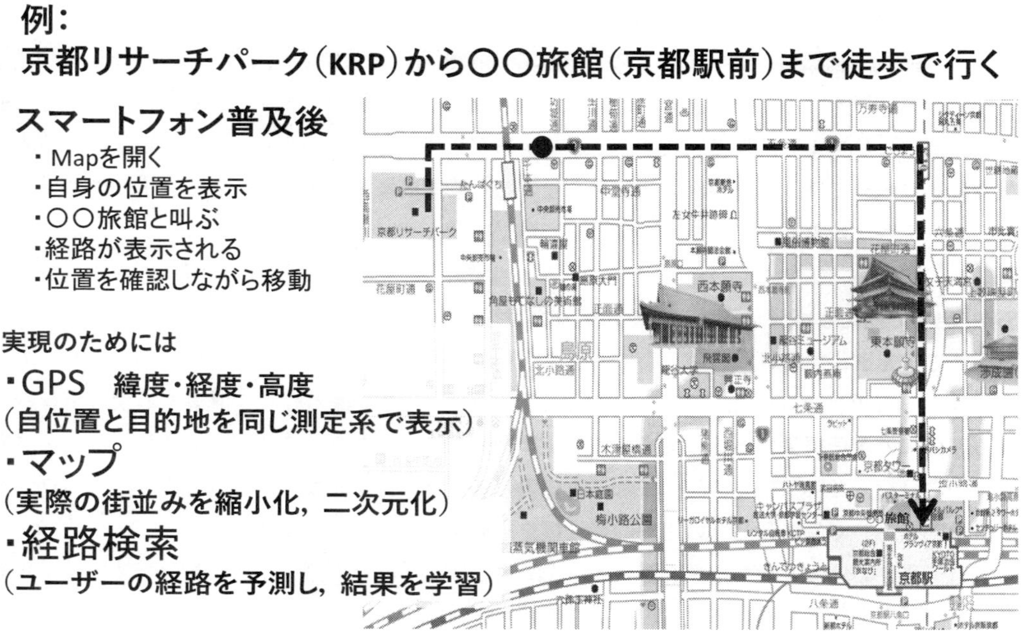

例：
京都リサーチパーク（KRP）から○○旅館（京都駅前）まで徒歩で行く

スマートフォン普及後
・Mapを開く
・自身の位置を表示
・○○旅館と叫ぶ
・経路が表示される
・位置を確認しながら移動

実現のためには
・GPS　緯度・経度・高度
（自位置と目的地を同じ測定系で表示）
・マップ
（実際の街並みを縮小化，二次元化）
・経路検索
（ユーザーの経路を予測し，結果を学習）

図3　目的地までの経路をさがす（IT 技術導入）

などを指標に製造経過が把握され，管理される。また，生産途上の分析項目と製品の目標品質の差から要求される工程を把握しやすいように生産システムが構築されている。

この場合，GPS に当たるものが比活性であり，マップに当たるものが整備された塩析，イオン交換，脱塩，疎水相互作用カラムなどの各種精製プロセスに当たる。そして各製品ごとに手順を示す SOP が図1上で例示したような経路として整備されている。市場からの工業的な要求を満たす製品をバイオ技術により生産する場合，すなわち，微生物などにより酵素，化成品など単一のバイオリファイナリーを生産するには，目標とする品質，コストは明確なので，計測・分析による客観的な指標を基に工業的な生産システムを構築することが必然になる。

現在では，清酒醸造分野の最先端研究の取り組みとして，清酒特性を把握し，製造工程で生産する様々な成分を解析のため，液体クロマトグラフ質量分析装置をはじめとする高感度，高分離の最先端分析装置により変動する数百の成分について同時に計測が行われるメタボローム分析により多くの成果が報告されている[2,3]。香り，味に寄与する成分といえども生成量及び相互の比率に適正な範囲が存在し，最適範囲内での生産が求められる。加えて，望まれない成分については極力生産しないような対策も求められるが，一方で極微量の成分が製品に雑味を与えることが多く，これが酒の個性，転じてセールスポイントになっている。そしてこの相関を明らかにできる可能性から，今後のメタボローム研究の発展には大きな期待が寄せられている。しかしながら，先端研究で使用される分析機器は極めて高価であり，運用には高度で精緻な分析技術を修めた人材が必要であり，特に機器分析を担当する研究者・技術者を持たない中小企業では研究成果を事業に反映させることは難しい。

製品の品質（目標値）と製造途上のもろみの状況を同一の系で表現できるシステム，つまり，特定成分を分析することで目的製品に対するもろみの状況が簡便に示すことができ，その対策を製品製造中にリアルタイムで反映できるシステムが必要とされている。特に中小企業が多い清酒製造現場においては，最先端研究の成果を反映した効果的な分析項目の精査・選抜と簡易・低コストな分析手法が求められている。

5.4 現場で使えるポジショニングシステムを目指して

前述の①を解決する取り組みとして，従来から品質管理工程として利用されている総酸，アミノ酸度の分析項目を高度化するために醸造工程における GPS 様のものを構築する検討を行っている。従来の管理項目である総酸，アミノ酸度に対し，味に関与する複数の有機酸，アミノ酸度を詳細に分析した各種アミノ酸，香気を決定するエステル，アルコールを分離定量し，パラメーターを座標として最終製品との相対的な位置を求めようとするものである。

醸造工程における適切な指標を探索するために，ナノキャピラリー精密質量分析装置による各種成分の探索を行うとともに，汎用液体クロマトグラフ質量分析装置及びガスクロマトグラフ質量分析装置を用いて，経時的なもろみの分析を複数回行い探索で有効と予測された成分の再現性を確認している。アルコール，有機酸，エステルなど，各種成分量など（例えば（Glu，alc1，alc2，ester1，ester2，acid1，acid2……））どのような成分でもろみの座標を効果的に示すことができるか，さらなる検証を行っているところである（図４）。

前述のように工程管理の主なオペレーションは目的の酒質を達成できた過去のボーメの変化をトレースすることであり，品温を制御することが基本である。

しかしながら，社会的な構造の変化に時にドラスティックな変革が求められ，これに対応するために，新規醸造用酵母，種麹，酒造米の開発が急速に進んでいるが，生産現場の対応が追い付かない状況も散見される。

現状では，幾通りかの温度プログラムでラボスケールの小スケール試験醸造を行い，生成物の成分分析，官能評価を行い，品温経過チャートのデータベースを作成する。その後，優良な結果が得られた品温経過チャートを用いて製造現場でスケールアップを行い，製品を官能評価により検証する。現在は品温経過チャート（品温とボーメ）のデータベースが②のマップに相当するものとなるが，ラボスケールの検討品と製造スケールでの製品の間の官能評価には大きな差異が生じるため，結果として製造現場，仕込みタンクごとに少しずつ修正を加え，醸造と官能試験を繰り返し，現場にあった安定した生産体制を確立していく。この工程には年単位の長い時間が必要となる。小スケール試験での成果をスムーズに工場生産に反映するためには，官能評価と相関が高く，ラボスケールと生産スケールの経時的な製造過程と製品評価で統一できる管理指標が必要となる。

先端研究による機器で得られた成果を生産現場に導入し，官能評価に大きな影響を及ぼす成分

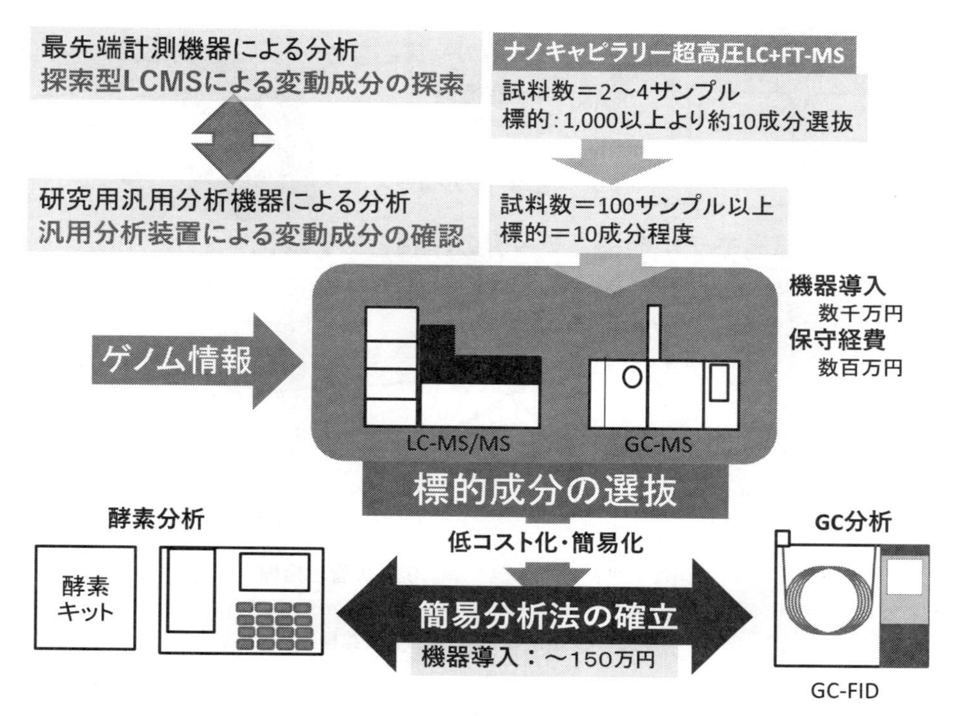

図4　醸造生成成分の分析技術の開発

を微量で計測することができれば，小スケール試験と工場スケールの管理指標（分析すべき成分）を一致させ，醗酵過程の経時的な変化を成分分析により把握することができる。これにより，スケールアップの差異を容易に補正できる新たなマップ②を整備することが可能と考えられる（図5）。

製造現場で導入できる，前述の④を実現するためには分析装置，周辺消耗品の低コスト化が必須であり，現在，分離分析装置の中では安価で堅牢な水素炎検出ガスクロマトグラフ分析装置を用いる精密分析技術の開発を進めている。将来的にはもろみ（タンク）自体を酵素リアクターに近似し，単位時間当たりの各種成分生産の積算を基盤とした予測シミュレーションを構築することで小スケール試験の効率化を図る。また製造可能な製品を予測するシステムの構築も視野に入れ開発を進める必要があると考えている。

製品バリエーションの拡大や品質，生産性の向上は，網羅的バイオ計測技術や菌株の育種技術の集大成であり，全国に存在する地場産業として，清酒産業振興のための大きなキーテクノロジーであると確信している。

5.5　醸造分野における IT 技術の導入

バイオ分野の基礎研究においては，バイオ研究領域で広く利用される IT 技術としてゲノム情報に基づいた遺伝子，そして遺伝子がコードするタンパク質の解析が挙げられる。解析の主体は

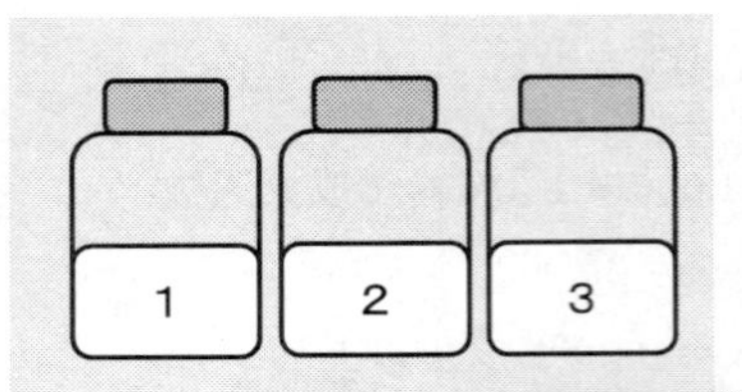

簡易モデル構築とデータの集積とモデル化

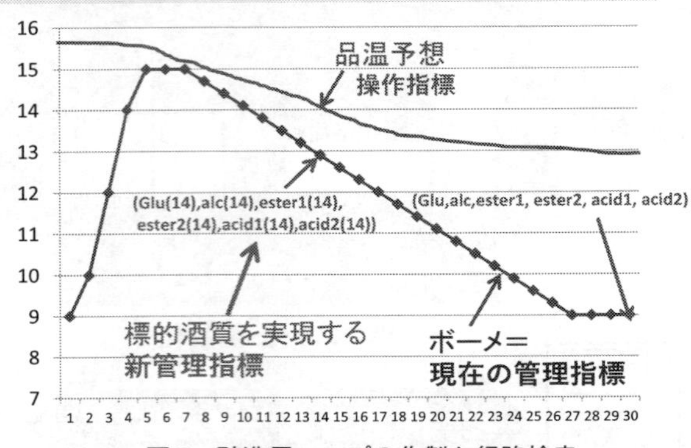

図5　醸造用マップの作製と経路検索

文字列解析であり，次世代シーケンサーでは，得られた遺伝子配列情報をつなぎ合わせ全ゲノムを予測する。プロテオーム解析では，得られたペプチド断片のコードを遺伝子情報に変換し既存のゲノム情報からアノテーションを得る。このようなアプリケーションが多数開発され，すでに日常的に利用できる技術となっている。この領域で使われるプログラム言語は perl，ruby など，特に文字列処理に特徴を持つものが使われており，この言語は通常濃密な数値計算を行う用途に用いられることは少ない。顧客の検索履歴から目的を予測し，検索結果に反映させるネット上の検索システムはこのようなシステムの極致である。一方，網羅的分析におけるクロマトグラム解析や数値シミュレーションの構築には非常に多くの演算が必要である。大量の演算を短時間で実現するソフトウェア開発には，高速で動作し，並列処理を明確に記述できる C や FORTRUN が伝統的に用いられている。加えて，現在注目されている GPU を活用するための CUDA，Open CL といった新たな記述を加えてハードウェアの性能を引き出すことも必要になるが，バイオ系研究者が扱うには難易度が高い。

現在は，画像処理，ベクトル演算などを高速で行う Caffe，Tensorflow といった API（Application Programming Interface）が提供され，適合性の高いプログラム言語 Python を用いてこれらを利用する AI（人工知能）や機械学習（マシンラーニング）関連の事例がインターネットをはじめとする各種メディアでも多数報告されるようになってきた。一般にネット上で広く紹介されているような画像や手書き文字のデータによる機械学習モデルなどは API などの支援ツールを利用することで簡単に体験することができる。しかしながら，実際の研究・生産に利用する場合には，目標に対してどのような計測データ抽出し，どのような機械学習モデルに導入するか，これを見極める数学の知識とモデルをプログラムコードに記述する相応の知識が必要となる。一般的な機械学習モデルについては，GitHub（ソフトウェア開発プロジェクトのための共有ウェブサービス）など，Webに公開されているソースコードが激増しているが，バイオ領域の課題を解決する解析手法やプログラムについては，開発・公開が進んでおらず，特に簡便に記述でき，高速で動作するバイオ関連解析用の機械学習用ライブラリーなど，APIの開発・整備が必要となっている。加えて，論文・技術報告などの解析に用いたソースコードの公開が進めば，例えば，一部を改変して自身の研究に活用することで，バイオ研究者がIT技術を活用するきっかけになることも，また，機能の拡張や改良など相互利用により完成度を高めることも期待できる。

③の経路を検索する生産支援用のシステムを実現するためには，現場の生産システムを支える製造技術者を補佐する予想システムとしてその精度を高める方向工程の改善や管理項目の整備，必要な製造アクションの追加など，生産システム全体を見渡す開発を行う必要がある。上記で紹介してきた成分分析技術やこれまで開発・導入されてきた温度制御，モニタリングと連携することで数時間先のもろみの状態を予想できるシステムが実現できると期待されている。安定した生産と生産性の向上は生物を利用し物質を生産するバイオ産業全体に共通する課題でもあるが，醗酵制御や微生物育種，計測・分析などのバイオ分野の基礎研究をはじめ，市場の動向を予測した商品開発や製品生産の高度化に至るプロセスの多くの場面で革新が必要とされている。この達成には現在の通信管理，保守の業務からAIなど，動的なサービスに軸足を移すと思われるIT関連企業との連携が不可欠となるだろう（図6）。

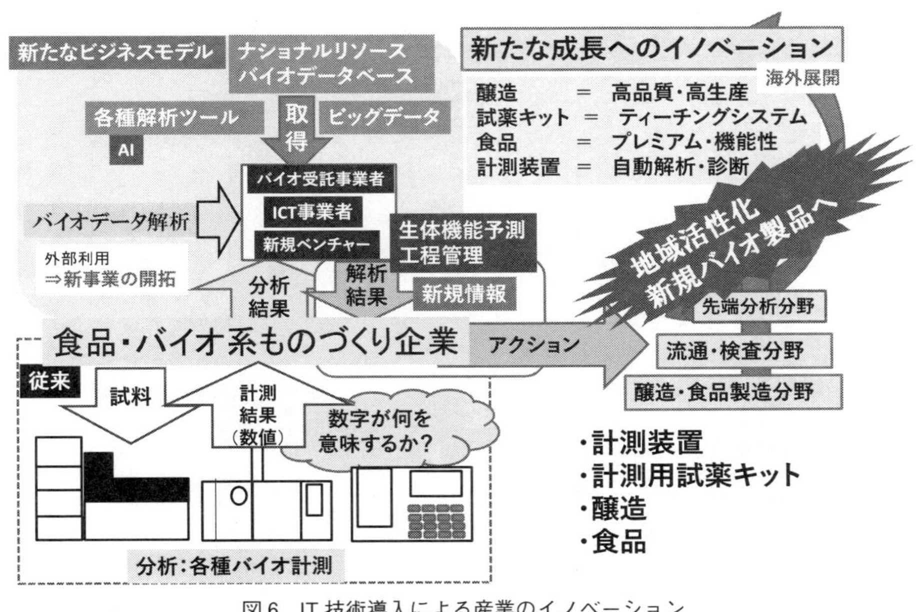

図6　IT技術導入による産業のイノベーション

今後，醸造分野でも分析データの蓄積とともに多くの予測モデルが検討されると思われるが，現在注目されている機械学習モデルも組み込んだシステムが市販され，高性能化した社内のパソコンで運用することが普通のこととなるかもしれない。現状では，不確定要素も多く存在するため，現場の責任者が総合的な判断から製造指示を下すための補助的なツールとして，導入されていくことになる。将来的にIT,AIなどの情報技術の発展により品質を構築する主要成分の解析と醗酵製造モデル（リアクターモデル）の最適化，集積したデータを教師とした機械学習による予測が進めば各種制御装置と連動した自律的な管理システムとして，これまでにない特性を持った新製品や極めて高い生産性を実現するなど産業を革新するキーテクノロジーになるものと考えている。

文　　献

1）宇都宮仁，醸協，**101**，730（2006）
2）M. Sugimoto *et al.*, *J. Agric. Food Chem.*, **58**, 374（2010）
3）N. Mimura *et al.*, *J. Biosci. Bioeng.*, **118**, 406（2014）

第7章　今後の期待する展開

1　脳機能の解明を目指した個体レベルのdata-driven scienceの実装

青木　航*

1.1　はじめに

神経科学におけるひとつの目的は，神経ネットワークがどのように情報を統合して適切なアウトプットを出力するかを理解することである。しかしながら，神経ネットワークは非常に複雑であり，その計算プロセスを理解することは簡単ではない。例えば，線虫 *Caenorhabditis elegans* は302個のニューロンから成るシンプルな神経ネットワークを持ち，ニューロンの全結合パターンであるコネクトームも既に解明されている[1)]。しかし，このようにシンプルな *C. elegans* においてさえ，神経ネットワークと行動の関係はいまだよくわかっていない。

複雑な生命現象の理解を進めるためには，data-driven science が極めて強力である。data-driven science とは，仮説を立てずに莫大なデータを蓄積し，モデルを構築することで生命動作原理の理解を進める方法論である。近年，分析機器の改良とデータ解析アルゴリズムの進化により，今まで実現不可能であった規模で生命現象を解析できるようになってきた。例えば，最先端の質量分析器や次世代シーケンサーにより，ゲノム・トランスクリプトーム・プロテオーム・メタボロームなどのオミックスデータの取得が比較的簡便となった。また，AIによる生命科学研究が近年注目されるように，ディープラーニングをはじめとした機械学習アルゴリズムがさまざまな現象に適用され，複雑な生命現象に対してもモデル化が可能になりつつある。

ビッグデータと機械学習を融合したdata-driven scienceは生命科学の方法論を変えつつあるが，神経ネットワーク研究に対して適用された例は少ない。なぜなら，質量分析器や次世代シーケンサーなどによる従来型のオミックスデータは，遺伝子レベルの現象を理解するためには強力だが，細胞ネットワークレベルの現象には適用しにくいからである。多数の細胞が複雑なネットワーク構造を形成することで創発する生命現象に対しては，細胞レベルのオミックスデータ（cell-omics）を高い再現性と定量性で取得するための方法論の確立が必要不可欠であると考えられる。

近年の研究においては，細胞ネットワークの構造情報の網羅的蓄積を目的とした，記述的セロミクス（descriptive cell-omics）と呼べるアプローチが神経科学を変えつつある。例えば，連続電子顕微鏡法は，さまざまなモデル生物におけるコネクトームの解明に力を発揮している。このような研究は，仮説を立てずに脳の構造情報を網羅的に蓄積することで，莫大な知見を神経科学にもたらしつつある。

---

*　Wataru Aoki　京都大学　大学院農学研究科　応用生命科学専攻　助教；JST さきがけ

しかしながら，脳を理解するためには構造情報だけでは十分ではない。脳の特定の部位がどのような機能を持っているのかという生理学的および行動学的データを網羅的に蓄積することが，コネクトーム情報に基づいた神経ネットワークの計算プロセスをモデル化するために必須であると考えられる。そこで，機能的セロミクス（functional cell-omics），すなわち，複雑な神経ネットワークにおいて，ある任意のニューロンが，ある特定の行動に対してどのような機能を持っているかを網羅的に探索可能な新しい方法論を構築しようと考えた。このアプローチは，複雑な脳構造を持つ哺乳類レベルでも強力であることは，既に実証されている。歴史的に，事故・病気・戦争などを原因とする自然実験により，ヒトの脳に対する網羅的介入実験が行われ，その結果，海馬の機能の発見など，現代神経科学の基盤となるさまざまな発見がなされてきた。このような実験をハイスループットかつシステマチックに神経ネットワークレベルで実行できれば，data-driven science を神経科学に適用する上で重要なマイルストーンになるだろう。

1.2　機能的セロミクスの戦略

最もシンプルな神経ネットワークを持つ *C. elegans* をモデルとし，機能的セロミクスの実装を試みた。機能的セロミクスが必要とする特性は，ハイスループット・仮説フリー・1細胞分解能かつ簡便に，ある任意のニューロンの活性を自由に制御可能なことである。このような方法論を実現するために，オプトジェネティクスと Brainbow テクノロジーに注目した。オプトジェネティクスとは，光作動性チャネルであるオプシンをニューロンに発現させることで，ニューロンの活性を光照射によって自由に制御可能とする技術である[2)]。オプトジェネティクスの開発により，ニューロンの活性化・抑制・破壊といったさまざまな介入実験を優れた時空間分解能で実現可能となり，神経科学の方法論が大きく変わりつつある。しかしながら，従来のオプトジェネティクスでは，どのニューロンにオプシンを発現させるかをあらかじめ考え，適切なプロモーターを選択する必要がある。そのためこのアプローチは，既に存在する仮説を精密に検証するためには効果的だが，まったく新しい発見は生まれにくい（図1(a)）。そこで，従来のオプトジェネティクスの発想を変換し，仮説フリーに神経ネットワークを操作できる方法論を構築しようと考えた（図1(b)）。すなわち，ひとつひとつのニューロンにおいてオプシンが発現するかどうかを確率的に決定するシステムを開発し，さまざまなパターンでオプシンが標識された線虫ライブラリを取得する。この確率的ラベリングを実現するために，Cre-lox システムを基盤とする Brainbow テクノロジーを採用した[3)]。Brainbow テクノロジーによりオプシンでランダムに標識された線虫ライブラリが得られれば，そのライブラリに対して光照射下で行動実験を行うことで，今まで知られていなかったような神経ネットワークと行動の関係をハイスループットに発見できると考えられる。このアプローチは，まず異常な行動を示す個体を発見し，後からどのニューロンが影響していたのかを同定するため，仮説フリーである。これは，順遺伝学の概念—全ゲノムに対してランダムに変異を導入し，何らかの表現型の変化をもたらす遺伝子を後から同定すること—を，細胞レベルで適用したものであるといえる。

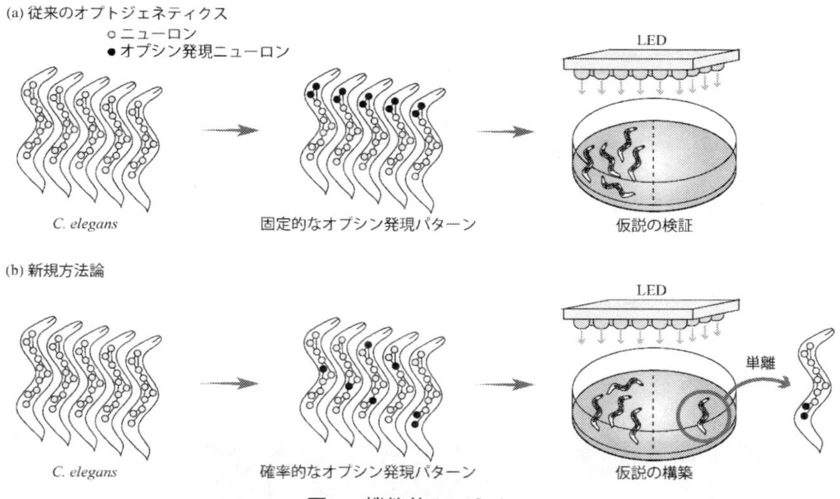

図1　機能的セロミクス

(a)従来の戦略：従来のオプトジェネティクスでは，細胞種特異的プロモーターを用いて，特定の神経細胞のみにオプシンを発現させる。この方法は仮説の検証は得意だが，網羅的な data-driven science には適していない。

(b)本プロジェクトで提唱する新規方法論—機能的セロミクス—では，オプシンの発現パターンがランダム化される。この個体ライブラリに対して光照射下で行動実験することで，多数のデータを一度の実験で取得できる。このデータに基づきモデリングを行うことで，新しい仮説を効率的に生み出すことが可能となる。

1.3　機能的セロミクスの実証

機能的セロミクスを実現するためには，ひとつひとつのニューロンにおいてオプシンが発現するかどうかを確率的に決定可能なシステムを構築する必要がある。当プロジェクトで着目した Brainbow テクノロジーとは，Cre-lox システムを応用することで，あるひとつの細胞においてある遺伝子が発現するかどうかを確率的に決定できるシステムである。このシステムでは，ひとつのプロモーターの下流に複数の種類の *lox* 配列（例えば *loxP* 配列と *lox2272* 配列）を交互に配置し，さらにその間に2種類の遺伝子を配置する。この配列に対して組み換えタンパク質 Cre が作用すると，*loxP* 間の組み換えもしくは *lox2272* 間の組み換えのどちらかが排他的に生じる。その結果，Cre 依存的に，2つの遺伝子のどちらが発現するかを決定できる。

機能的セロミクスを実装するために，Brainbow テクノロジーに基づいて4種類のプラスミドをデザインした（図2(a)）。pCre は，一過性の熱刺激に依存して Cre recombinase を発現するプラスミドである。pSTAR では，全ニューロンで働くプロモーター（*F25B3.3p*）の下流に *lox* 配列，蛍光タンパク質 *mCherry*，そして転写因子 *QF2*^{w} が配置されている。pQUAS_ChR2_GFP は，転写因子 *QF2*^{w} に依存してオプシンを発現させるためのプラスミドであり，本研究ではチャネルロドプシン-2 に GFP を融合させた遺伝子（*ChR2::GFP*）を採用した。また，Cre が作用した後も mCherry の発現を継続させるために，pF25B3.3p_mCherry を構築した。

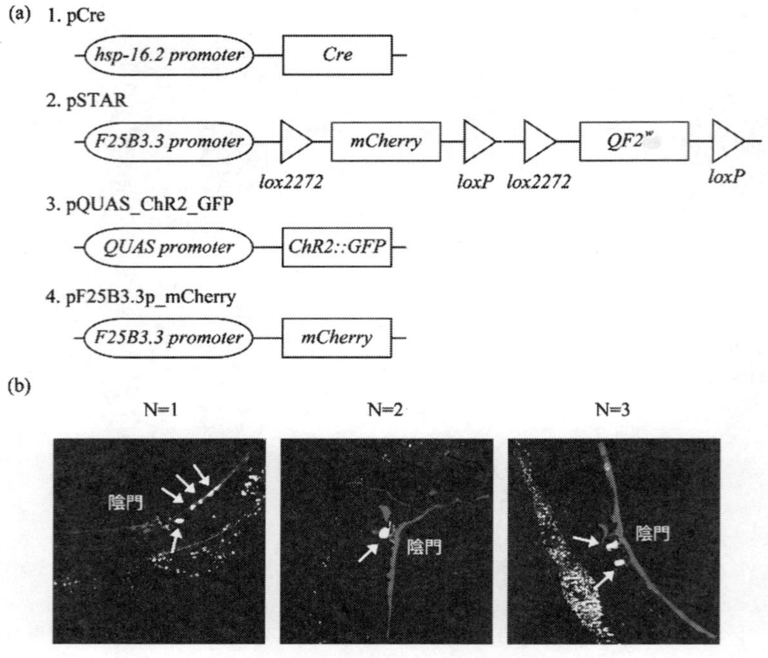

図2　機能的セロミクスの実装

(a) pCreは，熱刺激によりCreを発現させる。pSTARは，Brainbowテクノロジーに基づいたコンストラクトであり，ニューロン特異的プロモーター（*F25B3.3p*）の下流に*lox*配列，*mCherry*，転写因子*QF2*^{w}をコードしている。*lox2272*配列間で組み換えが起きると，QF2^{w}が発現する。pQUAS_ChR2_GFPは，QF2^{w}に依存して，ChR2-GFPを発現させる。pF25B3.3p_mCherryは，ニューロンをmCherryで常に標識するプラスミドである。
(b)オプシンの確率的ラベリング。4つのプラスミドを*C. elegans*に導入し，熱刺激でCreを誘導後，12時間後に蛍光を観察した。ニューロンの数が数えやすい胸部を40x対物レンズで撮影した。ChR2-GFPを発現している細胞が白色で示されている（矢印の先の細胞）。

これらすべてのプラスミドを線虫に導入すると，初期状態では，すべてのニューロンでmCherryのみが発現する。熱刺激で組み換えタンパク質Creを誘導すると，*loxP*間で組み換えられるとmCherryの発現が継続し，*lox2272*間で組み替えられるとQF2^{w}が発現するようになる。QF2^{w}が発現するニューロンではChR2-GFPが発現し，光照射によってこのニューロンを自由に活性化できるようになる。ChR2にはGFPが融合しているため，どのニューロンでオプシンが発現していたかどうかを，行動実験後に簡単に同定可能である。上記4つのプラスミドを線虫に導入し，形質転換体を樹立した。この線虫株を増殖させた後に，一過性の熱刺激を与え，それぞれの線虫個体においてChR2-GFPが確率的に標識されているかどうかを調べた。独立した3匹の線虫個体を単離し，ニューロンの密度が低い腹部を観察したところ，それぞれの個体において異なるパターンでChR2-GFPが発現していることがわかった（図2(b)）。

機能的セロミクスでは，それぞれの線虫個体においてオプシンの発現パターンをランダム化

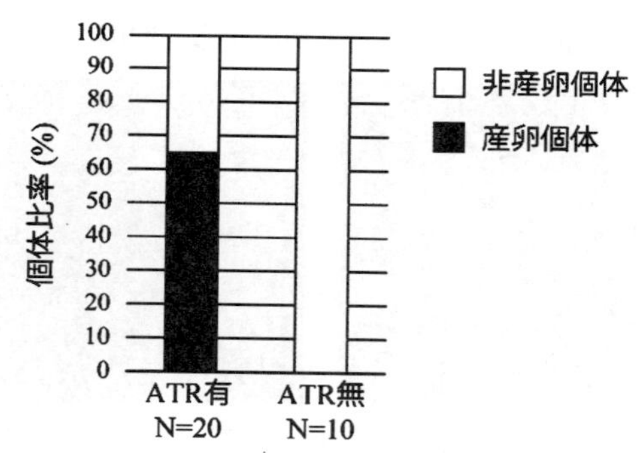

図3　光依存的に Egg-laying behaviour を示した個体の割合
オプシンの確率的標識を行った *C. elegans* に対して，光照射下で行動実験を行った。ChR2 の補因子である all-*trans* retinal（ATR）存在下では，65％の個体が産卵行動を示した。ネガティブコントロールとして ATR を含まない条件で同様の実験を行ったところ，すべての adult 個体が産卵行動を示さなかった。

し，何らかの特徴的な行動を見せる線虫を単離し，後からその行動変化に影響し得るニューロンを同定する。この概念的枠組みが実際に働くことを証明するために，線虫の産卵行動をモデルとして選択した。線虫の産卵行動は比較的シンプルな神経ネットワークによって制御されていることが既に知られている。産卵行動においては，ふたつの Hermaphrodite-Specific Neuron（HSNR と HSNL）が中心的な役割を担っていることが知られている。さらに，HSN が ChR2 によって活性化されると産卵行動が誘導されることも知られている。そこで，機能的セロミクスを用いて HSN を再同定することができれば，この戦略が実際に働くことを示唆できると考えた。

ChR2-GFP をランダムに標識した線虫ライブラリを構築し，このライブラリに対して，光を照射しながら 30 秒間の動画を撮影した。多数の個体の動画を撮影したところ，光依存的に産卵した個体は 65％，産卵しなかった個体は 35％の population を占めた（図3）。一方ネガティブコントロールとして，ChR2-GFP の補因子である all-*trans* retinal（ATR）を含まない条件で同様の実験を行ったところ，産卵行動は観察されなかった。これらの結果から，本実験で観察された産卵行動は ChR2-GFP 依存的であること，また，オプシンの確率的標識により目的の表現型を示す線虫個体が簡便に取得可能であることがわかった。次に，産卵個体と非産卵個体を単離し，確かに HSN に ChR2-GFP の発現が認められるかどうかを共焦点顕微鏡によって確認した。産卵個体と非産卵個体をそれぞれ 3 匹ずつ単離し，陰門近傍を撮影したところ，産卵個体では HSN に ChR2-GFP が発現しているが（図4(a)），非産卵個体では発現していないことがわかった（図4(b)）。

1.4　神経ネットワークの動作原理の理解に向けて

本稿で解説した方法論は，世界で初めて，ハイスループット・仮説フリー・1 細胞分解能かつ簡便という，個体レベルのセロミクス解析を実現するための性質を兼ね備えたものである。実際

(a) 産卵個体　　**(b) 非産卵個体**

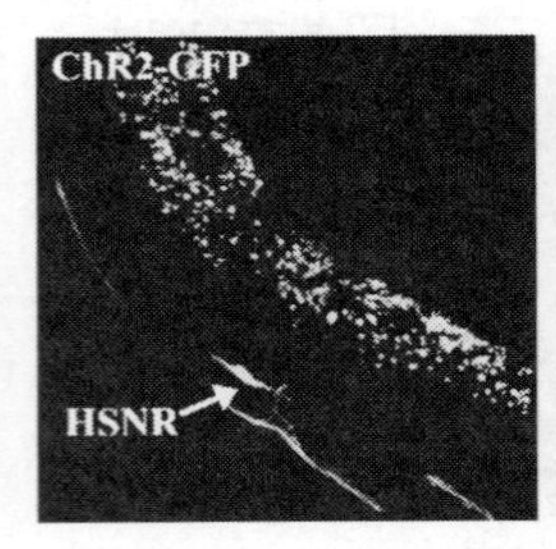

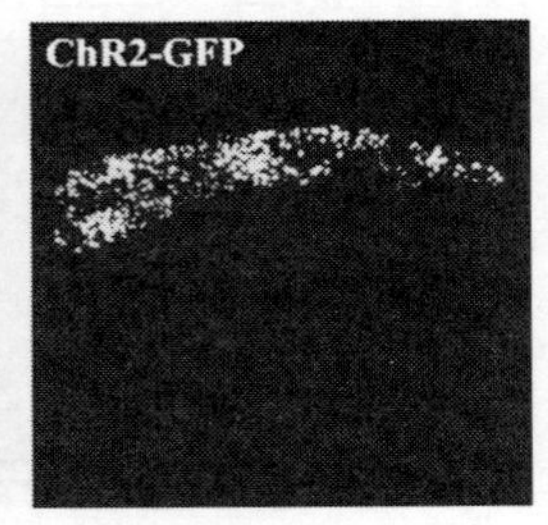

図4　HSNの同定

(a)産卵個体の胸部を共焦点顕微鏡で観察したところ，HSNRにオプシンが確かに発現していることがわかった。全身を10x対物レンズで，また，胸部（全身画像の白枠で囲まれた部位）を40x対物レンズで撮影した。ChR2-GFPを発現している細胞は矢印で示されている。

(b)非産卵個体の胸部を共焦点顕微鏡で観察したところ，HSNにChR2-GFPの発現は認められなかった。

に，*C. elegans*の産卵行動をモデルとして研究を行ったところ，HSNニューロンがオプシンで標識された産卵個体を再現性高く得ることに成功し，これは機能的セロミクスの概念的枠組みが確かに働くことを実証するものと考えられる。

本システムは，既存の方法論と比較してさまざまな強みがある。第一に，特別な機器を必要とせず，どのラボでも簡単に実装可能である。第二に，実現可能な標識パターンに制限がないため，仮説フリーの程度が非常に高い。そのため，遺伝子発現パターンがほぼ同一の左右対称なニューロンペアでも，簡単にラベル分けができる。第三に，1匹の遺伝子組み換え線虫から標識パターンが異なる多数の線虫を生み出せるため，シンプルかつハイスループットである。第四に，本システムでは任意のエフェクターを利用可能であるため，さまざまな方法で神経ネットワークに介入できる。本研究ではオプシンを利用したが，ニューロンの活性に影響を与え得る任意のエフェクターを利用できるため，細胞の破壊・抑制・活性化・遺伝子発現制御など，さまざまな介入が可能である。第五に，線虫のプロモーターライブラリや，$QF2^{w}$やGal4などの遺伝子発現制御システムを利用することで，多様な実験デザインが可能である。例えば，全ニューロンで働くプロモーターではなく特定のニューロンサブセットのみで働くプロモーターを用いて確率的ラベリングを行うことで，より特定の神経ネットワーク領域にフォーカスした機能的セロミクスも実装可能である。また，$QF2^{w}$とGal4を同時に利用することで，複数のエフェクターを同時に用いることができる。例えば，あるニューロンは活性化，あるニューロンは不活性化といった介入実験も可能であろう。

結論として，Brainbowテクノロジーを応用してオプシンの発現パターンをランダム化することで，ある行動に対して影響し得るニューロンを高速かつ網羅的に同定できる可能性を示唆することに成功した[4)]。この結果は，ハイスループット・仮説フリー・1細胞分解能かつ簡便に神経

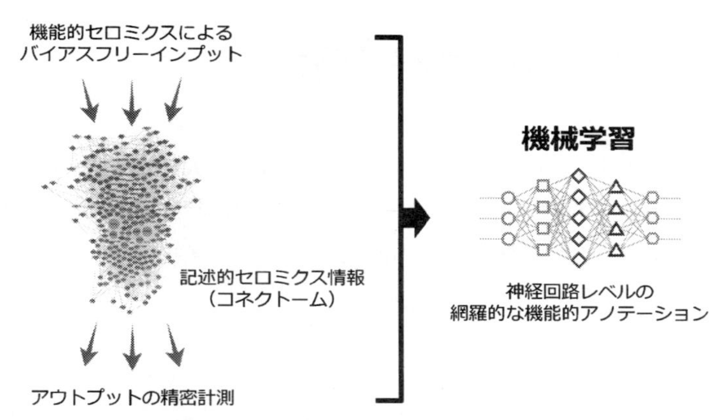

図5　機能的セロミクスと機械学習による神経ネットワークの解析

C. elegans は，連続電子顕微鏡により全ニューロンの結合情報（コネクトーム）が既に明らかになっている。本プロジェクトで開発した機能的セロミクスは，このコネクトーム全体に対してバイアスフリーにインプットを与える技術である。そのインプットに由来するアウトプットを動画解析などで精密に測定し，これらの情報を機械学習にかけることで，非常に複雑な神経ネットワークを効率的に研究できるようになると期待される。

ネットワークのアノテーションを可能とする機能的セロミクスの基本コンセプトを実証するものである。将来的には，記述的セロミクス（脳の構造情報）と機能的セロミクス（脳の働きの情報）を網羅的に実施し，それらを統合してAIなど機械学習を適用することで，複雑な神経ネットワークがどのように感覚情報を統合してアウトプットを出力するのかという神経ネットワーク計算モデルを構築する上で，非常に重要な知見を提供できると考えられる（図5）。そのためのモデル生物として，既に記述的セロミクスが実施されて全ニューロンの相互結合パターンが明らかになっている *C. elegans* は，非常に優れたモデル生物であると考えられる。本稿で解説した新しい機能的セロミクスにより，再現性および定量性を高く脳の機能情報が集められれば，脳のコンピューティングモデルを構築する上で重要なデータとなるだろう。

文　献

1） J. G. White *et al.*, *Philos. Trans. R. Soc. Lond. B. Biol. Sci.*, **314**, 1 (1986)
2） E. S. Boyden *et al.*, *Nat. Neurosci.*, **8**, 1263 (2005)
3） J. Livet *et al.*, *Nature*, **450**, 56 (2007)
4） W. Aoki *et al.*, Cellomics approach for high-throughput functional annotation of *Caenorhabditis elegans* neural network, in press

2　定量データに基づく生体情報処理の同定

本田直樹*

近年，生命動態を計測する技術が発展し，これまでにない膨大な量のデータを得ることができる時代へと突入している。本稿では，定量データを数理的に解析することで，生体内でどのような情報処理が行われているのかを解き明かす逆問題的アプローチを紹介する。

2.1　背景

生物の振る舞いを見ていると，一定の目的を持っているように感じる。例えば，動物は環境からの情報をもとに餌を求めて探索し，また胚発生過程では細胞同士がコミュニケーションすることで協調して体が形づくられる。つまり，生物はある目的（生命機能）を達成するために，外界からの情報を内部で処理し，適切な出力を出していると言える。このような生体内情報処理を明らかにするためには，どのようなアプローチが考えられるのだろうか？

分子生物学の発展によって，生命を支える物質基盤（遺伝子・分子）が同定され，細胞レベルの情報処理を担う細胞内シグナル伝達経路や遺伝子回路が明らかになってきた。それに伴い，ボトムアップ的に細胞内プロセスの数理モデルを構築し，シミュレーションすることで，コンピュータ上で生命現象を再現する研究が展開されている。また，数理モデルを解析することで，動的な現象のシステム特性を理解し，生命機能が成り立つ条件を明らかにすることができる。このような数理的アプローチはこの10年で広く受け入れられてきたものの，しかしながら，モデルパラメータのほとんどが未だ不明であることや，実データに基づく検証に乏しいことが問題になっている。

一方で，動的な生命現象を計測するイメージング技術やRNAシーケンシング技術が発展し，特に蛍光タンパク質を用いたライブイメージングによって，一細胞から多細胞組織，個体にわたる各階層において生体分子の時空間的動態を可視化することが可能になっている。これらの技術によって定量化される分子および細胞の時空間動態は，生命システムが行う情報処理の様式を反映していると考えられる。今後さらに計測技術が発達しビッグデータが蓄積されていく状況を鑑みると，定量データから生体内で行われている情報処理を明らかにする逆問題的アプローチは今後の生命科学研究にとって重要な位置を占めるであろう。

これまで筆者は定量データを数理的に解析することで，生命現象の裏に潜む情報処理や規則を明らかにする研究を行ってきた[1~8)]。本稿ではそのうち3つの研究を紹介する[1,4,6)]。

2.2　細胞移動における細胞内情報処理の同定

これまで多くの研究によって，細胞内シグナル伝達経路が詳しく同定されてきた。しかし，経

＊　Naoki Honda　京都大学　大学院生命科学研究科　特定准教授

路図をいくら眺めていても，実際に細胞がどのような情報処理（入出力変換）を行っているのかを想像することは困難である。そこで筆者らは，移動性細胞における分子活性のイメージングデータから機械学習を用いて細胞内でどのような情報処理が行われているのかを推定する逆問題的アプローチを行った[1,2]。

細胞移動は，胚発生や創傷治癒，免疫応答などの様々な生命機能を支える上で重要な役割を果たしている。細胞移動やそれに伴う形態変化は，細胞骨格系であるアクチンフィラメントがダイナミックに再編（重合・脱重合・分岐・切断）することで駆動される。アクチンフィラメントの再編を担う分子は多く存在するが，それら分子をまとめて制御するCdc42やRac1といったRhoファミリー低分子量Gタンパク質（以下，RhoGタンパク質）は細胞の移動や形態変化を司るマスター分子である。本研究ではまず，Cdc42やRac1の活性をそれぞれ観測することができる特殊な蛍光バイオセンサー（FRETバイオセンサー）を移動性細胞に発現させ，イメージングを行った。これにより，細胞移動やダイナミックな形態変化と同時に，Cdc42やRac1の時空間的な活性も観測することができる（図1(A)）。

得られたイメージングデータから現象の裏に潜む情報処理を抽出するためには，情報処理を行うシステムを定め，その入力と出力を決めなければならない。ここでは細胞膜直下におけるRhoGタンパク質の活性化によって細胞形態が伸長・収縮する過程に興味があるので，RhoGタンパク質の下流経路が行う情報処理に着目し，「RhoGタンパク質の分子活性」を入力，「細胞形態変化」を出力とした。これらの入出力変数をイメージングデータから数値として定量化するために，複雑に変化する細胞形態をトラッキングする画像処理アルゴリズムの開発を行った（図1(B)）。これによって，細胞膜に沿った分子活性および形態変化の時系列データを取得した（図1(C)）。

さて，この入出力の時系列データからどのように情報処理を明らかにできるのだろうか？ 機械学習としては，入力から出力を予測する関数をデータから学習する回帰問題を解けば良いのだが，ここでは最もシンプルな線形回帰を用いる（図1(D)）。つまり，ある時刻ある場所における形態変化を，それよりも過去の分子活性の時空間的履歴を重み付き和したもので表現する。これら重みの集合を応答関数と呼ぶ。応答関数は過去の分子活性が現在の形態変化に対してどのように影響しているのかといったフィルタ特性を表している。一方で応答関数は制御工学でいうところのインパルス応答と等価であり，「一過的かつ局所的にRhoGタンパク質が活性化した場合，将来，細胞形態変化が時空間的にどのように広がっていくのか」を表してもいる。このように情報処理として生物学的に意味のある解釈ができるのは，線形を仮定したからであることに注意されたい。もしカーネル法やニューラルネットワークなどの非線形なデータ構造を扱うことのできる手法を用いた場合，線形回帰より高精度の予測を得ることができるかもしれないが，生物学的に意味のあることは言えない。

応答関数の推定は，データに対する過学習を防ぐために，最小二乗法に正則化項を加えたリッジ回帰を用いた。推定の結果，Cdc42およびRac1の応答関数はV字型プロファイルを示した。

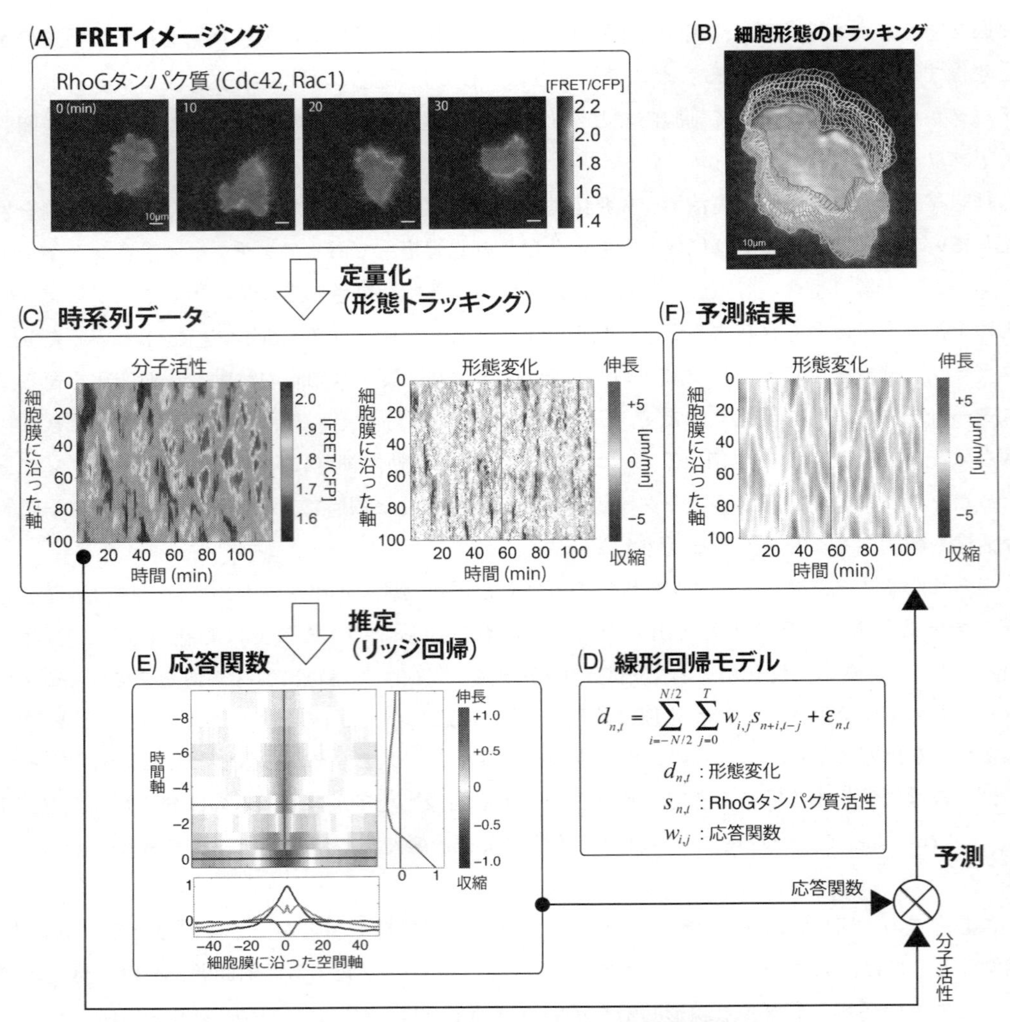

図1　イメージングデータから細胞内情報処理の同定

つまり，RhoG タンパク質の分子活性は局所的かつ一過的に細胞形態の伸長を誘導し，その伸長が空間的に伝搬していることが分かった（図1(E)）。また，応答関数の時間軸に注目すると，正から負の値に変化していることから，細胞形態の伸長は分子活性が時間的に増加した時に誘導されていると言える。つまり Cdc42 および Rac1 の下流パスウェイは微分検知としての情報処理を行っているのである。

応答関数の妥当性は，細胞形態変化を予測してみせることで示すことができる。我々は，時系列データの前半を学習データとして応答関数を推定し，後半をテストデータとして用いて Cdc42 および Rac1 の分子活性から細胞形態変化を予測できることを確認した（図1(F)）。また細胞毎に応答関数を比較したところ，応答関数の V 字型プロファイルは細胞にまたがって共通するも

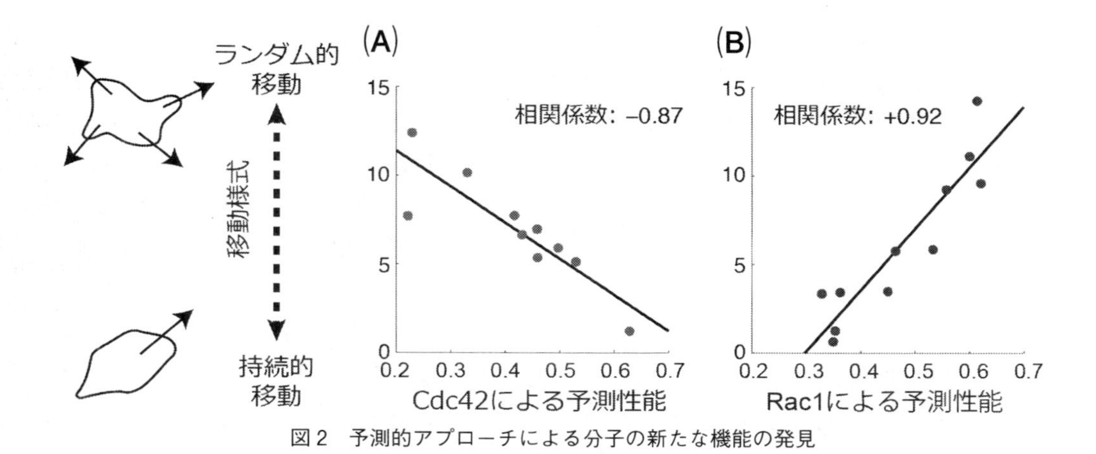

図２　予測的アプローチによる分子の新たな機能の発見

のであった。しかしながら，実は応答関数を用いて予測できる細胞がある一方，予測できない細胞も存在し，細胞毎に予測精度がバラついている。予測できない理由として，他のシグナル伝達経路の影響が細胞移動に対して優勢になっているのかもしれない。

そこで，予測精度が高いほど，その分子の細胞移動に対する貢献度が高いという仮説のもと新たな解析を行った。横軸に各細胞の Cdc42 活性による予測精度（形態変化の予測と観測の相関），縦軸に各細胞の移動様式の散布図をプロットした。移動様式の軸は，上に行くほどランダム的移動を，下に行くほど持続的移動を表す。すると，非常に高い正の相関を得た（図２(A)）。同様に，Rac1 活性による予測精度および移動様式の関係をプロットしたところ，Cdc42 の場合とは逆に，非常に高い負の相関を得た（図２(B)）。すなわち，Cdc42 はランダム的移動を示す細胞において，Rac1 は持続的移動を示す細胞において，細胞移動に対して貢献度の高い役割を果たしていると言える。

先行研究では，Rac1 や Cdc42 のほとんどが活性化もしくは不活性化した極端な条件下において分子の役割が調べられてきた。また，これまでの多くのイメージング研究では現象の記述がほとんどで，数理的な解析は稀であった。一方で本研究では，イメージングデータを予測的アプローチでもって解析することで，イメージング動画を眼で眺めているだけではこれまで気がつくことができなかった分子の役割を明らかにすることができた。

同様のアプローチによって，線虫神経細胞の情報処理をも明らかにすることにも成功している[3)]。

2.3　成長円錐走化性の細胞内情報処理

神経回路の発生において軸索が目的の脳部位へと投射する過程は，軸索末端に存在する成長円錐の走化性によって担われている。興味深いことに，成長円錐は一般的な走化性細胞（細胞性粘菌や免疫系細胞など）とは異なり，同じ細胞外ガイダンス分子に対して誘引と忌避の両方を状況に応じて示す。しかしながら，そのメカニズムは良く分かっていなかった。そこで筆者らは，走化性シグナル伝達の数理モデルを構築し，実験データをもとに成長円錐がどのような情報処理を行うことで誘引的および忌避的走化性を示すのかを推定する逆問題的アプローチを行った[4)]。

成長円錐および一般的な走化性細胞におけるシグナル伝達経路には，活性因子・抑制因子，並びに共通のエフェクター分子からなる共通した構造が存在することに注目し，数理モデルを構築した（図 3(A)）。それぞれの因子はガイダンス分子に対して特定の用量反応曲線に従い活性化する。またガイダンス分子の濃度勾配が与えられると，活性因子および抑制因子も細胞内で勾配を形成する（図 3(B)）。また用量反応曲線の傾きが急であるほど，細胞内勾配は急になる。つまり，活性因子および抑制因子の左右差は，それぞれ用量反応曲線の微分におおよそ比例する。また，エフェクター分子は成長円錐の運動性を制御し，その活性は活性因子と抑制因子の比で決まる。ここで走化性応答はエフェクター分子の勾配に比例するとした。つまり，エフェクター分子がガイダンス分子と同じ方向の勾配を持つ場合，成長円錐は誘引を示し，逆向きの勾配を持つ場合は忌避を示す。

モデルを解析したところ，細胞外勾配に対する走化性応答を図 3(B)に示した数式で表すことができた。この数式を用いて，ガイダンス分子の濃度に依存して走化性応答がどのように変化するのかを調べた。その結果，活性因子および抑制因子の用量反応曲線のプロファイルに対応して，様々な走化性応答を示すことが分かった（図 3(C)）。つまり，ガイダンス分子濃度依存的な走化性応答の実験データがあった場合，逆に活性因子および抑制因子の用量反応曲線を推定できるのである。

この研究において，筆者らは成長円錐に対してガイダンス分子である Netrin-1 を模した濃度勾配を与え，その濃度を増加させていくと，忌避から誘引，そして再び忌避に戻るという，これ

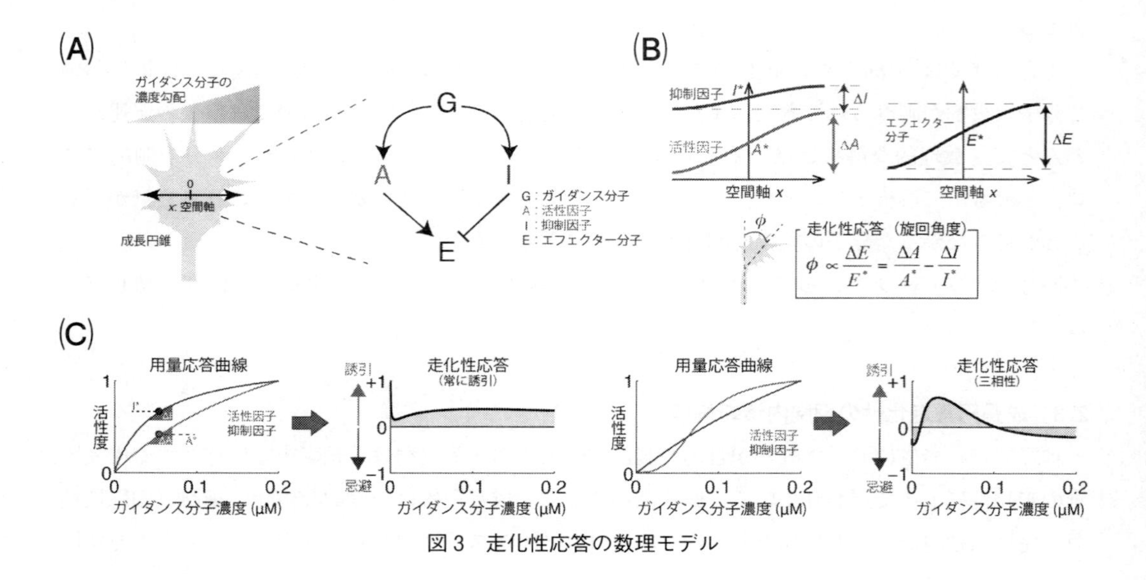

図 3　走化性応答の数理モデル

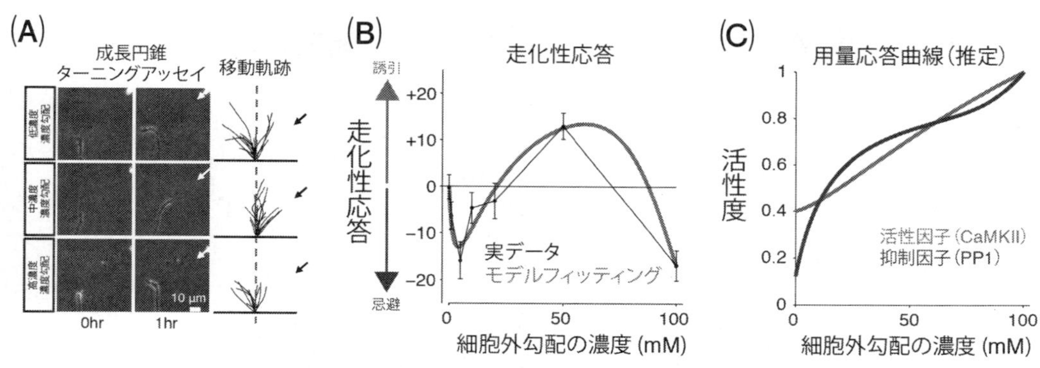

図4　成長円錐における情報処理の同定

までに知られていない三相性の走化性応答を発見した（図4(A), (B)）。そこで，実験で得られた走化性応答のデータから，成長円錐の活性因子（CaMKIIに対応）および抑制因子（PP1に対応）の用量反応曲線の推定を行った（図4(C)）。この推定したモデルを用いることで，薬剤によるCaMKIIおよびPP1の抑制が成長円錐の走化性応答に与える効果を予測することに成功した。

本研究では，成長円錐と一般的な走化性細胞の違いを統一的に理解するモデルを提案し，また濃度依存的な走化性応答のデータから細胞内情報処理を明らかにした。さらに，このモデルを拡張することで，感覚系神経回路で普遍的に見られるトポグラフィックな軸索投射の形成メカニズムも明らかにすることもできている[5]。

2.4　精子幹細胞ダイナミクスの同定

毎日作られる膨大な数の精子は，精巣に複数存在する精子幹細胞から生産される。一般的に，全ての幹細胞は一律に精子を作っていると信じられているが，実際のところよく分かっていなかった。例えば，造血幹細胞は多数ある幹細胞のうち，一部のみが分裂，分化しており，残りは休眠していると考えられている。それでは精子幹細胞はどうなっているのだろうか？ そこで筆者らは，各精子幹細胞由来の仔が産まれるタイミングを追跡した時系列データから，裏に潜む精子幹細胞ダイナミクスを推定する逆問題的アプローチを行った[6,7]。

それぞれの精子幹細胞の遺伝情報が仔へと伝達する様式を調べるため，幹細胞それぞれに固有の標識を施し，その動態を調べた（図5(A)）。まず正常マウスの精巣から精子幹細胞を取り出し，試験管内でウイルスを導入し感染させた。ウイルス遺伝子は染色体のランダムな位置に挿入されるため，個々の細胞は特異的に標識される。この標識された精子幹細胞を，先天的に精子形成が欠損している変異マウスの精巣に移植した。これにより約500個の精子幹細胞が精巣に生着し，ホストマウスは生殖能を有するようになる。そして，ホストマウス10匹を最長2年にわたってメスマウスと交配できる環境に置き，生まれた合計1,325匹の仔について，それぞれどの幹細胞（クローンタイプ）に由来しているかを同定した。

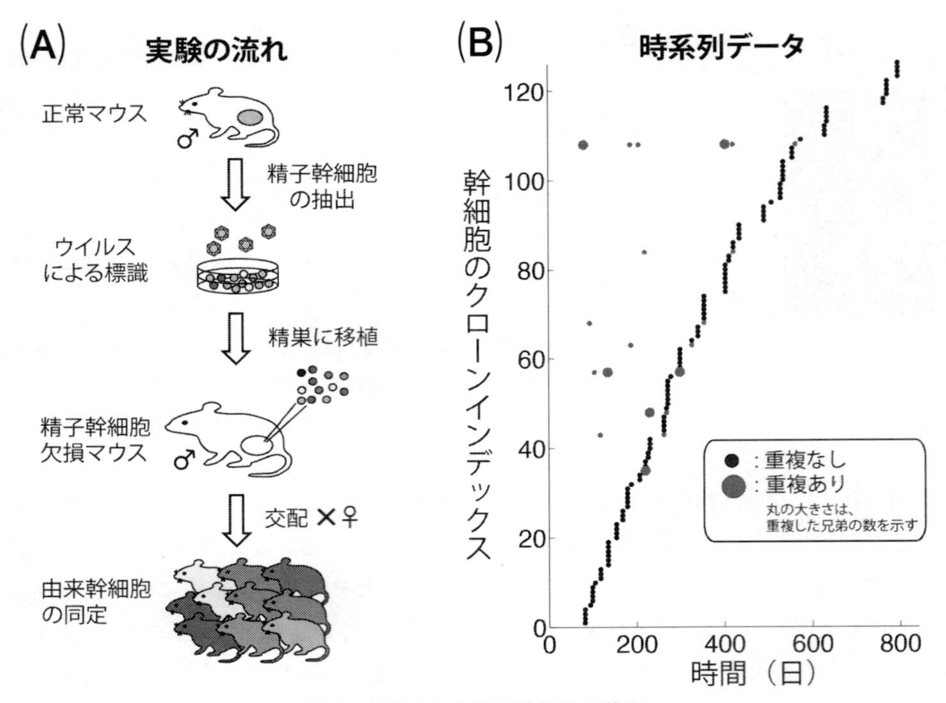

図5　標識された精子幹細胞の動態

産まれた仔のクローンタイプの時系列データを図5(B)に示す。黒点は一度しか現れなかったクローンタイプで，赤点は重複して現れたものである。さて，この時系列データから何が読み取れるだろうか？ 精子幹細胞は約500個もあるにも関わらず，あまりにも同じクローンタイプが複数回出現していることに気がつく。つまり，一部の精子幹細胞のみが精子形成に貢献している可能性を示している。そこで，仔のクローンタイプは一部の精子幹細胞からランダムに選択されるというモデルのもと，実際に精子形成している幹細胞の数を最尤推定法により見積もった。その結果，実際存在する約500個の幹細胞よりも少ない100～200個と推定された。

さらにデータを注意深く観ると，同じメスマウスから産まれた兄弟間にも重複が多く存在することに気がつく。そこで，仔のクローンタイプは精子形成している幹細胞からランダムに選択されるという帰無仮説のもと，観測された仔の出産パターンに従ってモンテカルロサンプリングを行った結果，実際に観測される兄弟間の重複は統計的に起こり得ないことを示した。つまり，精子幹細胞は均一かつ定常に精子形成を行っているのではなく，一過的なバースト状の精子形成を示すことで，兄弟間の重複が生じている可能性が示唆された。

この可能性を調べるため，同じクローンタイプの仔が産まれる間隔のヒストグラムをプロットすると，周期的な構造を発見した（図6(B)）。同一のクローンタイプの仔が同じメスマウスから兄弟として産まれる頻度が最も高く，その後低下するが，一定間隔を空けて再び上昇する。この結果は，幹細胞が精子をつくる活性は一過的に上昇し，その後一定の不応期が経過すると，再び

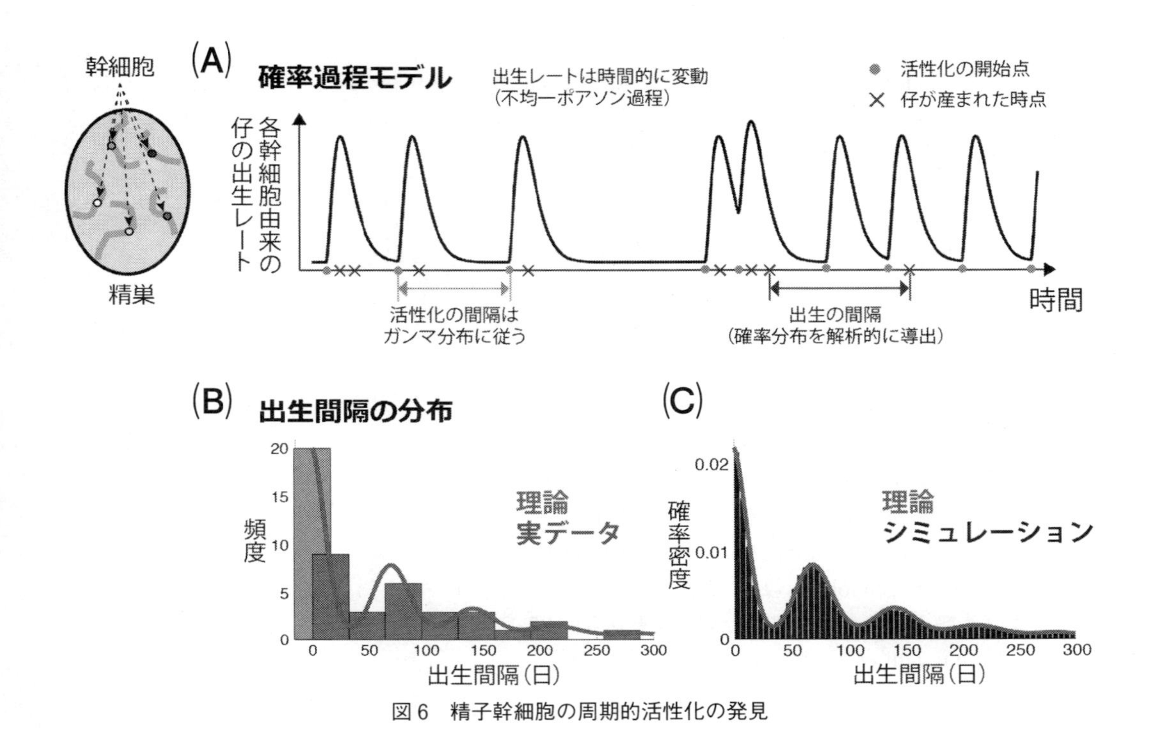

図6　精子幹細胞の周期的活性化の発見

活性が一過的に上昇している可能性を示している。

この可能性を検証するため，確率過程を用いた数理モデル化を行った（図6(A)）。各クローンタイプの仔の出現頻度が時間的に変動する不均一ポアソン過程とした。この出現頻度は，幹細胞の一過的な活性が何度も引き起こされることで，増減を繰り返すとした。幹細胞の一過的活性の発生も確率過程とし，その間隔はガンマ分布に従うものとした。

さて次にやりたいことは，パラメータを調節することで，このモデルが実際の周期的な間隔分布を再現しうるかを検証することである。このモデルをモンテカルロシミュレーションすることで間隔分布を求めることができるが（図6(C)），膨大な数の繰り返し計算が必要であり，ましてやパラメータを推定することなど，計算コスト的に非現実的である。そこで筆者は，同じクローンタイプの仔が出現する間隔の確率密度分布を解析的に求めた（導出は割愛する）。この確率密度分布は畳み込み積分を含んだ複雑なものであるが，数値的には簡易に計算できる。これにより，実データからモデルパラメータを推定し，数理モデルが実際の間隔分布を再現することが分かった（図6(B)）。その結果，各々の幹細胞の活性は一過的に増大し，その後一定の不応期に入るというモデルの妥当性が示された。

この結論は実験と数理の融合なしでは成し得なかったものである。またこの研究によって，精子幹細胞は活性期間と休止期間を周期的に繰り返していることを示し，これまで知られていなかったダイナミックな精子幹細胞の活動を明らかにすることができた。

謝辞

本稿で紹介した研究は共同研究者（山尾将隆博士・石井信教授・国田勝行助教・青木一洋教授・松田道行教授・Makoto Nishiyama 助教・Kyonsoo Hong 准教授・篠原隆司教授・篠原美都助教）なしには成り立たないものであり，ここに感謝の意を表する。

文　　献

1） M. Yamao *et al.*, *Sci. Rep.*, **5**, 17527（2015）
2） 本田直樹，生体の科学，**65**，468（2014）
3） Y. Tsukada *et al.*, *J. Neurosci.*, **36**, 2571（2016）
4） H. Naoki *et al.*, *Sci. Rep.*, **6**, 36256（2016）
5） H. Naoki, *PLoS Comput. Biol.*, **13**, e1005702（2017）
6） M. Kanatsu-Shinohara *et al.*, *Dev. Cell*, **38**, 248（2016）
7） 篠原美都，本田直樹，篠原隆司，実験医学，**35**，1297（2017）
8） S. Yamaguchi *et al.*, *bioRxiv*, 129007（2017）

3　生物種を横断した情報の整備

高野敏行*

3.1　生物横断研究の流れ

学術成果を速やかに社会に還元することを求める風潮は，ある程度，生物種で括られたコミュニティにいる基礎研究者の目を医療や環境分野など実学へと向かわせる効果はあった。同時に，ゲノム編集技術の革新，発展にともない，モデル生物あるいは特定の生物でしかできないと思っていたことが，どんな生き物でもでき始めた。これは生命科学の裾野を広げ，各生物種の情報の共有・利用を促進するだけでなく，これまでにない精度と視野で生き物を直接，比較，評価できることになったといえよう。さらにいえば，分業によらず個人で，複数の生き物を操つりながら，自らの手で得られた知見の普遍性や特殊性を正当に評価できる環境が整った。

ではそうした情報と環境はどこで手に入れられるか。情報は当然，公共のデータベースやデータウェアハウスということになる。例えば米国の国立衛生研究所（National Institutes of Health, NIH），国立ヒトゲノム研究所（National Human Genome Research Institute，NHGRI）は次のようなヒトおよび各種のモデル生物データベースを支援している。

・OMIM（Online Mendelian Inheritance in Man，https://www.omim.org）
・ショウジョウバエ（FlyBase, a Database of *Drosophila* Genes & Genomes，http://flybase.org）
・マウス（MGI，The Mouse Genome Informatics，http://www.informatics.jax.org）
・ラット（RGD，The Rat Genome Database，http://www.rgd.mcw.edu）
・酵母（SGD，*Saccharomyces* Genome Database，https://www.yeastgenome.org）
・線虫（WormBase, The *C. elegans* Genome Database，http://www.wormbase.org）
・ゼブラフィッシュ（ZFIN，the Zebrafish Information Network，http://zfin.org）

3.2　統一化に向かうモデル生物データベースの現状

私たちには唐突で驚いたことに，2016 年以降，こうしたデータベースの予算削減の動きが活発になった（Science 誌，1 月 1 日号，“Funding for key data resources in jeopardy”，Nature 誌，6 月 21 日号，“Funding for model-organism databases in trouble”）。国立衛生研究所は本来の趣旨を，個別に運営されていたデータベースを統合することを目指していて，それにともなう変化としている（Alliance of Genome Resources，http://www.alliancegenome.org）。それぞれ，生物固有の，あるいはデータベース固有の歴史背景があり，各種のデータの質，量から種類の違いに加え，語彙も共通化されていない。拙速な統一の動きは運営の障害となろうが，語彙の共通化など進むべき方向は正しい。

ただし，すべてを包含したオールインワン型のデータベースひとつで十分とはなるまい。例え

＊　Toshiyuki Takano-Shimizu-Kouno　京都工芸繊維大学　応用生物学系／昆虫先端研究推進拠点　教授

ば，モデル生物データベースのオープンソースデータの取得や比較ができる InterMine（http://intermine.org）と名付けられたデータウェアハウスでは，YeastMine，FlyMine，MouseMine，HumanMine といったように，研究者の得意とする生物を想定し，使いやすさを目指している。実際，専門外のものには遺伝子名や遺伝子型，表現型ですら表記のルールや語彙に馴染みがなく，現行のデータベースの利用の障害となっている。また，データベースにはコミュニティに固有の方法で取得された，様々な大量データが溢れている。コミュニティ内ですら，追いつかないほどである。よそのコミュニティからすると，とっつきにくいこと甚だしい。データの入力から出力まで，統一化は進むべき道であるが，利用者へは多様な形での提示が望まれる。

3.3 オーソログによる生物横断検索

統合データベースの横串として，有機的に生物をつなぐのは“遺伝子”である。多くの場合，共通祖先に由来するオーソログ（相同遺伝子）は，種が違っても同じ機能を担っていると考えられる。実際，異種のオーソログ遺伝子で突然変異を救済できる例が多数みつかっている。1985 年に出芽酵母で $RAS1^-$，$RAS2^-$ 二重変異体の表現型をヒトの HRAS 遺伝子で救済できること（Kataoka *et al.* 1985）が，1987 年には分裂酵母で cdc2 突然変異をヒトの CDK1 で救済できること（Lee and Nurse 1987）が示された。その後，出芽酵母の 424 遺伝子についてヒト化が進められ，200（47%）遺伝子で代替可能であることが示されている（Kachroo *et al.* 2015）。およそ 10 億年前に分岐した酵母とヒトで，遺伝子の機能が保存されているのは生命の連続性を強く物語っている。酵母の 1/3 を超える遺伝子についてヒトにオーソログを見出すことができることを考えると，ゲノム全体で 2,000 遺伝子についてヒト化することができることになる。酵母—ヒト間の代替性の成否には，遺伝子全体のアミノ酸配列のホモロジーの程度というより，どういった遺伝子カスケードやタンパク質複合体に属すかが重要となっている。逆にいえば，ある特定のカスケードや複合体の全体がユニットで代替可能であることを示唆している。

当然，より近縁な種間であれば代替可能な遺伝子は増えるはずである。P-POD（Princeton Protein Orthology Database）ではタンパク質ファミリーごとに遺伝子の代替性，機能の保存性に関するデータを論文からマニュアルで抽出，整理して掲載している。

3.4 生物横断を柱として進む希少疾患研究

モデル生物において機能の保存性（代替性）が成り立てば，ヒトの疾患候補変異などミスセンス変異の影響を迅速に，高感度で評価・スクリーニングが容易になる。こうして，変異遺伝子を導入したパーソナライズ系統の作出と解析が進んでいる。特に希少疾患の原因解明に役立てられると取り組みが加速している。希少疾患の定義は国によって異なるが，7,000 を越す希少疾患があるといわれ，欧米では 10～20 人にひとりが罹患していると見積もられる。80%にもあたる大部分の疾患は遺伝性で，突然変異や遺伝子の障害と考えられている。しかし患者が少ないため，技術的にも，予算面でも条件は厳しく，原因解明は遅れている。そのために病気の発見が遅れ，患者は適切な処置やケアを受けられず，困窮している。

この状況を改善するため，欧米，インド，中国，日本などで国際連携しながら希少疾患への取り組みが活発化している。この取り組みに特徴的なのは，患者から臨床医，基礎研究者，資金提供機関までが一体となって事業を担っている点にある。これまでにないスケールでの異分野の融合と交流の始まりと期待される。

なかでも米国の未診断疾患ネットワーク（Undiagnosed Diseases Network）は，モデル生物スクリーニングセンターを組織し，原因解明を急いでいる。スクリーニングセンターではキイロショウジョウバエとゼブラフィッシュのヒト化，パーソナライズ化を実行する。ただし，まずは酵母，線虫，ショウジョウバエ，ゼブラフィッシュ，マウス，ラットといったモデル生物データベースから網羅的に情報を集める必要がある。MARRVEL（Model organism Aggregated Resources for Rare Variant ExpLoration, http://marrvel.org）は，ヒトの遺伝子あるいは変異から様々な情報を集めることができるウェブツールである。OMIM に掲載されている関連する疾患の表現型やアレルの情報，さらに多型情報に加え，オーソログの各モデル生物データベースの情報を Gene Function Table として一覧できる。ただし，発現情報と Molecular Function などの GO のみで，表現型などの詳細な情報は各データベースを閲覧しなければならない。

GO term は生物種を問わず共通語彙としてカタログ化された用語で，機能や関係するプロセスを特定するのに便利である。だが表現型の情報があればもっと役立つ。これが遅れている理由は，表現型を記載する語彙が生物種によって一致していないためである。例えばオス不妊は，ヒトでは「Male infertility」（MeSH Heading；Human Phenotype Ontology）を推奨するが，ショウジョウバエでは「Male sterility」（flybase-controlled-vocabulary）である。同じ内容であったとしても異なる語彙が使われると，自動化による情報の取得や整理を遅らせるだけでなく，利用者が混乱することになる。

3.5　表現型で横断できるか：フェノログの試み

また，オーソログだからといって必ずしも突然変異の表現型が同じになるわけではない。ショウジョウバエの *eyeless* 遺伝子を機能破壊すると眼がなくなる．また，Dickie's small eye ともよばれるマウスオーソログの Pax6 も同様の表現型を示す。両者とも異所発現によってショウジョウバエの様々な組織に複眼様の構造をつくることができることから眼の形成のマスタースイッチとして働くことがわかっている。線虫にも *vab-3*（*variable abnormal morphology-3*）と名付けられたオーソログは存在するが，かれらには眼がない。このように明らかなオーソログで，分子機能も同じと予測されても，突然変異の表現型が異なることはある。さらに，体の構造，組織・器官の違いだけでなく，遺伝子と表現型の関係が多対多になることから，ある種の表現型から別の種の表現型を予測することは決して容易ではない。

しかし，逆にオーソログの表現型から異種間の表現型を結びつけることは可能である。Marcotter らのグループ（Kriston *et al.* 2010）はこれを相同な表現型，“フェノログ（phenolog）”

と名付けている。例えば，ヒトの乳がん，卵巣がん関連の遺伝子群と線虫の性比がオスに歪む突然変異を示す遺伝子群に偶然に期待されるよりも多くのオーソロガス遺伝子ペアがみつけられる。このため，この両種の表現型がフェノログということになる。線虫ではX染色体の不分離は，X染色体を1本しかもたないオスを生み出すことになる。X染色体の不安定さと乳がんや卵巣がんの発症との間に関連があるかもしれない。重要なことは，こうした表現型の関連付けは，新たな疾患候補遺伝子の発見につながる有効な手法となりえることである。こうした有効利用を促進するためにも，表現型を表す語彙を統一し，情報の共有化，ウェブ上での見える化を進めることが今，喫緊の課題となっている。

3.6 生物横断を容易にするための情報整備：データベース化を容易にする論文形式の導入

これまで研究者は慣習や雑誌のフォーマットに従うといっても，比較的，自由に論文を書いてきた。これをできるだけ統一された形式でデータベースに掲載するには，キュレーターは多大な努力を払うことになる。雑誌数，論文数は増加の一途を辿り，データベース運営者は予算面でも厳しい状況に追い込まれている。キュレーター作業の効率化は，語彙の統一化とも関連する課題である。

作業が半自動化されたといえ，今でもデータベースの質を決めているのはキュレーターである。実際のところ，毎日，多数のビュワーがいることを考えると公共のデータベースの費用対効果は非常に高いといえる。しかし，予算の制約を考えると，さらに作業効率の向上が求められる。この流れで考えられているのは，ひとつには論文からの情報の抽出を正確に自動化できるシステムの構築である。Cell誌は2016年からそれまでの形式のExperimental Proceduresを改め，構造化されたSTAR Methodsフォーマットを採用した。殊に，系統や試薬，解析ソフトなどを明示する表を作成することを要求している。これにより遺伝子やアレルと表現型などのリンクなどが正確に自動化できるだけでなく，論文から新たな開発資源の抽出も容易になる。

この流れの延長には，哺乳類を超えて包括的な表現型語彙の統一がくるだろう。この統一化には著者が使える語彙にある程度の制約をかけることも必要になる。もちろん，すべての生物を包含した語彙集ともなれば，かなり大きなものになろうが，ジーンオントロジーやMeSH Headingが採用しているような構造化によって，検索は容易にできるはずだ。親しみのある語彙によって，違う生き物の情報の理解が早まり，深まるとともに，積極的な利活用も進むと期待される。

3.7 サイバーから実研究を加速するためのインフラ整備

生命科学の研究スピードを上げるのは情報だけではない。*in vivo* と *in vitro*，生体と培養細胞といった材料の使い分けは多くの研究者が行っている。しかし，マウスとショウジョウバエ，ヒトと酵母といった両刀使いは多くない。こうした実研究での生物横断はメリットがあるだろうか。研究材料を自由に変えることは，経費の削減につながるだけでなく，研究スピードの向上にも役立つことは間違いない。課題は，それを行う環境整備にある。

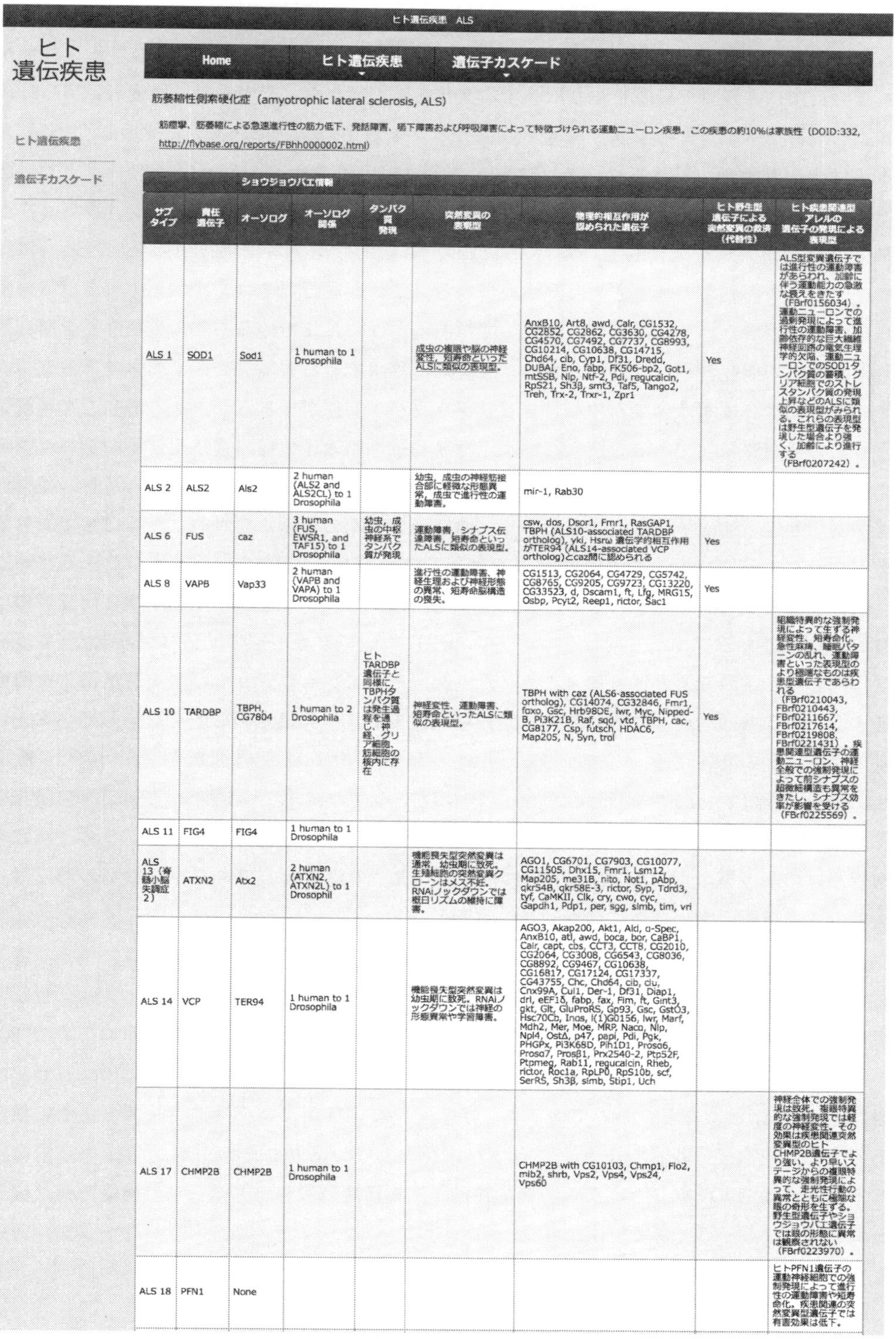

ヒト遺伝疾患　ALS

ヒト
遺伝疾患

Home　ヒト遺伝疾患　遺伝子カスケード

ヒト遺伝疾患

遺伝子カスケード

筋萎縮性側索硬化症（amyotrophic lateral sclerosis, ALS）

筋痙攣、筋萎縮による急速進行性の筋力低下、発話障害、嚥下障害および呼吸障害によって特徴づけられる運動ニューロン疾患。この疾患の約10%は家族性（DOID:332, http://flybase.org/reports/FBhh0000002.html）

ショウジョウバエ情報

サブタイプ	責任遺伝子	オーソログ	オーソログ関係	タンパク質発現	突然変異の表現型	物理的相互作用が認められた遺伝子	ヒト野生型遺伝子による突然変異の救済（代替性）	ヒト疾患関連型アレルの遺伝子の発現による表現型
ALS 1	SOD1	Sod1	1 human to 1 Drosophila		成虫の複眼や脳の神経変性、短寿命といったALSに類似の表現型。	AnxB10, Art8, awd, Calr, CG1532, CG2852, CG2862, CG3630, CG4278, CG4570, CG7492, CG7737, CG8993, CG10214, CG10638, CG14715, Chd64, cib, Cyp1, Df31, Dredd, DUBAI, Eno, fabp, FK506-bp2, Got1, mtSSB, Nlp, Ntf-2, Pdi, regucalcin, RpS21, Sh3β, smt3, Taf5, Tango2, Treh, Trx-2, Trxr-1, Zpr1	Yes	ALS型変異遺伝子では進行性の運動障害があらわれ、加齢に伴う運動能力の急激な衰えをきたす（FBrf0156034）。運動ニューロンでの過剰発現によって進行性の運動障害、加齢依存的な巨大繊維神経回路の電気生理学的欠陥、運動ニューロンでのSOD1タンパク質の蓄積、グリア細胞でのストレスタンパク質の発現上昇などのALSに類似の表現型がみられる。これらの表現型は野生型遺伝子を発現した場合より強く、加齢により進行する（FBrf0207242）。
ALS 2	ALS2	Als2	2 human (ALS2 and ALS2CL) to 1 Drosophila		幼虫、成虫の神経筋接合部に軽微な形態異常、成虫で進行性の運動障害。	mir-1, Rab30		
ALS 6	FUS	caz	3 human (FUS, EWSR1, and TAF15) to 1 Drosophila	幼虫，成虫の中枢神経系でタンパク質が発現	運動障害，シナプス伝達障害，短寿命といったALSに類似の表現型。	csw, dos, Dsor1, Fmr1, RasGAP1, TBPH (ALS10-associated TARDBP ortholog), yki, Hsrω 遺伝学的相互作用がTER94 (ALS14-associated VCP ortholog)とcaz間に認められる	Yes	
ALS 8	VAPB	Vap33	2 human (VAPB and VAPA) to 1 Drosophila		進行性の運動障害、神経生理および神経形態の異常、短寿命脳構造の喪失。	CG1513, CG2064, CG4729, CG5742, CG8765, CG9205, CG9723, CG13220, CG33523, d, Dscam1, ft, Lfg, MRG15, Osbp, Pcyt2, Reep1, rictor, Sac1	Yes	
ALS 10	TARDBP	TBPH, CG7804	1 human to 2 Drosophila	ヒトTARDBP遺伝子と同様に、TBPHタンパク質は発生過程を通じ、神経、グリア細胞、筋細胞の核内に存在	神経変性、運動障害、短寿命といったALSに類似の表現型。	TBPH with caz (ALS6-associated FUS ortholog), CG14074, CG32846, Fmr1, foxo, Gsc, Hrb98DE, lwr, Myc, Nipped-B, Pi3K21B, Raf, sqd, vtd, TBPH, cac, CG8177, Csp, futsch, HDAC6, Map205, N, Syn, trol	Yes	組織特異的な強制発現によって生ずる神経変性、短寿命化、急性麻痺、睡眠パターンの乱れ、運動障害といった表現型のより極端なものは疾患型遺伝子であらわれる（FBrf0210043, FBrf0210443, FBrf0211667, FBrf0217614, FBrf0219808, FBrf0221431）。疾患関連型遺伝子の運動ニューロン、神経全般での強制発現によって前シナプスの超微細構造も異常をきたし、シナプス効率が影響を受ける（FBrf0225569）。
ALS 11	FIG4	FIG4	1 human to 1 Drosophila					
ALS 13（脊髄小脳失調症2）	ATXN2	Atx2	2 human (ATXN2, ATXN2L) to 1 Drosophil		機能喪失型突然変異は通常、幼虫期に致死。生殖細胞の突然変異クローンはメス不妊。RNAiノックダウンでは概日リズムの維持に障害。	AGO1, CG6701, CG7903, CG10077, CG11505, Dhx15, Fmr1, Lsm12, Map205, me31B, nito, Not1, pAbp, qkr54B, qkr58E-3, rictor, Syp, Tdrd3, tyf, CaMKII, Clk, cry, cwo, cyc, Gapdh1, Pdp1, per, sgg, slmb, tim, vri		
ALS 14	VCP	TER94	1 human to 1 Drosophila		機能喪失型突然変異は幼虫期に致死。RNAiノックダウンでは神経の形態異常や学習障害。	AGO3, Akap200, Akt1, Ald, α-Spec, AnxB10, atl, awd, boca, bor, CaBP1, Calr, capt, cbs, CCT3, CCT8, CG2010, CG2064, CG3008, CG6543, CG8036, CG8892, CG9467, CG10638, CG16817, CG17124, CG17337, CG43755, Chc, Chd64, cib, clu, Cnx99A, Cul1, Der-1, Df31, Diap1, drl, eEF1δ, fabp, fax, Fim, ft, Gint3, gkt, Glt, GluProRS, Gp93, Gsc, GstO3, Hsc70Cb, Inos, l(1)G0156, lwr, Marf, Mdh2, Mer, Moe, MRP, Naca, Nlp, Npl4, OstΔ, p47, papi, Pdi, Pgk, PHGPx, Pi3K68D, Pih1D1, Prosα6, Prosα7, Prosβ1, Prx2540-2, Ptp52F, Ptpmeg, Rab11, regucalcin, Rheb, rictor, Roc1a, RpLP0, RpS10b, scf, SerRS, Sh3β, slmb, Stip1, Uch		
ALS 17	CHMP2B	CHMP2B	1 human to 1 Drosophila			CHMP2B with CG10103, Chmp1, Flo2, mib2, shrb, Vps2, Vps4, Vps24, Vps60		神経全体での強制発現は致死。複眼特異的な強制発現では軽度の神経変性。その効果は疾患関連突然変異型のヒトCHMP2B遺伝子でより強い。より早いステージからの複眼特異的な強制発現によって、走光性行動の異常とともに極端な眼の奇形を生ずる。野生型遺伝子やショウジョウバエ遺伝子では眼の形態に異常は観察されない（FBrf0223970）。
ALS 18	PFN1	None						ヒトPFN1遺伝子の運動神経細胞での強制発現によって進行性の運動障害や短寿命化。疾患関連の突然変異型遺伝子では有害効果は低下。

図１　ヒトとショウジョウバエの知見をつなぐ―筋萎縮性側索硬化症の場合

ところで，私たちはショウジョウバエのストックセンター（Kyoto Stock Center，https://kyotofly.kit.jp/cgi-bin/stocks/index.cgi）を運営している。ショウジョウバエのコミュニティはこれまで自由に，無料で資源をやり取りする文化を育んできた。その結果，研究者は自ら作出した貴重な資源をストックセンターに寄託し，だれでも自由にアクセスできるようになっている。日本ではナショナルバイオリソースプロジェクト（NBRP，http://www.nbrp.jp）傘下で，国立遺伝学研究所，愛媛大学，杏林大学および京都工芸繊維大学が相互に補完的にショウジョウバエのストックセンターを運営している。ここ数年，革新的なゲノム編集技術の発展とともに，ストックセンターの利用の仕方も変わり始めている。これと並行してコミュニティも広げていく時期にきている。マウス，小型魚類，線虫，酵母あるいはこれまでの非モデル生物などを研究対象とした分野外の研究者がショウジョウバエを有効に利用できる環境を整備すべきであろう。

そのためには，まずは馴染みのないショウジョウバエで何ができるか，その潜在力を理解してもらうための情報発信である。例えば，図1は筋萎縮性側索硬化症の責任遺伝子のショウジョウバエオーソログについての情報とヒト化ショウジョウバエの知見を示している。同様の解析は，関連する相互作用遺伝子についてもできる。研究者の興味の遺伝子も対象となるはずである。

もう一点は，実際にショウジョウバエを使った物理環境の整備である。安くできるといっても，飼育設備もなければ始まらない。特に，一過的にショウジョウバエを利用する研究者には設備整備は負担である。また，飼育などのノウハウについても専門家の助言は欠かせない。現在，本学は国立遺伝学研究所とともに，こうした外部研究者にショウジョウバエを利活用した研究を推進するための共同利用・共同研究拠点，先端昆虫モデル研究拠点の形成を目指している。代替可能な昆虫資源の利用を通して，ヒトクローンなどの多様な研究成果・財産を再利用し（Recycle），安価に（at a Reasonable price），すばやく（Rapidly），精緻な（Reliable）研究成果を生む“4R”研究のプラットフォームとなる役割を担う。

情報だけのやり取りではなく，“生物材料”や“人”の橋渡しのできるハブ機関の形成は，これからの生物横断研究の推進に欠かせない要素となる。

3.8 最後に

実は，この原稿を執筆中にFlyBaseの来年予算の削減が知らされた。年を重ねるたび20%，30%と大幅な削減で，ユーザーに使用料を課金することになりそうである。海外のユーザーは一人当たり$300ほどになる見込みである。しかし，見ない日がないデータベースである。払うしかあるまい。一方で，現在，ショウジョウバエを使わない潜在ユーザーをコミュニティにリクルートするには障害になりそうだ。一層，独自の生物横断情報データベースの構築とハブ機関の形成が必要となりそうである。

4 粒子群最適化法によるニューラルネットワークの柔軟な学習

飯間　等*

4.1 はじめに

近年大きく注目を集めている深層学習はニューラルネットワークを用いる機械学習の一種である[1]。ニューラルネットワークでは，ニューロン間の結合の重みなどを，学習の目的に基づいて設定するある関数が最小となるように決定することで学習が行われる。このように，ある関数を最小にする変数の値を求める問題は最適化問題あるいは数理計画問題として知られており，この最小にする関数は目的関数と呼ばれている[2]。一般に最適化法を用いて問題を解こうとする場合，この目的関数を適切に設定する必要がある。しかしながら，通常のニューラルネットワークの学習では自由に目的関数を設定することができず，その意味で柔軟な学習を行うことができない。最適化の分野では，自由に設定した目的関数に対する最適化法として，群知能や進化計算に基づく方法[3]が数多く知られており，その中でも粒子群最適化法（Particle swarm optimization）[3~5]は近年注目を集めている群知能最適化法である。ここでは，粒子群最適化法を用いることで，自由に目的関数を設定できるようにしたニューラルネットワークの柔軟な学習法を紹介する。

4.2 ニューラルネットワークにおける最適化問題

まず，ニューラルネットワークの構成と，ニューラルネットワークにおける最適化問題を復習しておこう。ニューラルネットワークは生体の脳をモデル化するところから始まったものであり，複数存在するニューロンが結合することによって構成されるネットワークである。いくつかのニューロンに入力された信号が，そのニューロンに結合している他のニューロンに伝達されていき，ネットワークの出力を司るいくつかのニューロンから出力される。

例として，代表的なニューラルネットワークとして知られている３層のフィードフォワードネットワークを図１に示す。四角がニューロンを，直線がニューロン間の結合を示している。こ

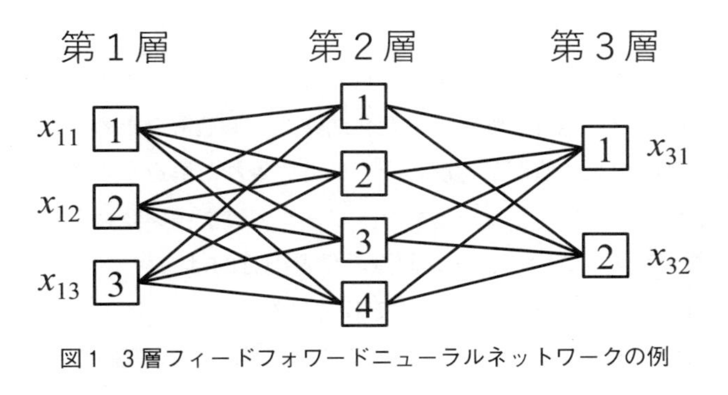

図１　３層フィードフォワードニューラルネットワークの例

＊　Hitoshi Iima　京都工芸繊維大学　情報工学・人間科学系　准教授

のネットワークでは，3つの信号 x_{11}，x_{12}，x_{13} が第1層の3つのニューロンにそれぞれ入力され，それらのニューロンから第2層の各ニューロンに向けて同一の信号 x_{11}，x_{12}，x_{13} が出力される。第2層の各ニューロン j（$j=1, 2, 3, 4$）は先の3つの信号を受け取り，それらの重み付き和を何らかの非線形関数 f で変換した信号 x_{2j} が第3層の全てのニューロンに向けて出力される。すなわち，この出力信号 x_{2j} は次式で与えられる。

$$x_{2j} = f(u_{2j}),\quad u_{2j} = \sum_{i=1}^{3} w_{1ij} x_{1i} + b_{2j} \tag{1}$$

ここで，w_{1ij} は第1層のニューロン i（$i=1, 2, 3$）から第2層のニューロン j への結合の重みであり，b_{2j} はニューロン j におけるバイアスである。非線形関数として，伝統的にはシグモイド関数 $f(u_{2j}) = \dfrac{1}{1-e^{-u_{2j}}}$ が使われることが多く，深層学習などで最近は正規化線形関数 $f(u_{2j}) = \max(u_{2j}, 0)$ が使われ始めている。次に，第3層の各ニューロン k（$k=1, 2$）は第2層のニューロンと同様に働き，

$$x_{3k} = f(u_{3k}),\quad u_{3k} = \sum_{j=1}^{4} w_{2jk} x_{2j} + b_{3k} \tag{2}$$

で与えられる信号 x_{3k} が出力され，これがネットワークの出力となる。ここで，w_{2jk} はニューロン間の結合の重み，b_{3k} はバイアスである。

この例のニューラルネットワークでは同一の信号を入力しても，重み w_{1ij}，w_{2jk} やバイアス b_{2j}，b_{3k} が変化すると出力が変化する。これは，他の一般のニューラルネットワークでも同じであり，ネットワークの各出力は重みやバイアスなどからなる変数ベクトル $\boldsymbol{w}$ の関数となっている。このとき，ニューラルネットワークにおける最適化問題は，ネットワークの出力が設計者の望みの値となるように変数ベクトル $\boldsymbol{w}$ の値を求めることである。このために，出力が望みの値に近いほど値が小さくなるような目的関数 $h(\boldsymbol{w})$ を自由に設定し，この目的関数を最小にする変数ベクトル $\boldsymbol{w}$ の値を求める。この最適化問題は次のように記述される。

$$\min_{\boldsymbol{w}} h(\boldsymbol{w}) \tag{3}$$

このような最適化問題を何らかの方法で解いて得られる変数ベクトルの値を解，目的関数を最小にする変数ベクトルの値を最適解と呼ぶ。最適化問題(3)の最適解を求めることは一般に困難である。従って，通常は目的関数の値が最適解のそれに近い優れた解を求めようとする。

例として，先の3層フィードフォワードネットワークでパターン認識を行う場合に用いられる代表的な最適化問題を示す。このパターン認識の学習の目的は，ネットワークへの M 個の入力ベクトル（x_{11}^m, x_{12}^m, x_{13}^m）（$m=1, 2, \cdots, M$）とそれらに対するネットワークの望みの出力ベクトル（y_{31}^m, y_{32}^m）が既知のパターンデータとして与えられた場合に，任意の入力ベクトルに対する出力ベクトルが常に望みの値となるようにすることである。この目的を達成するために，既知データ（x_{11}^m, x_{12}^m, x_{13}^m）を入力したときのネットワークの出力ベクトル（x_{31}^m, x_{32}^m）と既知の出力デー

タ（y_{31}^m, y_{32}^m）との誤差が最小となる変数ベクトル $\boldsymbol{w}=(w_{111},\cdots,w_{242},b_{21},\cdots,b_{32})$ を求める最適化問題が設定される。この最適化問題は次のように記述される。

$$\min_{\boldsymbol{w}} \sum_{m=1}^{M}\sum_{k=1}^{2}(x_{3k}^m - y_{3k}^m)^2 \tag{4}$$

ここでは，x_{3k}^m が変数ベクトル $\boldsymbol{w}$ の関数となっており，y_{3k}^m は定数である。

4.3　従来の最適化法とその問題点

ニューラルネットワークの最適化問題(3)に対する最適化法として，伝統的には確率的勾配降下法がよく用いられ，また深層学習ではこの確率的勾配降下法を改良したAdam[6]などが用いられ始めている。これらの最適化法は一般の最適化問題に対してよく用いられる最急降下法に基づいたものである。最急降下法は，変数ベクトルの値をまず何らかの方法で生成（例えば，ランダムに生成）して，これを解の候補とし，この解候補を目的関数の勾配ベクトルを用いて更新することを繰り返す最適化法である。具体的には，t 回目の繰返し計算において，次式で現在の解候補 $\boldsymbol{w}_t$ を更新する。

$$\boldsymbol{w}_{t+1} = \boldsymbol{w}_t - \alpha_t \frac{\partial h}{\partial \boldsymbol{w}_t} \tag{5}$$

ここで，α_t は解候補 $\boldsymbol{w}_t$ をどの程度大きく変更するかを表すものであり，最急降下法では t ごとに値を適切に定めることが多い。$\frac{\partial h}{\partial \boldsymbol{w}_t}$ は目的関数の勾配ベクトル $\frac{\partial h}{\partial \boldsymbol{w}}$ に $\boldsymbol{w}=\boldsymbol{w}_t$ を代入して得られるベクトルの値であり，(5)式による更新は $\frac{\partial h}{\partial \boldsymbol{w}_t} \neq \boldsymbol{0}$ の場合に実行される。このとき，勾配ベクトルの逆方向 $-\frac{\partial h}{\partial \boldsymbol{w}_t}$ に解候補 $\boldsymbol{w}_t$ を更新するので，目的関数 $h(\boldsymbol{w})$ の値が減少する良い解候補 $\boldsymbol{w}_{t+1}$ が必ず得られる。また，最適化問題(3)は，ある変数ベクトル $\boldsymbol{w}$ の値の範囲内（近傍範囲内）に目的関数 $h(\boldsymbol{w})$ が最小となる局所的な最適解がいくつも存在するが，そのうちの1つに必ず収束することが保証されている。

ところが最急降下法では，勾配ベクトル $\frac{\partial h}{\partial \boldsymbol{w}}$ を用いることから，目的関数 $h(\boldsymbol{w})$ の微分が計算できなければならない，という問題がある。ニューラルネットワークで用いられる確率的勾配降下法やAdamなども同様に，目的関数 $h(\boldsymbol{w})$ の微分が計算できなければならない。先に述べたように，目的関数は本来なら学習の目的が達成されるように自由に設定できるようにすべきであるが，この問題があるために(4)式のように微分の計算が可能な目的関数を設定しなければならず，この意味で柔軟性に欠けている。また，最急降下法は局所的な最適解を発見でき，確率的勾配降下法やAdamなども同様の解を発見する能力を有しているが，このような解は局所的には優れていても，大域的には必ずしも目的関数値の小さい優れた解となっているとは限らない。従って，これらの最適化法で得られる解では，当初の学習の目的が達成できない可能性がある。

4.4 粒子群最適化法

最適化の分野では，目的関数の微分を必要とせず，また大域的に優れた解を発見しようとする最適化法として，群知能や進化計算を用いた方法が数多く知られている。これらの方法は，最急降下法のように1つではなく，複数の解候補を繰り返し更新して解を得る方法であり，それゆえ大域的に優れた解を発見することが期待できる。解候補の更新は生物の群れに関する何らかの知能や生物の進化過程などにヒントを得た手続きにより行われる。このときに用いられる目的関数の情報は目的関数の値のみであり，目的関数の微分は用いられない。

粒子群最適化法はニューラルネットワークでの学習だけでなく強化学習[7]にも用いられている[8]群知能最適化法の1つであり，鳥や魚の群れの動きにヒントを得て Q 個の解候補 $\boldsymbol{w}^q$ ($q=1, 2, \cdots, Q$) を更新することを繰り返すことにより解を得る方法である。ニューラルネットワークの最適化問題(3)に対する粒子群最適化法では，各解候補 $\boldsymbol{w}^q$ がこれまでに更新してきた解候補の中で目的関数値の最も小さかった，すなわち最も良かった解候補 $\boldsymbol{p}^q$ に近づくように更新される。一般に最適化問題では2つの解候補同士が類似していると，それらの目的関数値も近い値となっている。従って，これまでに最も良かった解候補の近くにさらに良い解候補が存在すると考えられるので，各解候補 $\boldsymbol{w}^q$ を最良の解候補 $\boldsymbol{p}^q$ に近づけることで，さらに良い解候補を発見することが期待できる。この最良の解候補はPersonal bestと呼ばれている。

解候補 $\boldsymbol{w}^q$ の具体的な更新方法にはいくつかの方法が提案されている。その代表的な方法では，Personal best $\boldsymbol{p}^q$ だけでなく，全ての解候補がこれまでに更新してきた解候補の中での最良解候補であるGlobal best $\boldsymbol{g}$ も用いて，これらの最良解候補 $\boldsymbol{p}^q$，$\boldsymbol{g}$ に近づけるように各解候補 $\boldsymbol{w}^q$ を更新する。D を最適化問題の変数の個数とし，t 回目の繰返し計算における $\boldsymbol{w}^q$，$\boldsymbol{p}^q$，$\boldsymbol{g}$ をそれぞれ $\boldsymbol{w}_t^q=(w_t^{q1}, w_t^{q2}, \cdots, w_t^{qD})$，$\boldsymbol{p}_t^q=(p_t^{q1}, p_t^{q2}, \cdots, p_t^{qD})$，$\boldsymbol{g}_t=(g_t^1, g_t^2, \cdots, g_t^D)$ とすると，各解候補 $\boldsymbol{w}_t^q$ ($q=1, 2, \cdots, Q$) の第 d 成分 w_t^{qd} ($d=1, 2, \cdots, D$) はその変化量 v_t^{qd} を用いて次式で更新される。

$$v_{t+1}^{qd} = av_t^{qd} + r_{1t}^{qd}c_1(p_t^{qd} - w_t^{qd}) + r_{2t}^{qd}c_2(g_t^d - w_t^{qd}) \tag{6}$$

$$w_{t+1}^{qd} = w_t^{qd} + v_{t+1}^{qd} \tag{7}$$

ここで，a，c_1，c_2 は定数であり，その値は予め与えられる。また，r_{1t}^{qd}，r_{2t}^{qd} は0から1までの一様乱数である。(6)式右辺の第1項は解候補 $\boldsymbol{w}^q$ の更新に慣性を働かせることを意味している。(6)式右辺の第2項および第3項は，解候補 $\boldsymbol{w}^q$ を最良解候補 $\boldsymbol{p}^q$，$\boldsymbol{g}$ に近づけることを意図している。解候補 $\boldsymbol{w}^q$ がどのように変更されていくのかは定数 a，c_1，c_2 の値によって大きく異なることになるが，解候補 $\boldsymbol{w}^q$ をある値に徐々に近づかせ，最終的にその値に収束させるような定数 a，c_1，c_2 の値を用いると良い解が得られやすいことが報告されている[5]。

(6)(7)式を用いる粒子群最適化のアルゴリズムを下記に示す。

Step 1：Q 個の初期の解候補 $\boldsymbol{w}_0^q$ と変化量ベクトル $\boldsymbol{v}_0^q=(v_0^{q1}, v_0^{q2}, \cdots, v_0^{qD})$ を何らかの方法で生成

（例えば，ランダムに生成）し，各解候補 $\boldsymbol{w}_0^q$ の目的関数値 $h(\boldsymbol{w}_0^q)$ を求める。初期の各 Personal best を $\boldsymbol{p}_0^q \leftarrow \boldsymbol{w}_0^q$ とし，全ての $\boldsymbol{w}_0^q$ の中で目的関数値の最も小さいものを初期の Global best $\boldsymbol{g}_0$ とする。また，繰返し回数を $t \leftarrow 0$ とする。

Step 2：全ての解候補 $\boldsymbol{w}_t^q$ と変化量ベクトル $\boldsymbol{v}_t^q$ の各成分 w_t^{qd}，v_t^{qd} を(6)(7)式で更新し，各解候補 $\boldsymbol{w}_t^q$ の目的関数値 $h(\boldsymbol{w}_t^q)$ を求める。

Step 3：各 Personal best に関して，$\boldsymbol{p}_t^q$ と $\boldsymbol{w}_{t+1}^q$ のうち，目的関数値の小さい方を $\boldsymbol{p}_{t+1}^q$ とする。また，全ての $\boldsymbol{w}_{t+1}^q$ と $\boldsymbol{g}_t$ の中で目的関数値の最も小さいものを $\boldsymbol{g}_{t+1}$ とする。

Step 4：繰返し回数を $t \leftarrow t+1$ とする。もし $t=T$ ならば，$\boldsymbol{g}_t$ を解としてアルゴリズムを終了させる。そうでなければ Step 2 へ戻る。ここで，T は最大繰返し回数であり，予め与えられる。

明らかに，粒子群最適化法では目的関数の微分が不要である。従って，最適化問題(3)の目的関数 $h(\boldsymbol{w})$ を学習の目的に合わせて自由に設定することができ，それによってニューラルネットワークの柔軟な学習が可能となる。

4.5　柔軟な学習の実行例

粒子群最適化法を適用してニューラルネットワークで柔軟に学習する例を簡単に示す。ここでは，4.2 項で示したフィードフォワードネットワークよりも生体に近いスパイキングネットワークの学習を取り上げる[9)]。スパイキングネットワークは図2のようなスパイク信号を発生させるためのネットワークであり，図2では3つのスパイク信号が発生している。ここでの学習の目的は，いくつか存在する出力ニューロンのそれぞれに対して，(a)望みの個数だけスパイク信号を発生させる，(b)指定する個数以下のスパイク信号を発生させる，または(c)望みの個数だけ，望みの時刻にスパイク信号を発生させることである。例えば，E 個の各ニューロン e（$e=1, 2, \cdots, E$）に指定個数 N_e 以下のスパイク信号を発生させる最適化問題は次のように記述できる。

$$\min_{\boldsymbol{w}} \sum_{e=1}^{E} \max(z_e - N_e,\ 0) \tag{8}$$

ここで，z_e はニューロン e から発生されるスパイク信号の個数である。この目的関数は微分不可

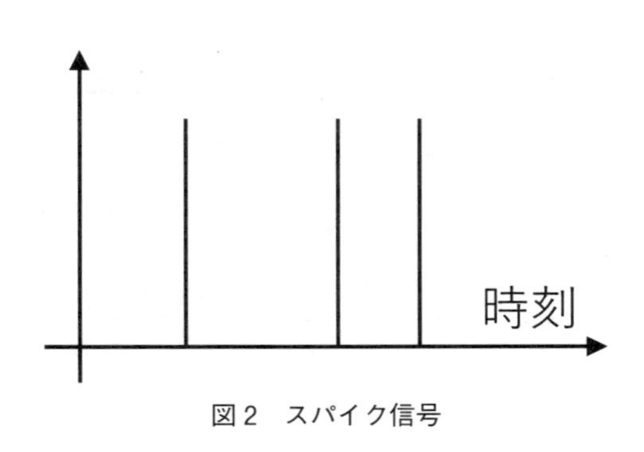

図2　スパイク信号

であり，最急降下法に基づく従来の最適化法は適用できない。いま，図3に示される5つのニューロンが互いに結合しているリカレント型のネットワークに対して，次のスパイク信号を発生させる。

出力ニューロン1：4個のスパイク信号を発生させる。

出力ニューロン2：6個以下のスパイク信号を発生させる。

出力ニューロン3：時刻5に1個のスパイク信号を発生させる。

出力ニューロン4：時刻1, 4, 7, 10に4個のスパイク信号を発生させる。

図3に示されているように，各ニューロンから出力される信号は自身のニューロンにも再度入力される。また，異なるニューロン間の結合の重みは方向ごとに異なる。従って，重みは全部で5×5=25個存在することとなり，最適化問題の変数の個数は$D=25$となる。

群知能最適化法の解候補数を$Q=100$，最大繰返し回数を$T=10,000$，定数を$a=0.7$，$c_1=c_2=1.4$とし，初期の解候補$\boldsymbol{w}_0^q$と変化量ベクトル$\boldsymbol{v}_0^q$の各成分を-10から10までの一様乱数で与えて，群知能最適化法を実行した。得られた解を用いてスパイキングネットワークを動作させたところ，表1のスパイク信号が得られた。これより，望みのスパイク信号が発生できていることがわかる。

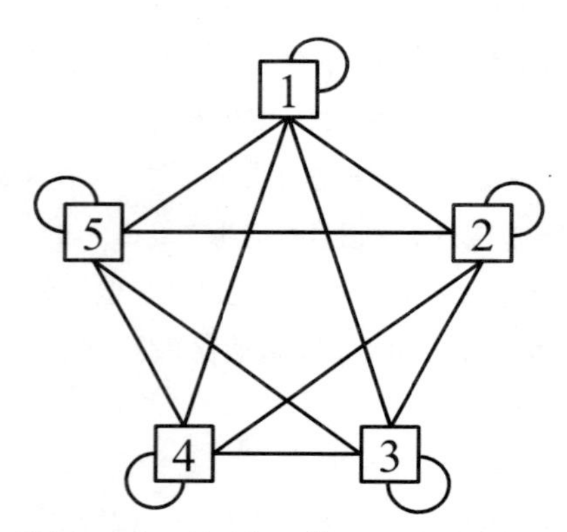

図3　リカレントスパイキングニューラルネットワーク

表1　学習後に発生されたスパイク信号

e	発生回数z_e	発生時刻
1	4	1.440334, 4.731712, 5.422345, 9.385837
2	6	3.741611, 4.473035, 6.739319, 7.469212, 9.545622, 10.836106
3	1	5.000014
4	4	1.000052, 4.000008, 6.999994, 9.999995

4.6　おわりに

ニューラルネットワークにおける通常の学習法では，微分可能な目的関数を設定しなければならない。その設定は，学習の目的によっては必ずしも容易ではなく，柔軟性に欠けている。ここでは，群知能最適化法を用いて容易に目的関数を設定できるようにすることで，ニューラルネットワークで柔軟な学習を実現する方法を紹介した。

文　　献

1）岡谷貴之，深層学習，講談社（2015）
2）福島雅夫，新版 数理計画入門，朝倉書店（2011）
3）相吉英太郎ほか，メタヒューリスティクスと応用，電気学会（2007）
4）J. Kennedy *et al.*, *Proceedings of International Conference on Neural Networks*, 1942（1995）
5）M. R. Bonyadi *et al.*, *Evolutionary Computation*, **25**, 1（2017）
6）P. Diederik *et al.*, *Proceedings of International Conference for Learning Representations*（2015）
7）牧野貴樹ほか，これからの強化学習，森北出版（2016）
8）飯間等ほか，システム／制御／情報，**57**，408（2013）
9）山本昌弘ほか，計測自動制御学会論文集，**46**，685（2010）

5　個人と社会のための AI と IoT 基盤

寶珍輝尚*

5.1　はじめに

通信ネットワークの発展と通信・センサデバイスの低価格化，ならびに，大規模データを管理するデータベース技術と大量のデータをもとにした機械学習によって，これまで不可能であった産業の自動化と最適化が可能となりつつある。また，深層学習や強化学習といった人工知能技術が社会に幅広く利用されようとしている。このような中，「必要なもの・サービスを，必要な人に，必要な時に，必要なだけ提供し，社会の様々なニーズにきめ細やかに対応でき，あらゆる人が質の高いサービスを受けられ，年齢，性別，地域，言語といった様々な制約を乗り越え，活き活きと快適に暮らすことのできる社会」という超スマート社会（Society 5.0）[1,2] の実現が求められている。

しかしながら，人工知能技術は個々のシステムや個人のために利用されているのが現状であり，個々のシステムや個人の利益となる意思決定や行動が社会を不安定にしてしまうという恐れがある。例えば，投資家の自分本位の株操作が全世界の経済状況を悪化させてしまったりするということである。個人の幸せのみでなく社会全体の幸せをも考慮することが必要であるが，現状ではそのような考慮はされていない。これは，個々のシステムが互いに連携しておらず，また，グループや社会とも連携していないからである。連携が困難な理由の一つは，知識の形式の違い等の理由でお互いの知識を利用できないからである。また，個々のシステムとそれらを集めたグループの協調が考慮されておらず，世界レベルでの協調は考慮されていない。

また，各センサからの大量データを分析し知識を導出しているが，導出しているのは各々のシステムに特化した知識である。データの値や計算値を用いた判定，購買履歴や行動パターンの利用や値の推定等が良く行われるが，システム間で相互にこれらを利用することはない。

さらに，人工知能技術，IoT（Internet of Things）技術やビッグデータ技術は，情報通信分野のみではなく，製造業，ライフサイエンス，ヘルスサイエンス，介護，材料科学，農業，社会インフラ等の幅広い産業で利用されようとしているが，異なる分野間での連携はほとんど行われていない。異なる分野間での連携を行うことで，それぞれの分野が不得手な処理や判断をより迅速に的確に行える可能性がある。

本稿では，個人向けにカスタマイズされたサービスが受けられるだけでなく，個人と社会の両方を幸せにする人工知能・IoT 基盤[3]について述べる。これは，個人から見た場合，各個人の情報，好み，性向等をすべて把握し，他人に絶対情報を漏らさず裏切らないもので，関係するシステムやシステム群とやり取りし，社会をも自分をも幸せな方向に導いてくれるシステムである。社会全体から見た場合，様々な分野のシステムが互いに他の知識を利用可能となり，より協調して動作することにより，より迅速で的確な意思決定や処理が可能となる。

---

*　Teruhisa Hochin　京都工芸繊維大学　情報工学・人間科学系　教授

以降，5.2 項では，この枠組みについて述べ，この枠組みの実現のために必要な課題について述べる。5.3 項で，応用事例を示し，5.4 項で関連研究について言及し，最後に 5.5 項でまとめる。

5.2　個人と社会のための枠組み

5.2.1　枠組み

本稿では，個人と社会（グループ）の双方のことを考慮する枠組みについて述べる。この枠組みでは，個人のシステムとグループのシステムを考える。これらのシステムは以下の特性を持つ。

・個人のシステムは，各個人の情報，好み，性向等をすべて把握する。
・個人のシステムは，情報を他人には絶対漏らさず，裏切らない。
・他のシステムと情報交換をする。情報に基づいて正しい決定を行う。
・個人のみでなく，集団，社会，地域や全世界に利益をもたらす。

これらは全体からみると以下のように捉えられる。

・様々な分野のシステムが情報交換をする。
・迅速で的確な判断や処理を行うために協調して事に当たる。

この概要を図１に示す。左端のような個人のシステムもあり，中央のような個人のシステムが集まったグループのシステムもある。グループのシステム内では，構成要素のシステムが互いに協調して動作する。また，これらのシステムは，後述のように，知識バスを通じて互いの知識を容易にやり取りできる。これにより，より容易に，かつ，より的確に意思決定をすることができ

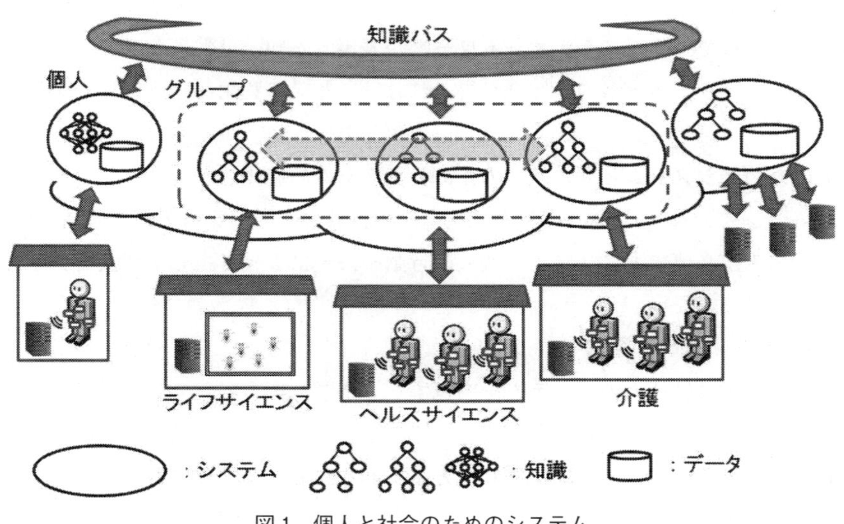

図１　個人と社会のためのシステム

る。これは，孔子の言葉の中の70歳になったときの行動である「心の欲する所に従えども矩を踰えず」[4] をサポートするシステムであり，個人の行動が公共の福祉を乱さないということである。

5.2.2 解決すべき課題

(1) 異種知識の統合利用

知識の表現には，プロダクションルールの集合で表現する方法，決定木で表現する方法や意味ネットワークで表現する方法等，様々な方法がある。ニューラルネットワークも一種の知識表現である。

① 知識表現の違いを超えた知識の利用法の確立

上記のように，知識の表現には様々な方法があり，通常，応用システムにとって最適な知識表現方法が採られる。しかし，これらは表現が異なるため，他のシステムで利用するのには困難が伴う。

そこで，様々な知識を流通させる知識バスを導入する。応用システムは，自身の知識を知識バスに流すことができ，また，知識バスを流れる知識を自身の知識表現形式で受け取ることができる（図1）。ここでは，知識の表現法のみではなく，知識の操作方法も考慮しなければならない。

ウェブのようにパブリックな空間上の情報を扱う際には，矛盾した知識が存在することに注意しなければならない[5]。矛盾した知識の一つは間違った知識である。知識の正しさを確認する機構が必要である。もう一つは文脈に依存する知識である。ある文脈ではある知識は正しいが，他の文脈ではその知識は間違いという場合である。矛盾した知識を許容する機構が必要と考えられる。

② ニューラルネットワーク内の知識の導出とその利用

深層学習もニューラルネットワークの一種であり，今後激増が予想される。しかし，ニューラルネットワークはいわゆるブラックボックスであり，画像認識等ではニューロンの役割を明確化しようという試みもあるが[6]，内部でどのような判断が行われているかはよく分からないのが現状である。したがって，ニューラルネットワークが表現する知識は他のシステムでは使用困難である。もし，ニューラルネット内の知識が得られれば，知識の利用は一気に加速すると考えられる。

(2) 個人のためのシステムとグループのためのシステムの協調

個人のためのシステムは，グループ，社会，地域や世界のためのシステムと協調すべきである。このための枠組みが必要である。また，個人の行動や決定によって生じる個人とグループの得失を考慮しなければならない。

① 協調の枠組み

グループのシステムは個人のシステムを内包する。まず，個人のシステムがグループのシステムに参加する方法を確立しなければならない。一つの方法は，個人の情報を利用して個人のシステムが自動的にグループのシステムに加わる方法である。もう一つは，個人のグループがグループのシステムに手動で加わる方法である。この場合，参加の機能が必要である。ここで，個人のシステムが1以上のグループのシステムに参加可能かを考慮しなければならない。逆にいうと，個人のシステムが複数のグループのシステムから共有されることを認めるかということになる。

ここで，グループ内のシステムのものとは異なる特別な機能や属性をグループのシステムが持つことに注意しなければならない。グループ内のシステムの数がこの例である。これは上位のシステムに再帰的に適用される。例えば，社会のシステムが多数のグループのシステムから構成される場合，特別な機能や属性が必要となる。

グループのシステムの属性名が個人のシステムの属性名と同じでも，格納される値は必ずしも自動的に決定されるものではない。個人の属性値の平均，最大値や最小値のこともあると考えられるが，システムの属性値を求める機能が必要と考えられる。また，単なる値ではなく配列である必要があるかもしれない。

個人の利益が必ずしもグループの利益とは限らない。個人のシステムはグループのシステムと取り決めをしなければならない。個人とグループのシステム間でやり取りをする機能が必要である。

②　個人の利益とグループの利益の協調

個人の利益もグループの利益も満足されるような選択肢がある場合は，その中のいずれかを選択すれば良い。しかしながら，選択肢によって個人とグループの利益に差がある可能性がある。総合的に利益が最大になるような選択肢を選択すべきと考えられるが，総合的な利益をどう求めるかが問題である。また，評価が多次元になることが考えられる。すなわち，様々な観点から評価が求められるということである。この場合，利益の計算は複雑になることが予想される。

個人とグループの双方が得になる選択肢がない場合が一番の問題である。この場合，個人かグループかどちらかの利益を優先させなければならない。この状況は本稿で述べている枠組みには反する状況である。一つの可能性は，グループの損害が最小の選択肢を選択するということかもしれないが，判断が困難な状況である。

5.3　応用例

ここでは，図1に示した，ライフサイエンス，ヘルスサイエンス，ならびに，介護での応用例について述べる。

ライフサイエンスでは，疾病としてパーキンソン病等の生活リズム障害・行動異常を伴う疾病を対象とし，ノックダウンまたは過剰発現ショウジョウバエの行動を観察しているとする。まず，候補遺伝子ノックダウンまたは過剰発現ショウジョウバエの一生の行動データを取得し，その行動パターンを獲得する。次に，行動パターンと原因遺伝子との間の関係を求めるのである。

ヘルスサイエンスでは，パーキンソン病患者を対象として，その行動パターンからの重症度の推定を行うものとする。ここでは，様々な重症度のパーキンソン病患者に加速度センサ，ペンダント型カメラ，スマートウォッチ等のウェアラブルデバイスを携行してもらい，行動データを取得・解析して，その行動パターン（生活リズムの障害と行動異常を反映）を求める[7]。次に，行動パターンと臨床的なスケールで判定したパーキンソン病の重症度とを比較対照し，個々の患者の行動学的重症度の推定を行うのである。

介護では，アルツハイマー病やその他の認知症の高齢者を対象として，その行動パターンからアルツハイマー病や認知症の程度の推定を行うものとする。運動障害および認知障害のない正常高齢者と様々な程度のアルツハイマー病やその他の認知症の高齢者に加速度センサを携行してもらい，行動データを取得し，その行動パターンを求めている。次に，行動パターンからアルツハイマー病や認知症の程度の推定を試みるのである。

このように，医療・介護の現場と日常の行動を多項目の遠隔モニタリングによって記録し，これらのデータと疾病の重症度や介護度の指標データを解析することで，これらのデータの関連性を明確化できる。また，パーキンソン病のモデルショウジョウバエの行動異常および生活リズムを解析し，ヒトの行動異常・生活リズム障害との共通性を抽出して，それに関連する遺伝子を同定し，疾病の遺伝子レベルでの原因解明を行うことができる。

従来は，例えば，共同研究を通してデータをオフラインでやり取りし分析を進めてきた。本稿で述べた枠組みでは，これをリアルタイムに行うことができる。これにより，より迅速な問題の解決が行えると考えられる。

5.4 関連研究

AI Guardians（守護者）が提案されている[8]。AI守護者はAIシステムの監視システムである。AI守護者はAIシステムに我々の法や価値に従うようにさせる。AIシステムは学習により様々に成長する可能性があり，人間にとってはブラックボックスであり，自律的に行動するようになってきているので，AI守護者は必須である。AI守護者は，出し抜いたり，見逃したりするようであってはならない。本稿で述べた枠組みでは，AI守護者は導入していない。個人とグループの双方に利益になるようにすることは，個人に倫理的な行動を起こすことになるのではないかと期待している。倫理は，他の人や物へのいたわりがもとになっていると考えられる。本稿で述べた枠組みでは，グループ内の他の人のことを考慮するので，取られる行動は倫理的なものとなっていると期待したい。しかしながら，倫理的な行動であるという保証はないので，AI守護者の導入は必要かもしれない。

新たな意味をウェブに加えることが，今後，ウェブをより賢くより良くするために重要であろうという指摘がなされている[9]。このために，ちょっとした知識を得るための知識の様々な表現を取りまとめること，異質性，データの質やデータの由来の問題への対処，ならびに，大量で高速で頻繁に更新されるデータへの対処が必要であるとされている。本稿で述べた枠組みでは，ウェブデータを含め，AIシステムの中にある全ての知識を互いにやり取りできるようにしようというものである。

異質な知識を統合しようとする試みもある[10]。ここでは，論理によって統合を試みている。ルールとセマンティックウェブのオントロジーを統合する試みを行っている[9]。これらは，論理をもとにしている。本稿で述べた知識バスも論理で実現できる可能性がある。

5.5　おわりに

本稿では，個人とグループの双方にとって利益になる枠組みについて述べた。知識表現が異なっていても他のシステムの知識を容易に使用することができる。また，個人のシステムとグループのシステムの協調動作をサポートする。これにより，個人とグループの双方にとって利益となる意思決定をすることを可能とする。

文　　献

1) 内閣府　総合科学技術・イノベーション会議，“第５期科学技術基本計画”，http://www8.cao.go.jp/cstp/kihonkeikaku/5honbun.pdf (2016)
2) 内閣府　総合科学技術・イノベーション会議，”第５期科学技術基本計画の概要”，http://www8.cao.go.jp/cstp/kihonkeikaku/5gaiyo.pdf (2016)
3) T. Hochin, H. Nomiya, H. Iima, M. U. Chowdhury, *Proc. of 4th ACIS Int'l Conf. on Applied Computing and Information Technology*, 129 (2016)
4) K. Emori, “Analects of Confucius Chapter”, 2, 02-04, http://www.1-em.net/sampo/rongo_lingual/index_02.htm (2001)
5) G. Brewka, T. Eiter, M. Fink, *LNAI*, **6565**, 233 (2011)
6) M. D. Zeiler, R. Fergus, *Lecture Notes in Computer Science*, **8689**, 818 (2014)
7) A. J. Espay *et al.*, “Technology in Parkinson's Disease: Challenges and Opportunities,” Movement Disorders, Wiley Online Library (2016), DOI: http://onlinelibrary.wiley.com/doi/10.1002/mds.26642/full
8) A. Etzioni, O. Etzioni, *Communications of the ACM*, **59**, 29 (2016)
9) A. Bernstein, J. Hendler, N. Noy, *Communications of the ACM*, **59**, 35 (2016)
10) T. Eiter, G. Ianni, T. Lukasiewicz, R. Schindlauer, H. Tompits, *Artificial Intelligence*, **172**, 1495 (2008)

6　バイオテクノロジーにおいて期待されるAIの姿

植田充美*

6.1　はじめに

生命や生物現象の分子解析においては，2010年代に入り，ゲノム配列解読のスピードが急上昇し，既読量は膨大化しつつある。ゲノム解析技術の進歩に追随するように，モノリスなどの新材料を用いた高性能ナノ分離や高度な質量分析など，多くの機器分析が進化してきた。この背景には，半導体などの飛躍的な機能向上によるコンピュータの性能や記憶容量の高度化もあるのは周知のことであろう。DNAやRNA，タンパク質や代謝物，それぞれの中身は，個々の分子の世界であり，基本的には，定性分析と定量分析が研究の主流であることは不変である。これらの研究に，さらに，「時空間」系列という要素も加味した解析が加わりつつある。生命を構成する分子を網羅的に解析する，いわゆるゲノミクス，トランスクリプトミクス，プロテオミクス，メタボロミクスは，個々に進んできたが，今や時代は，これらを統合した「トランスオミクス」時代を迎えている（図1）。さらに，ゲノム編集技術なども可能になり，ライブ・イメージング，エピジェネティック解析，インターラクトーム解析やsnRNA解析も加わり，集積データは膨大になり，「ビッグデータ」の解析時代がやってきている[1)]。多種多様な生命分子を分離・同定し定性・定量分析していく技術の高度化（微量化や超高速化も含まれる）に対応して，研究者自身も自ら分析に携わって（ウエット研究），分析結果（ドライ研究）だけでなく，その分析プロセスをしっかり見て，新しい現象や分子を見極めることが要求されてきている。

「時間」や「空間」という要素の取り組みは，これまでの「スナップショット」研究から「動態のデジタル」研究へのシフトを加速させ，これまで漠然としてとらえどころのなかった研究への挑戦が創出されてきている。「記憶」，「感覚」，「感情」，さらには，「思考」にいたる，いわゆる心理的，哲学的，宗教的，などと，これまで精神的な領域として分類されていた領域にまで，分子レベルでの研究領域が広がってきている。その先には，ヒト脳機能の分子レベルでの詳細研究へとつながるのは自明である。すべての分子の動態をまさに，時々刻々と「心電図」のようにとらえて，「ありのまま」に解析するというまさにライブな研究の時代の到来が眼の前に迫ってきている。

2014年「独立行政法人日本医療研究開発機構（日本版NIH）」が発足し，日本では初めての文部科学省，厚生労働省と経済産業省の3省の枠を横断する研究機構として，少子・高齢化と生活習慣病の増加を背景に多くの生活や医療の質の向上や病気の予防と未病の早期の把握，さらに，環境浄化を含む健康の管理と維持など，多岐にわたる研究の包括的理解と解析が本格化してきている。特に，病気の予防と未病の早期の把握に焦点を絞って，健康管理のための分析技術の開発とそれらから得られるビッグデータの解析を用いて，多くの異分野の産業も参入できる将来の「データサイエンスに立脚したウエアラブル・セルフヘルスケア」への展開も期待できる。

---

*　Mitsuyoshi Ueda　京都大学　大学院農学研究科　応用生命科学専攻　教授

(a)

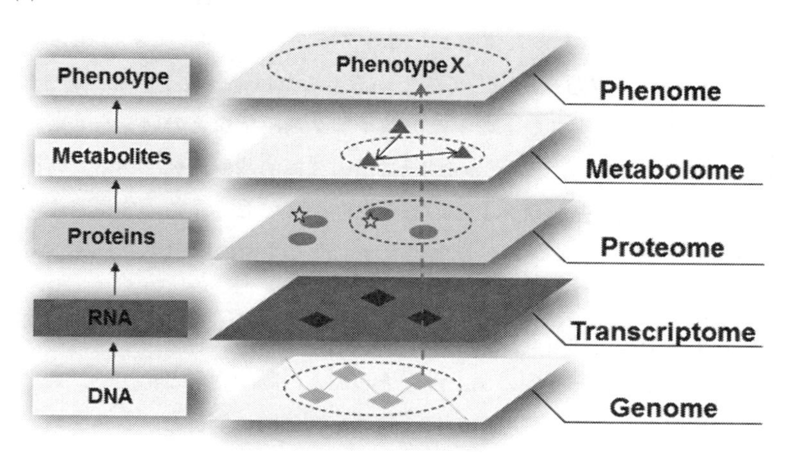

(b)

図1　トランスオミクス研究
(a)概念図，(b)京都バイオ計測センターの設置機器例[4]

6.2　データサイエンスの現況と問題点

ナノテクノロジーの隆盛は，バイオテクノロジーとナノとITとの融合を促進し，バイオテクノロジーは現在さらなるイノベーション時代に突入している。その中で，DNA自動配列分析機開発の神原秀記博士らは,「ライフサーベイヤ」という「一細胞動態の定量計測解析の集積化」をめざして,「グーグルアース」の人体版として「グーグルボデイ」という生命研究のなかでも究極の研究課題といわれる課題を提唱してきている。これは,一分子計測,分子イメージング,プロテオミクスやメタボロミクスなどのトランスオミクス解析などの研究をもとにした「定量科学」の粋を集めたバイオ計測の「シングルセル解析」の究極的基盤研究である。時同じくして,アメリカやヨーロッパでも生命基盤研究もこの方向に向かっており,この定量科学の基盤を支える「バイオ計測とそのデータサイエンス」の重要性は,世界共通の標準キーワードになってきている(図2)[2,3]。

生命の機能を分子レベルで理解し,種々産業分野に活用しようとする動きは,多くの細胞の集団から個別の細胞へ,また,細胞内の個々の分子の働きの動的理解と活用へ,いわば,アナログ的平均値としての理解から個々の細胞内の分子動態を網羅的に解析し,システムとして理解して集約して計測する方向に向かっている。すなわち,変化する分子群を一網打尽にしながら個々に解析するツールの開発が必要である。これには細胞に含まれる種々の分子の組成などを組織の平均値としてではなく,細胞間の情報交換など相互作用と刺激応答や個々の細胞内での反応などで変動する,まさに,個別の細胞に含まれる分子群すべてをデジタル的にカウントして全体組成を解析する手法の開発が必要である。物理,化学,生物など幅広い分野の知識と技術を結集して,非侵襲的に可視化できるプローブや細胞ごとに識別網羅解析できる基盤や要素などの化学物質合成の技術,生組織を構成する個々の細胞の情報交換応答反応を解明するための基礎解析系,細胞の中で働いている個々のmRNA,タンパク質,代謝産物を個々に一網打尽に検出したり,機能

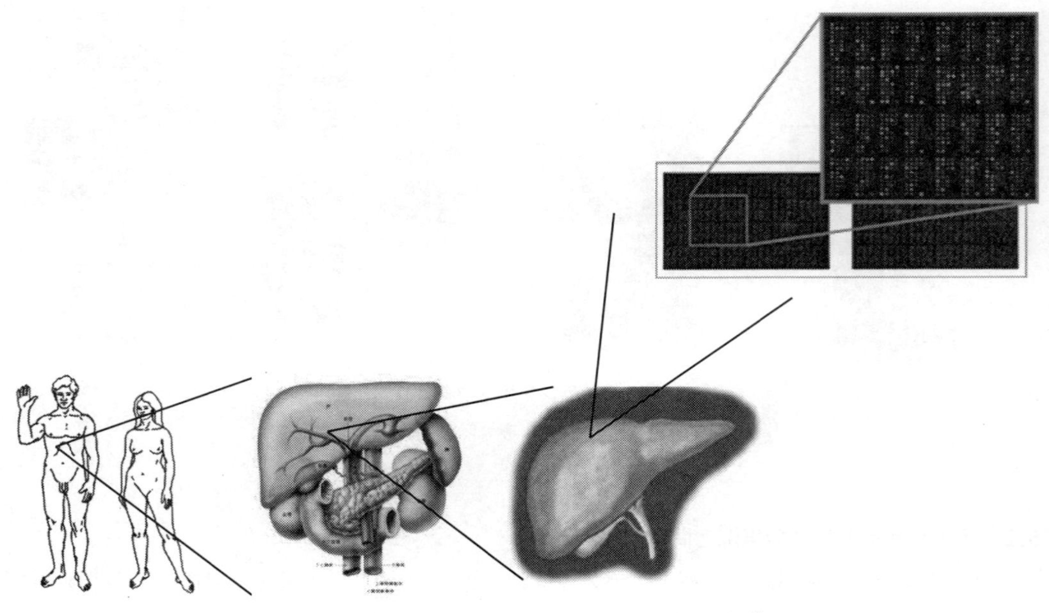

図2　提唱グーグルボディ(仮称)のイラスト図[4]

を同定する網羅的機能解析基盤技術の開発，およびそれらの網羅的多数変量を一括して鳥瞰できるAIとそれを自由に稼動できるシステムソフトの開発などが必須である。

ところで，ゲノム情報は多くの知見を与えてくれているが，より直接的に生命現象の全貌を解析するには，生体内で実働する分子反応（生命現象）を担う酵素や転写因子などのタンパク質，その結果生産される代謝物などを対象としたオミクス解析が必要であることが鮮明になってきた。現在のプロテオームやメタボロームなどのオミクス解析手法に関しては，質量分析計を検出器としたシステムが主流である。ゲノミクスは次世代シークエンサー，トランスクリプトミクスは，DNAチップやPCR法の利用により，飛躍的に発展してきた。ところが，プロテオミクスやメタボロミクスは，全く不完全で，ゲノミクスやトランスクリプトミクスの結果が生かせていないのが現状である。現在のプロテオーム解析手法に関しては，2次元電気泳動と質量分析の組み合わせや液体クロマトグラフィーと質量分析をオンライン接続したLC/MSなどによるタンパク質分解ペプチドの測定が主流である。現状のシステムでは，検出器に質量分析計を用いるため，完全な解析を行うためには，「分離」の高性能化が必須である。

プロテオミクスでは非常に複雑な試料を測定する必要があるのでイオン化抑制による検出感度の低下が課題となり，完全な高等生物のプロテオーム一斉解析は達成されていない。イオン化抑制とは，現状の質量分析計において最も大きな問題点の一つであり，単一（きれいな状態）ではイオン化される物質であってもイオン化される際に夾雑成分がある場合，イオン化自体が抑制される効果である。つまり，質量分析では試料中に物質が存在していてもイオン化されなければ結果的には検出されないので，測定試料が非常に複雑，且つ，ダイナミックレンジが広いプロテオミクスにおいては，量の少ないタンパク質由来のペプチドが量の多いペプチドにマスクされてしまうリスクが高い。しかし，この抑制効果は，イオン化する瞬間に多数の分子種が存在することにより起こるので，液体クロマトグラフィーなどにより予めイオン化前に試料の複雑さを軽減できれば，回避できることが容易に予想できる。現状のプロテオミクスでは質量分析計の高性能化だけではなく，細胞分画などの試料調製法や質量分析前の分離技術も非常に重要なファクターである。

一般に，分離に使われる液体クロマトグラフィーの分離媒体としては，多孔性の化学修飾型シリカゲルや有機ポリマーの微小粒子をステンレス製のパイプに均一に充填されたカラムが用いられている。クロマトグラフィーにおいて溶質は移動相中あるいは固定相中での拡散，また固定相との吸脱着を繰り返しながら移動相により輸送される。これらの流れ，拡散，物質移動の3つの要素がピーク拡がりに寄与するが，Giddingsは充填状態に基づく分散と物質移動に基づく分散が独立しないとの考えから，カラム性能の指標となるバンド拡がりを示す理論段高（H）と理論段数（N）を，カラム長（L）を用いて次式により示した。

$$H = L/N$$

バンド拡がりを小さくするとピーク幅が細くなり分離能が向上する，つまり理論段数の高いカラムを使用すれば良好な分離結果が得られる。液体クロマトグラフィーにおける性能評価は，充填剤粒子の微粒子化により高性能化（低い理論段高）が達成されることが予想できる。実際に，液体クロマトグラフィーが開発された1970年代は粒子径10ミクロンの充填剤粒子（理論段数：数千段）を用いていたが，現在の汎用的なシステムでは粒子径3～5ミクロンの充填剤粒子を用いて理論段数1～2.5万段を達成している。しかし，微粒子化は移動相の流路となる粒子間隙を狭くしカラム負荷圧の増大を伴うので，一般的なシステムにおいては装置的制約から圧力限界が存在し，長さの短いカラムを用いたり移動相流速を遅くした使用条件を用いたりしなければならない。以上のことから，実際的な超高性能分離は困難であったので，これを克服するために新しい分離媒体や高耐圧装置の開発が行われた。

従来の粒子充填型カラムに代わる革新的分離素材として注目を集めているのがモノリスカラムである。モノリスカラムは流路／骨格比が大きなネットワーク構造を有し，その担体素材としては充填剤粒子と同様に有機ポリマー系，シリカ系が報告されている。また，この特徴的な構造から高い空隙率（85％以上）を示すので，粒子充填型カラム（空隙率：約60％）と比較して低圧での送液が可能である。モノリスの骨格構造と分離性能の相関を解析した結果，シリカ骨格径が細くなるほどカラム性能が上昇する傾向が得られた。以上のことから，シリカモノリスカラムのシリカ骨格径は粒子充填型カラムの充填剤粒子径に相当するが，モノリスでは骨格径を小径化しても流路径を大きく保てるので，カラム負荷圧上昇の影響が少ない高性能化が可能であることが示唆された。モノリスカラムの実験値は，従来の粒子充填型カラムの限界を超える高性能分離が期待できる。一般的な粒子充填型カラムと比較して同等の圧力において約10倍，同等の時間制限において1.5～3倍の理論段数の発現が可能となると期待される。

また，近年開発されたUPLC（Ultra Performance Liquid Chromatography, Waters）の高圧ポンプを併用することにより，ロングモノリスカラム（5メートル以上）が使用可能となり，実用的な保持のある測定条件で理論段数100万段以上を達成している。このようにモノリスカラムは，高理論段数領域で有利であることが示唆され，分析時間効率よりも超高性能分離が要求されるプロテオミクスに最適である（図3）。

6.3 次世代に向けた生命現象解析

近年，メートル長のモノリスカラムと緩やかな勾配溶出を組み合わせたプロテオーム解析への適用例が多数報告されはじめており，その測定対象も，大腸菌，根粒菌，感染症，バイオマス研究用微生物，線虫，iPS細胞と多岐にわたる。これらの報告では，モノリスカラムによる超高性能分離を利用し，より網羅性の高い解析やタンパク質試料調製の簡略化などを達成している[4]。

具体的な例として，下記にまとめる。

(1)大腸菌を対象とした例では，3.5メートル長のモノリスキャピラリーカラムを用いて，1回の測定で推定されている全発現と称されているタンパク質の解析を達成している。また，同一試料を用いて従来の粒子充填剤型カラムを用いた測定と比較するとダイナミックレンジも約70倍

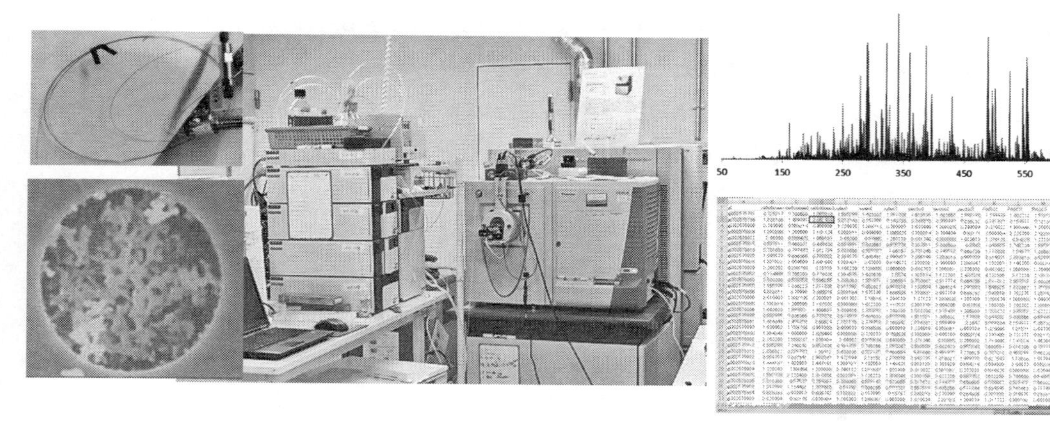

図3　モノリスキャピラリーナノ LC/MS/MS（中央）
モノリスキャピラリーカラム（左上），モノリスキャピラリーカラム断面写真（左下），
イオン抑制の排除されたMS分析例（右上），データ解析例（右下）

向上しており，定性的な解析だけでなく定量的な解析の面でも有利であることが示されている。
⑵根粒菌を対象とした例では，2メートル長のモノリスキャピラリーカラムを用いて，根粒菌単離を省略した共生状態の発現タンパク質プロファイル解析を達成している。根粒菌はマメ科植物と共生し，根粒を形成し，その中で窒素固定を行う。共生状態の根粒菌は植物組織内に存在しており，単離が煩雑で，これまでの研究例はほとんどない。共生状態にある根粒菌の単離を必要としない，「ありのまま」を解析できる分析の系が構築された。従来の1/100量の根粒菌で，847種類のタンパク質の同定が成された。代謝解析の結果，根粒菌は，共生状態になると，細胞表層が豹変することが判明した。同時に，窒素固定に関わるタンパク質やフェレドキシンなど電子伝達系に関わるタンパク質を生産するように変化した。さらに，二次代謝産物であるテルペノイドを合成し，宿主のマメ科植物に逆送供給しているというこれまでの常識をひっくり返すような驚愕の事実も判明した。この根粒菌がマメ科植物と共生している時にのみ発現する9つの遺伝子から成るゲノム領域の機能を解析したところ，ジベレリンの合成機能が集中していた。9つの遺伝子の機能も解明し，根粒菌が植物のジベレリン合成経路を持っていることが実証された。さらに，根粒菌変異株を接種した宿主マメ科植物にジベレリンを外部から接種すると，根粒が標準的な個数まで減少したことから，ジベレリンがマメ科植物本体の根粒形成抑制作用も確認された。これらの結果は，根粒を形成した根粒菌がジベレリンを合成することで新たにできる根粒数を調節していることが明らかになった。根粒菌の生産するジベレリンが，根粒内での根粒菌の健全な生育にとって重要であるということを示唆した世界初の報告である。この発見には，マメ科植物—根粒菌相互作用の主客を逆転させ，根粒菌の改変により根粒数を人工的に調節できることを示した。これは，将来，ゲノム編集などの育種法の導入により，これまで以上に宿主の生育を促進する根粒菌を作出したり，宿主を選ばずにこれまで夢で

もあったマメ科以外の各種農作物の効率的な生産にも応用できる可能性が出てきた（図４）[5]。

(3)感染症微生物カンジダ菌を対象とした例では，4.7メートル長のモノリスキャピラリーカラムを用いて，カンジダ菌の血清適応の解析が報告されている。カンジダ菌は，日和見真菌感染症であるカンジダ症の主原因菌であり，高齢やAIDSなどによる免疫力低下を契機としてヒト免疫細胞を回避し，全身に感染する。敗血症（多臓器不全）など全身性カンジダ症の致死率は

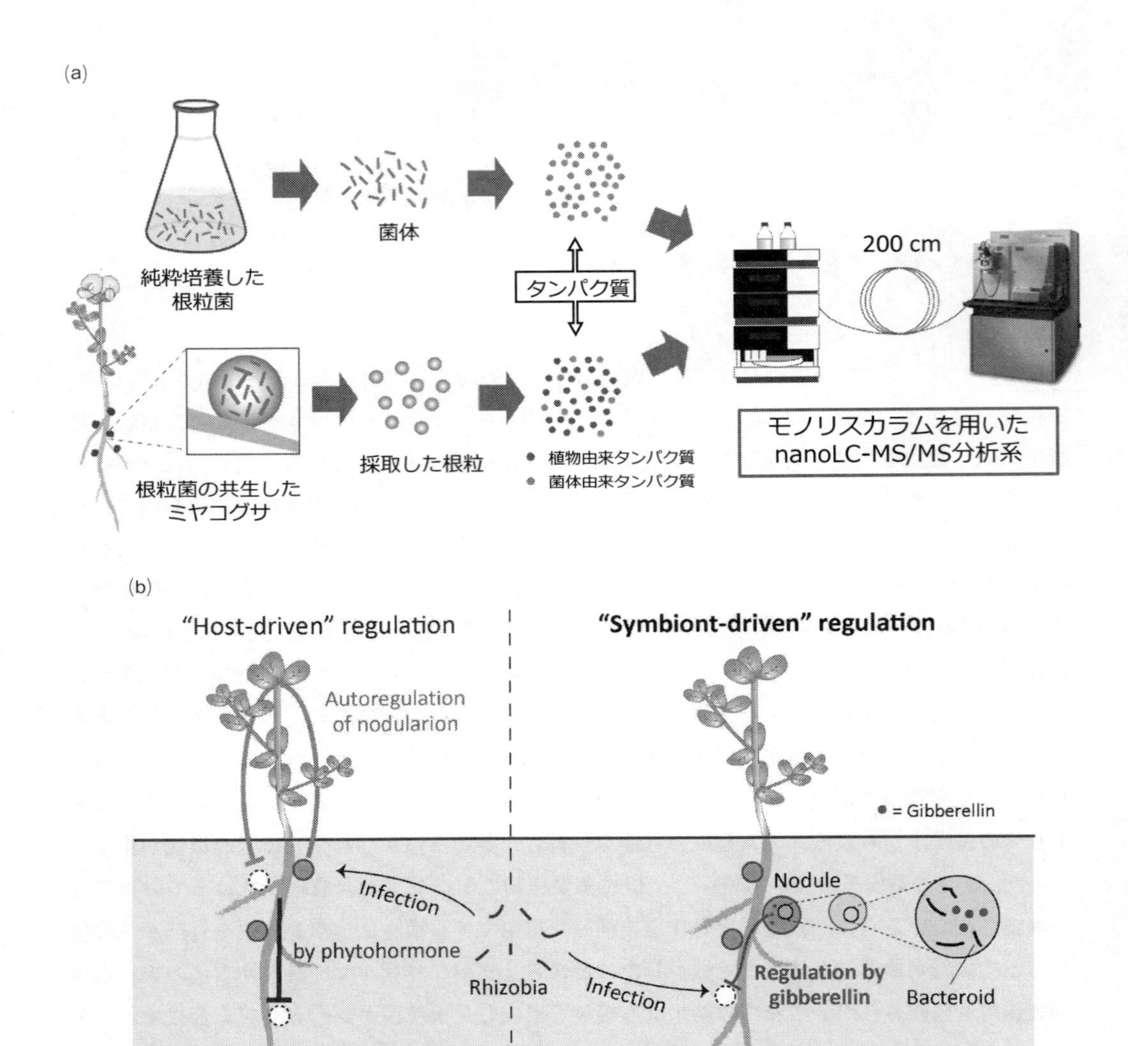

図４　植物―微生物共生の解析（ミヤコグサと根粒菌）
(a)共生プロテオミクスの解析例，(b)共生プロテオミクスから判明した結果

50%以上にも達し大きな問題となっている。そこで，安定同位体タグを用いた定量的なプロテオーム解析手法により，カンジダ菌の血清への適応の経時的な変化を解析した。その結果，血清中で特異的に発現する候補群から感染症に関与する新規タンパク質の同定に成功している。

さらに，血液には免疫細胞が存在し，カンジダ菌を貪食・殺菌してその感染を防いでいる。しかし，高齢やAIDSなどによるマクロファージ活性の低下に伴う場合，カンジダ菌はマクロファージに貪食されずに破壊して脱出し，全身に感染していくと報告されている。カンジダ菌のマクロファージ抵抗性・破壊因子としては，菌糸伸長によるマクロファージ膜の物理的破壊や，プロテアーゼ，またはカタラーゼ，スーパーオキシドジスムターゼ，フラボヘモグロビンなどのストレス対処タンパク質の発現が報告されている。しかし，それだけでは機構を完全に説明できてはおらず，未知の病原性タンパク質の関与も推定されている。

カンジダ菌のマクロファージ破壊脱出機構を詳細に解析するため，定量プロテオミクスが行われた。この解析のために，カンジダ菌とマクロファージを相互作用させた後，分離せずにモノリスキャピラリーナノLC-MS/MS測定を行い，高分離能モノリスカラムによる2種生物由来の多種ペプチドをオンラインで高速・精密に分離し，MS/MSによる網羅的なタンパク質が同定された。全体で1,736個のタンパク質が定量された。カンジダ菌は，マクロファージ内ではグルコース飢餓状態が生じ，カンジダ菌はプロテアソーム系により自身の不要なタンパク質を分解しつつ，β酸化とグリオキシル酸回路を働かせて，枯渇しているグルコースを自ら作り出し，酸化ストレス，イオン欠乏ストレス，低pHストレスなどに対処するタンパク質を生産していることが分かった。また，マクロファージに対して，カンジダ菌は病原性に関連していると報告されている，菌糸関連タンパク質，接着タンパク質，プロテアーゼなどを生産している。多くの機能未知タンパク質も同定され，これらも，マクロファージ内に分泌され，もしくは，カンジダ菌内で，カンジダ菌はマクロファージ破壊脱出機構に重要な役割を担っていることが推定された。さらに，マクロファージタンパク質としては，シャペロンタンパク質やアポトーシス関連タンパク質など2つのタンパク質が顕著に減少していた。カンジダ菌はこれらマクロファージタンパク質を分解することで，マクロファージ活性の低下を誘導し，破壊脱出しているのではないかと考えられた（図5）[6]。

特に，グリオキシル酸回路の鍵酵素を抗原として抗体を作成し投与すると，製薬企業が開発に苦労している抗真菌薬を上回る特効薬として，完全に本感染症原因菌の生育を抑制し，さらに，経口ワクチンなどへ研究が進んでいる。

以上のように，モノリスカラムを利用した液体クロマトグラフィーによる「分離」の改善により，試料の複雑さが及ぼす影響を減衰させることでイオン化抑制の悪影響を弱め，結果として高品質な次世代型プロテオミクスが達成されたと思われる。これらの手法は，地球温暖化による破壊の進む生物共生体であるサンゴ礁の保護や，健康維持に重要な腸内細菌叢の解析などにも，さらにAIなどの導入により，適用可能となるであろう。このように，データ解析のネックになっ

(a)

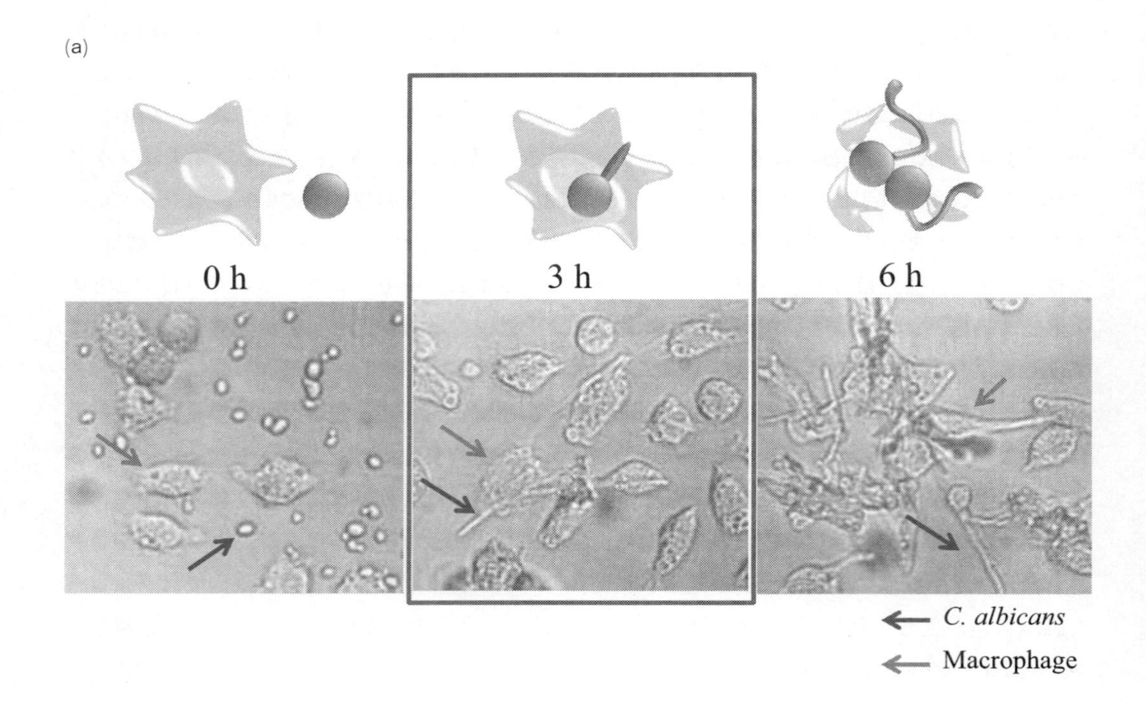

(b)

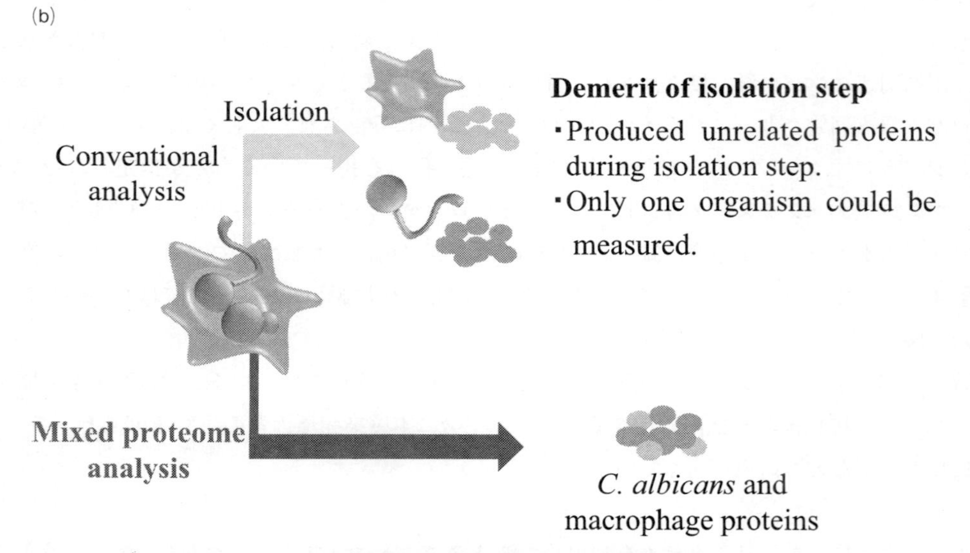

マクロファージと真菌を同時に解析可能に！

図5　感染症の解析（カンジダ菌とマクロファージ）
(a)マクロファージとカンジダ菌のバトル，(b)共生プロテオミクスの適用

ていたゲノム解析からプロテオーム解析への展開が可能になりつつある。

6.4　今後の展開

上述してきたように，コンピュータと遺伝子解析の進展により，ゲノムを用いた研究は，デジタル化し，データサイエンスとして色々なデータバンクとのやり取りにより，バイオのデータ解析が社会的活動や現象のデータとタイアップしてきつつある。このデータバンク同士の「IoT」の活用により，ゲノム解析は飛躍的に社会へ浸透するであろう。

ただ，生命の中で実働しているものが，ゲノムから読み出されるタンパク質であることを，さらに，その多様性と脆弱さを考慮に入れつつ，その網羅的解析が，モノリスなどの新材料との融合により，やっと，成果が見えつつある現況は広く知るべきである。

今後，多くの生物間や生命内での相互作用や外部環境の時空間データが加味されてくると，データ解析とその意義付けは，まさに手に負えなくなる。

データの規模と多様性のため，AIの力に頼らざるを得なくなるであろう，しかし，AIが万能ではなく，生命の場合は，時々刻々と変動する環境により，柔軟に，したたかに自己適応・順応・改変していくことは，周知の事実である。これには，AIのソフトの対応も難しいものと考えられ，まさに，ゴールのない生命体独特のしたたかさを認識せざるを得ない。こういった生命の知恵も加味できる要素を持つAIの姿が求められるであろう（図６）。

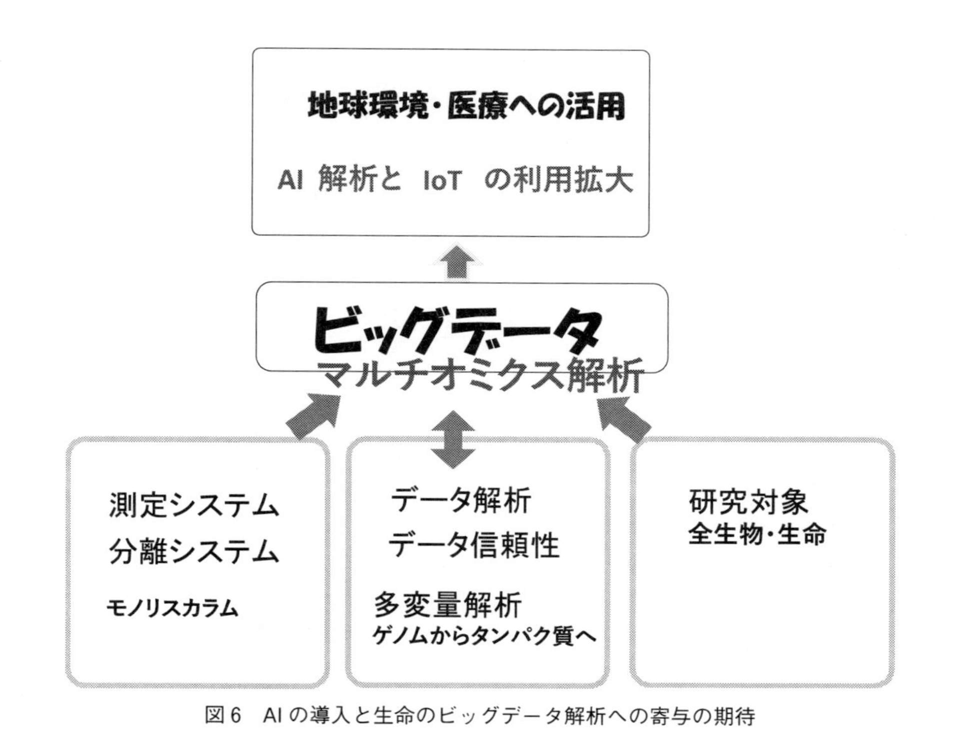

図６　AIの導入と生命のビッグデータ解析への寄与の期待

まだ，AIのバイオテクノロジーへの導入は緒についたばかりともいえるが，初期の段階で，こういった問題点を考慮したソフト開発ができれば，データサイエンスの世界は，バイオテクノロジーで将来有望な展開を示していくはずである。

文　　献

1）植田充美監修，生命のビッグデータ利用の最前線，シーエムシー出版（2014）
2）神原秀記，松永是，植田充美監修，一細胞定量解析の最前線—ライフサーベイヤ構築に向けて，シーエムシー出版（2006）
3）神原秀記，松永是，植田充美監修，シングルセル解析の最前線，シーエムシー出版（2010）
4）植田充美監修，ヘルスケアを支えるバイオ計測，シーエムシー出版（2016）
5）Y. Tatsukami *et al.*, *Sci. Rep.*, **6**, 23157（2016）
6）N. Kitahara *et al.*, *AMB Exp.*, **5**, 41（2015）

AI 導入によるバイオテクノロジーの発展《普及版》(B1442)

2018年 2月 9日　初　版　第1刷発行
2024年10月10日　普及版　第1刷発行

監　修　植田充美　　Printed in Japan
発行者　辻　賢司
発行所　株式会社シーエムシー出版
東京都千代田区神田錦町 1-17-1
電話 03（3293）2065
大阪市中央区内平野町 1-3-12
電話 06（4794）8234
https://www.cmcbooks.co.jp/

〔印刷　柴川美術印刷株式会社〕

ISBN978-4-7813-1778-6 C3045 ¥3600E